DIE ORGANISATION

DER WÄRMEÜBERWACHUNG

IN

TECHNISCHEN BETRIEBEN

VON

Dr.=Ing. HANS BALCKE

BERLIN-WESTEND

MÜNCHEN UND BERLIN 1929

VERLAG VON R. OLDENBOURG

Druck von R. Oldenbourg, München

Herrn Hugo Szamatolski, Berlin

in Freundschaft zugeeignet

Vorwort.

Die Bedeutung der Abwärmeverwertung im Rationalisierungsprozeß der deutschen Industrie hoffe ich in meinem Werke „Die Abwärmetechnik" Band I—III, Verlag R. Oldenbourg, genügend beleuchtet zu haben. Aber alle Ersparnisse, die sich theoretisch durch die zweckmäßige Kupplung von Wärme erzeugenden mit Wärme verbrauchenden Anlagen ergeben, werden solange auf dem Papier stehen, wie nicht der günstigste Gesamtwärmefluß der jeweiligen Anlage in zweckmäßiger Weise überwacht und geregelt wird. So ergibt sich, daß die zweckmäßige Organisation der Wärmeüberwachung als ein weiteres äußerst wichtiges Problem der Rationalisierung unserer Industrie zu werten ist.

Meßgeräte zur Überwachung der Dampfkessel, Ofen- und Maschinenbetriebe, werden immer noch zu wenig in Gebrauch genommen. Diese zum Teil kostspieligen Apparate werden als nicht unbedingt erforderlich angesehen, „weil der Betrieb auch so läuft".

Welche Ersparnisse aber durch eine ordnungsmäßige Wärmeüberwachung eines Betriebes erzielt werden können, zeigt sich erst nach ihrer Einführung. Es ist aber unbedingt notwendig, mit der Beschaffung einer geeigneten Meßanlage nicht auf halbem Wege stehen zu bleiben, d. h. sich z. B. einen Speisewassermesser für eine Dampfkesselanlage anzuschaffen, ohne dafür zu sorgen, daß auch gleichzeitig der Brennstoffverbrauch festgestellt werden kann, denn erst durch die Messung des verdampften Wassers und des hierzu verbrauchten Brennstoffes wird eine Überwachung der Kesselleistung möglich. Ohne Meßinstrumente besteht eine völlige Unklarheit, weil man nicht weiß, an welcher Stelle angesetzt werden muß, um den Betrieb wärmewirtschaftlicher zu gestalten oder eingeschlichene Fehler, welche eine Vergrößerung der Verluste bedingen, sofort aufzudecken und zu beseitigen.

Neuzeitige mit höchstem Nutzeffekt arbeitende Wärmekraftanlagen erfordern daher eine sorgfältige und dauernde Überwachung mit geeigneten Meßgeräten und Meßverfahren. Die Anzeigen und Aufzeichnungen der Geräte sind wie das Soll und Haben der Buchhaltung; sie müssen jederzeit einen Überblick über Leistung und Aufwand gewähren. So notwendig, wie eine Gegenüberstellung zwischen der Fabrikationsleistung und dem Eingange der Zahlungen ist, gerade so grundsätzlich ist es erforderlich, die Leistung des Betriebes auf seine Wärmewirtschaftlichkeit hin im Auge zu behalten.

Viele Werksinhaber sind bereits selbst zur Erkenntnis des Vorstehenden aus eigenen oft recht kostspieligen Betriebserfahrungen heraus gekommen. Trotzdem scheut man sich vor der Anschaffung von Meßgeräten, weil zugleich ein Journal geführt werden müßte. Man fürchtet bei Einführung einer solchen Überwachung den passiven Widerstand des Personals, denn man hat sehr oft gefunden, daß die erforderlichen Ablesungen an den Instrumenten und Eintragungen in das Journal nicht regelmäßig geschehen, sondern vor Abschluß des Tagesjournals einfach „aus der Hand heraus" nachgetragen werden. Um diesen berechtigten Einwänden zu begegnen haben erfolgreiche Bestrebungen in der Meßindustrie eingesetzt, nicht nur selbstaufschreibende Apparate zu bauen, sondern die Aufschriften auf elektrischem Wege der Zentrale fernzumelden, welcher die Betriebsüberwachung untersteht. Von hier aus werden dann die notwendigen Befehle für das Betriebspersonal rückgeleitet. Auf diese Weise wird nicht nur dem Personal jede Aufzeichnung aus der Hand genommen, sondern es wird auch seine Aufmerksamkeit auf einige wenige unumgänglich notwendige Meßvorgänge konzentriert, deren Anzeige zudem in günstigster psychotechnischer Form geschieht. Andererseits weiß aber auch das Personal sehr genau, daß es in jedem Augenblick überwacht wird und daß unterlaufene Fehler unnachsichtlich auf den Diagrammen der Fernschreiber für die Nachkontrolle durch die Werksleitung festgehalten werden und somit ans Licht kommen. Es ist bei Einführung einer derart gestalteten Überwachung auch nicht mehr notwendig, Prämien an das Personal zu verteilen, um sein Interesse an der Wirtschaftlichkeit des Betriebes zu wecken oder wach zuhalten, zumal solche Prämien sehr oft der Anlaß zu schweren, jahrelang fortgesetzten bewußten Täuschungen gewesen sind, ehe die Betriebsleitung — zumeist nur durch Zufall — diesen auf die Spur kam.

Heute gehen sogar die Bestrebungen dahin, nicht nur die psychologischen, sondern auch die mechanischen Einflüsse des Personals auf die Betriebsreglung und mithin folgerichtig das gesamte Personal durch Einführung der ,,Selbstreglung'' auszuschalten.

Bei Höchstdruck-Dampfkesseln, welche eine Wärmespeicherung auf Zeit durch Fortfall des Wasserraumes nicht mehr erlauben, wird die selbsttätige Reglung überhaupt zur Notwendigkeit, weil andernfalls der Betrieb nicht mehr ordnungsgemäß durchgeführt werden kann. Es ist aber anzunehmen, daß durch die technische Entwicklung der nächsten Jahre die selbsttätige Kesselreglung auch für Normaldruck-Kesselanlagen zu einer ähnlichen Selbstverständlichkeit für den Betrieb wird, wie z. B. heute die selbsttätige Geschwindigkeitsreglung einer Kraftmaschine.

Auch besteht für Kraftwerke die Notwendigkeit die Jahreswirkungsgrade der Kesselanlagen den ,,Paradewirkungsgraden'' durch Einführung der selbsttätigen Reglung anzugleichen, um auf diese Weise noch 10—15 vH Wirkungsgradverbesserung herauszuholen. Die Kapitalisierung dieser 10- bis 15 vH würde ergeben, daß der ganze Betrag eines Jahreskohlenverbrauches zur Anschaffung einer selbsttätigen Reglung aufgewendet werden könnte. Der Bau der Großkraftwerke erfordert somit auf der ganzen Linie eine Fernüberwachung und selbsttätige Reglung.

Erschwerend für die Einführung der meßtechnischen Kessel- und Betriebsüberwachung bzw. Selbstreglung wirkt der Umstand, daß die Aufgabe im wesentlichen nur mit elektrischen Hilfsmitteln gelöst werden kann. Die Lösung greift somit auf ein dem Wärmeingenieur zumeist nur sehr oberflächlich bekanntes Wissensgebiet über. Die Abneigung, sich auf fremdes Gebiet zu begeben, muß der dem Werk verantwortliche Wärmeingenieur aber überwinden, während die Werksleitung ihrerseits — ob Groß- oder Kleinbetrieb — den Mut und die Kraft aufbringen muß, Kapital für eine Überwachungs- oder Reglungsanlage bereitzustellen, anstatt sich mit größeren laufenden Betriebsverlusten bewußt zu begnügen, zumal die Überwachung und Reglung oft mit erstaunlich einfachen Mitteln durchgeführt werden kann. Auch hier gilt wieder das Mahnwort: „Sich nicht selbst betrügen!"

Die Durchführung der Organisation der Wärmeüberwachung technischer Betriebe erfordert also ein „Sichvertiefen" in viele betriebswirtschaftliche, psychotechnische und psychologische Fragen unter sorgfältiger Berücksichtigung der Erfordernisse des jeweiligen Sonderbetriebes, sowie das Hinarbeiten in das Wesen der elektrischen Meßtechnik.

Die Aufgabe, die sich das Buch nun stellt, ist: aus dem ganzen Wust vorliegender Ratschläge und Konstruktionen solche Meßgeräte, Meßverfahren und Regelverfahren zusammenzustellen, welche erfahrungsgemäß eine zweckentsprechende und wirtschaftliche Überwachung und Reglung des Betriebes gewährleisten. Zugleich soll an Hand einiger Beispiele gezeigt werden, wie eine solche Organisation, je nach den Bedürfnissen, durchzuführen ist und gegebenenfalls bis zur Selbstreglung ausgebaut werden kann.

Der Verfasser hofft, daß das vorliegende Buch jedem Werksleiter und Betriebsführer ein Spiegel für seinen eigenen Betrieb werden möge, daß es ihm helfen möge bisher verdeckte Fehlerquellen aufzufinden und zweckdienliche Maßnahmen zu ergreifen, um das Einschleichen neuer Fehler zu vermeiden und seinen Betrieb so wirtschaftlich wie möglich zu gestalten.

Berlin, im März 1929.

Der Verfasser.

Inhaltsangabe.

X

Grundsätzliches über die neuzeitige Wärmeüberwachung in technischen Betrieben.

Die neuzeitige Wärmeüberwachung technischer Betriebe erfordert eine nach besonderen, in Teil I und II dargestellten Richtlinien entwickelte Meßanlage, welche in manchen Fällen unter Zuhilfenahme besonderer Apparate bis zur völligen Selbstreglung des Wärmeumlaufes ausgebildet werden kann.

An jede Meßanlage ist, wie an sämtliche Betriebseinrichtungen die Forderung möglichster Einfachheit zu stellen, damit ihre ständige Verfolgung an die Aufmerksamkeit und an das Auffassungsvermögen des Personals keine Anforderungen stellt, wie sie im gleichförmigen Dauerbetrieb nicht aufgebracht werden können. Allzu verwickelte und schlecht gegliederte Gerätezusammenstellungen unterliegen der Gefahr, sehr bald der Nichtbeachtung anheimzufallen, so daß mit viel Geld letzten Endes nur eine völlige Erfolglosigkeit erreicht wird.

Im Wärmefluß von Dampfkraftanlagen bedeutet die Verwendung von 6 kg Dampf die Vergeudung von etwa 1 kg Kohle. Dazu kommen noch die Kosten für Wasser und Arbeit sowie die allgemeinen Unkosten, Abschreibung und Verzinsung. Bei Dampfersparnis fallen anteilig alle angeführten Unkosten fort. Darum ist es unbedingt notwendig zu wissen, wohin jedes Kilogramm Dampf geht und ob es bestmöglichst ausgenutzt wird, um eine unnötige Dampferzeugung zu verhindern. Wenn bei neuzeitigen Kesselanlagen, welche mit hohem Wirkungsgrad arbeiten, keinerlei Überwachung über die Verteilung des Dampfes nach Verlassen der Kesselanlage vorhanden ist, so kann die Wirtschaftlichkeit durch die Erzeugung von Dampfmengen, welche infolge Verwendungsmangel verschwendet werden müssen, ganz bedeutend beeinträchtigt werden. Bei allen Anstrengungen wirtschaftlich zu wirtschaften, muß mit besonderer Aufmerksamkeit darauf gesehen werden, daß der Brennstoff möglichst vollkommen in Wärme oder Kraft umgesetzt wird.

Zur Kennzeichnung der Wichtigkeit gut durchgeführter Meßanlagen für die Einhaltung eines günstigen Dampf- und Brennstoffverbrauches bei Dampfkraftanlagen, sei folgendes Beispiel angeführt:

Ein Elektrizitätswerk kam mit seiner aus 6 großen Kesseln bestehenden Dampferzeugungsanlage nicht mehr aus und stand vor der Beschaffung eines 7. Kessels. Bevor es jedoch zu einem Kaufabschluß kam, wurde die Mengenleistung der bestehenden 6 Kessel durch den Einbau einer Überwachungsanlage nachgeprüft. Nach dem Einbau ergab sich, daß nach Ausschalten mehrerer durch die Meßanlage aufgedeckter Verlustquellen selbst bei Höchstinanspruchnahme 5 Kessel genügten! Hier tritt deutlich der Wert des Einbaues einer Überwachungsanlage in Erscheinung. Die Kosten für die Erweiterung der Kesselanlage wurden erspart und der dauernde unnötige Mehrverbrauch vermieden.

Der Forderung der möglichsten Einfachheit der Meßanlage steht sehr oft die Notwendigkeit der Erfassung einer großen Anzahl von Betriebsvorgängen entgegen. Dies gilt besonders für den Betrieb größerer Dampfkesselanlagen. Um den hier sich zeigenden Widerspruch zu überbrücken, sind unter den möglichen Messungen diejenigen auszuwählen, welche dem Bedienungspersonal eine eindeutige Vorschrift und dem Überwachenden eine klare Auskunft geben. Die Meßangaben sind weiterhin so darzustellen, daß Denkoperationen zu ihrer Deutung vermieden werden.

Die meßtechnische Wärmeüberwachung kann nur dann von Erfolg sein, wenn ihr die erforderliche Aufmerksamkeit auch auf die Dauer zugewendet wird. Umfangreiche und unzweckmäßig ausgebaute Meßanlagen erleiden zu leicht das Schicksal, daß sie wohl im Anfang das Interesse des Neuartigen auf sich ziehen, daß dieses aber schon nach kurzer Zeit erlahmt, weil die Verfolgung einer Vielzahl von Messungen einen zu hohen geistigen Konzentrationsaufwand erfordert, welchen der Arbeiter überhaupt nicht und der geistig geschulte Betriebsleiter auf die Dauer ebenfalls nicht aufzubringen vermag. Die Meß-

anlage verwahrlost infolgedessen sehr bald und der mit Kostenaufwand angestrebte Zweck muß sich insofern in sein Gegenteil verkehren, als eine meßtechnische Überwachung jetzt überhaupt nicht mehr ausgeübt wird!

Um dies zu verhüten, müssen unter den verschiedenen
möglichen Messungen diejenigen sorgfältig ausgewählt werden,
welche den Betriebszustand der überwachten Einrichtung
kennzeichnen und jederzeit erkennen lassen, ob dieser Zustand
richtig oder fehlerhaft ist. Dazu genügen meist ein oder ganz
wenige Instrumente, welche an bevorzugter Stelle anzubringen
und als solche äußerlich hervorzuheben sind. Diese allein
müssen dann vom Personal ständig im Auge behalten werden,
eine Aufgabe, welche mit geringer Mühe und ohne Beeinträch-
tigung der sonstigen Obliegenheiten erfüllt werden kann.

Die übrigen Meßgeräte dienen zur Erfassung der Ursachen
fehlerhafter Betriebszustände und sind dahingehend äußerlich
zu kennzeichnen, daß ihre Aussagen bei ordnungsmäßigem Betriebszustande unwichtig, entbehrlich oder selbstverständlich
und erst bei fehlerhaftem Betriebszustande zu beobachten
sind. Es können demnach alle für die Wärmeüberwachung
erforderlichen Messungen in zwei Meßgruppen eingeteilt werden,
nämlich:

1. in diejenige zur Betriebsführung und
2. in solche zur Betriebsprüfung.

Durch eine solche Unterteilung der Meßvorgänge wird eine
Zersplitterung des Auffassungsvermögens der Bedienung vermieden, es wird aufnahmefähig für das Wesentliche erhalten.
Hierauf beruht dann auch die Erfahrungstatsache, daß Arbeiter und Meister, welche den Zusammenhang einer Vielzahl
von Messungen doch kaum durchschauen, nunmehr die wenigen
übersichtlichen Instrumente der ersten Gruppe als eine un-
entbehrliche Stütze für ihre Obliegenheiten in Anspruch
nehmen, um so mehr, wenn die gewählte Darstellungsform der
Meßvorgänge durch Gleichartigkeit und Deutlichkeit die Auf-
fassung erleichtert. In verschmutztem Zustande bei mangelhafter Beleuchtung und in zu großer Entfernung vom Be-
dienungsstande, werden z. B. die Ablesungen so schwierig und
unsicher, daß die Messung wiederum leicht der völligen Nicht-

beachtung anheimfallen würde. Ein Meßgerät, das zu seiner Ablesung Suchen und verschärftes Hinsehen erfordert, wird niemals dauernd beobachtet werden! Meßgeräte erfordern vielmehr große Skalen mit kräftigen Ziffern und Zeigern und eine derartige meßtechnische Zuverlässigkeit, daß das Vertrauen des Personals in die Richtigkeit der Messung nie erschüttert wird.

Aus den gleichen Gründen muß auch bei der Auswahl der Meßgeräte auf eine äußere Gleichartigkeit geachtet werden, denn eine Meßtafel, welche aus lauter verschiedenartig gebauten Instrumenten zusammengesetzt ist, erfordert bei jedesmaligem Übergang des Blickes von einem zum andern Gerät eine Umschaltung des inneren Vorstellungsvermögens. Die notwendige geistige Umstellungsarbeit aber wird die Unbeliebtheit einer solchen Meßtafel in kürzester Zeit derart steigern, daß die ganze Meßanlage wiederum der Nichtbeachtung anheimfallen würde. Das gleiche würde eintreten, wenn die Anordnung der an sich gleichartigen Meßgeräte auf der Meßtafel und die Entfernung derselben von dem Betriebsstande die Ablesung unbequem machen würde. Dazu genügt es, wenn der Arbeiter jedesmal zwei Schritte tun muß, um das jeweilige Meßgerät erkennen zu können; denn diese zwei Schritte summieren sich im Laufe der Schicht zu einem stattlichen Wege. Im Gegenteil, es soll überhaupt nicht einmal im Belieben des Arbeiters stehen können, ob er die Meßgeräte beachten will oder nicht, sie müssen vielmehr so angeordnet sein, daß ihre Anzeige dem Bedienungspersonal einfach aufgedrängt und somit ihre dauernde Beobachtung nicht zu umgehen ist!

Die Messung in der Hand des Arbeiters hat aber nur dann praktischen Wert, .wenn er ihren Weisungen durch entsprechende Bedienungsmaßnahmen auch sofort Folge leisten kann. Diese Erkenntnis macht erforderlich, daß die Meßgeräte und zugehörigen Bedienungsorgane sich unmittelbar beieinander befinden, so daß nicht nur eine Reglung gemäß der Messung, sondern auch eine Nachprüfung der Richtigkeit der Regelmaßnahme unmittelbar am Meßgerät erfolgen kann. Gegen diese Erkenntnisse wird in technischen Betrieben heute noch schwer verstoßen! An industriellen Öfen und Feuerungen z. B. trifft man es häufig an, daß bestenfalls einige Meßinstrumente in der

Nähe des Arbeitsplatzes des Ofenwärters angebracht, dagegen
Gasventile und Kaminschieber auf den entgegengesetzten Seiten
des Ofens angeordnet sind und die Luftklappenbetätigung sogar
auf beide Seiten des Ofens verteilt ist. Zu jeder Nachreglung
muß der Wärter in diesem Falle „einen Rundgang" um den
Ofen machen, was naturgemäß zur Folge hat, daß der Arbeiter
diese fortgesetzte Mühe scheut, oft auch wegen anderer Ver-
richtungen nicht dazu kommt und infolgedessen jede Nach-

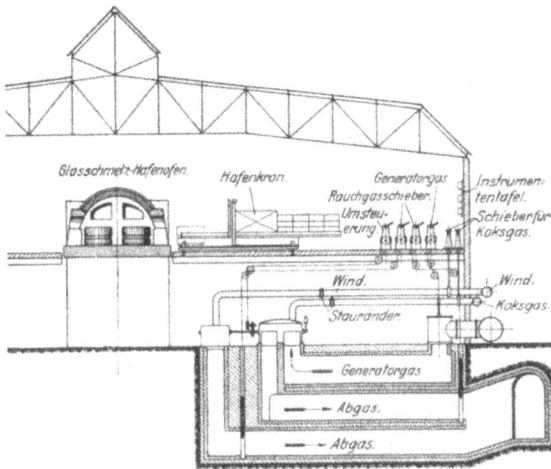

Abb. 1. Glasschmelz-Hafenofen mit Bedienungsstand.

reglung bis zur letzten Unvermeidbarkeit aufschiebt, um sich
alsdann wiederum mit einem einmaligen, ungefähren Nach-
stellen zu begnügen.

Wie es demgegenüber möglich ist, die dargelegten Grund-
sätze an einem Glasschmelzofen zu verwirklichen, welcher mit
Generatorgas, Koksgaszusatz und Ventilatorwind gefeuert
wird, zeigt Abb. 1. — Sämtliche Bedienungsorgane sind durch
Seilzüge oder verlängerte Schieberspindeln am Stande des
Schmelzers zusammengeführt und ebenso dort sind auch die
Meßgeräte angeordnet. Abb. 2 zeigt einen Ausschnitt des Meß-
und Bedienungsstandes. Eine jede Schieber- oder Ventilstellung
erfolgt hier nicht mehr nach Gefühl, sondern nach der Instru-
mentenanzeige, z. T. auf Grund der zahlenmäßigen An-

6

weisungen des Betriebsleiters auf der im Bilde sichtbaren
Schreibtafel. — Dieselbe folgerichtige Vereinigung sämtlicher

Abb. 2. Bedienungs- und Meßgeräte auf dem Meßstand vereinigt.

Abb. 3. Anordnung der Meßgeräte an der Brennerseite eines Glühofens.

Bedienungs- und Meßorgane ist auch an der in Abb. 3 dargestellten Kaltgasfeuerung durchgeführt worden[1]).

[1]) S. a. Dr.-Ing. Kretzschmer „Wärmetechnische Betriebs-
messung", Sonderdruck Hartmann & Braun, Frankfurt a. M.

Bisher waren die Messungen betrachtet worden, welche für die Betriebsführung und Betriebsprüfung in Frage kommen.

Es ist nun noch auf diejenige Apparategruppe kurz einzugehen, welche der Überwachung der Ausübungen des Betriebspersonals durch die Werksleitung dient. Da es sich hierbei um eine spätere Nachprüfung bereits stattgehabter Betriebsvorgänge handelt, so kommen fast ausschließlich selbstschreibende Meßinstrumente — sog. Mehrfachschreiber — in Frage, welche auf dem gleichen Diagrammstreifen zusammengehörige Vorgänge als Funktion der Zeit aufzeichnen unter Überbrückung von zuweilen erheblichen Entfernungen von der Meßstelle bis zur Überwachungszentrale.

Ermöglicht einerseits der Mehrfachschreiber diese Zusammenfassung, so sind andererseits im Interesse der Klarheit eines solchen Meßstreifens nur solche Größen auf ihm zu vereinigen, welche in einem belangreichen Zusammenhange miteinander stehen.

Die hier dargelegten Gesichtspunkte weisen alle darauf hin, daß die erfolgreiche Handhabung der meßtechnischen Betriebsüberwachung manche betriebswirtschaftliche, psychotechnische und psychologische Überlegungen erfordert, deren Bedeutung auch bei Wertung der Anschaffungskosten in Betracht gezogen werden muß. Eine teuere, aber wirklich dauernd benutzte Meßanlage wird weit schneller und auch sicherer durch den Erfolg abgeschrieben werden als eine billige und unzweckmäßige Einrichtung, deren Angaben nicht beachtet werden.

Die zweckmäßig entwickelte Meßwirtschaft in Ofen-, Dampf-, Feuerungs- und Maschinenbetrieben hat gezeigt, welche Ersparnisse durch eine Betriebsführung erzielt werden, die auf den theoretischen Betriebsbedingungen aufgebaut ist. Die Ausrüstung mit Instrumenten sichert jedoch diese Ersparnisse nicht allein. Jeder Betriebsleiter weiß, daß die beste Meßeinrichtung und noch so gutes Personal im Dauerbetrieb die Leistungen nicht erreicht, wie sie z. B. bei Abnahmeversuchen für kurze Zeit erzielt werden. Es kann nicht sofort jede Störung im Entstehen bemerkt, die Ursache der Störung erkannt und die Maßnahmen zur Beseitigung der Störung sofort und im richtigen Ausmaße vorgenommen werden, wie es erforderlich ist, wenn dauernd ein möglichst hoher Wirkungsgrad erreicht werden soll.

Für die großen Anforderungen, die heute in dieser Hinsicht gestellt werden müssen, reicht die menschliche Bedienung nicht mehr aus. Dem Menschen fehlt für viele Vorgänge die Fähigkeit rechtzeitiger Wahrnehmung, und eine dauernde scharfe Beobachtung ermüdet ihn vorzeitig; hierdurch ist seine Zuverlässigkeit begrenzt. Schließlich ist menschliche Arbeit häufig auch zu kostspielig.

Man ist deshalb in den letzten Jahren teilweise zur Selbstreglung übergegangen. Ein guter selbsttätiger Regler sichert von vornherein eine einwandfreie Einhaltung der richtigen Betriebsbedingungen und damit eine dauernd wirtschaftliche Betriebsführung. Bei Auftreten einer Störung überträgt das Meßsystem des Reglers — ohne Fehler durch Ermüdung oder Mangel an Aufmerksamkeit, wie bei menschlicher Bedienung — einen entsprechenden Impuls auf den Regler, welcher dann den günstigsten Betriebszustand wieder herstellt. Es wird somit Bedienungspersonal und Aufsicht eingespart, Betriebsstörungen durch unsachgemäße Bedienung vermieden, die Betriebsanlagen geschont und zugleich aufs höchste ausgenutzt.

Die gleichmäßige Reglung des Betriebes ist in allen technischen Unternehmungen von allergrößter Bedeutung. Von ihr hängt die Wirtschaftlichkeit und die Leistungsfähigkeit des Betriebes und in vielen Fällen auch die Güte des Erzeugnisses ab.

Die Hauptforderungen, welche im allgemeinen an selbsttätige Regelvorrichtungen gestellt werden müssen, sind eine sehr hohe Empfindlichkeit für kleinste Änderungen des Sollzustandes bei größter Arbeitsgeschwindigkeit in der Wiederherstellung des Sollzustandes unter Vermeidung des Überregulierens und zuletzt eine große Unempfindlichkeit gegen Störungen, um die notwendige Betriebssicherheit zu gewährleisten.

Diese Forderungen sind an sich schwer vereinbar. Während große Betriebssicherheit solide Bauteile verlangt, führt die Forderung hoher Empfindlichkeit meist zu sehr empfindlichen Bauarten, die ihrerseits einer sorgfältigen Wartung bedürfen. Darin lag bis vor kurzem die Schwäche der meisten Reglerbauarten, insbesondere der elektrischen; es werden jedoch in späteren Abschnitten neuzeitige elektrische und hydraulische Reglereinrichtungen besprochen werden, welche sich gut bewährt und eingeführt haben.

Teil I.
Die Meßgeräte und Meßverfahren.

Abschnitt 1.

Die Mengenmessung von Flüssigkeiten, Gasen und Dämpfen.

In industriellen Betrieben stützt sich die Wärmewirtschaft in erster Linie auf eine möglichst vollkommene Ausnutzung der in dem Brennstoff enthaltenen Wärmemengen. Ein sparsamer Betrieb kann nur bei dauernder Überwachung mit geeigneten Meßinstrumenten gewährleistet werden.

Die Wassermessung spielt in industriellen Betrieben eine hervorragende Rolle, und zwar besonders

die Kesselspeisewassermessung zur Bestimmung des Wirkungsgrades von Dampfkesselanlagen,

die Kondensatwassermessung zur Bestimmung des Dampfverbrauches von Maschinen, Apparaten usw. und

die Kühlwassermessung zur Kontrolle von Kondensationen, Kühltürmen usw.

Die Messung des Wassers soll einfach und zuverlässig sein und möglichst mit einer Meßgenauigkeit von $\pm$ 2 vH durchgeführt werden[1]). Als Meßgeräte für durchlaufendes

---

[1]) Die Meßgenauigkeit wird in vH angegeben, und zwar mit $\pm$, bezogen auf den jeweiligen Sollwert der Durchflußmenge. Im allgemeinen ist die Meßgenauigkeit innerhalb des Meßbereichs konstant, in besonderen Fällen erfolgt eine Abstufung. Die kleinste Menge wird gleich 1 gesetzt und der Meßbereich wird bezeichnet mit 1:10, 1:100, 1:1000 usw. Man kann also umgekehrt auch sagen, die kleinste Menge ist $^1/_{10}$, $^1/_{100}$ oder $^1/_{1000}$ der größten. Hieraus ergibt sich die Notwendigkeit, die maximale Menge für die verschiedenen Arten von Messern in eindeutiger Weise festzulegen, weil sonst ein Vergleich der Meßbereiche von verschiedenen Erzeugnissen nicht möglich ist. Die unterste Grenze des Meßbereichs wird bei verschiedenen Bauarten auch als Genauigkeitsgrenze bezeichnet. Unter Anlaufempfindlichkeit wird die Menge verstanden, bei welcher der Messer anzuzeigen beginnt; für diese Werte wird eine bestimmte Meßgenauigkeit nicht gewährleistet.

Wasser werden teils Woltmannwassermesser, teils Scheibenwassermesser, teils Venturimesser verwendet. Die Wahl der
zweckmäßigsten Bauart und Größe des benötigten Wasser-
messers hängt ganz von den jeweiligen Betriebsverhältnissen
ab. Auch die Preisfrage spielt bei der Beschaffung des benötigten Messers oft eine größere Rolle.

Ein einfaches und zuverlässiges Meßinstrument für die
Messung mittlerer und großer Wassermengen ist der Woltmannmesser — ein Geschwindigkeitsmesser —, bei dem die
beiden folgenden grundverschiedenen Ausführungsarten zu
unterscheiden sind:

1. der gewöhnliche, etwa seit 25 Jahren bekannte Woltmannmesser, mit in der Rohrachse liegendem Meßflügel (s. Abb. 4),
2. eine neuartige Ausführung mit senkrecht zur Rohrachse stehendem Meßflügel mit Schmiervorrichtung,
die unter dem Namen „Meinecke-Heißwassermesser"
seit etwa 6 Jahren von der H. Meinecke A.-G., Breslau-
Carlowitz, gebaut wird (s. Abb. 7).

Der gewöhnliche Woltmannmesser hat sich zur Messung
von Wasser bei niedrigeren Drücken und Temperaturen,
z. B. von Turbinenkondensat sehr gut bewährt. Er kann wagerecht, senkrecht oder geneigt eingebaut werden und bringt die
Gesamtdurchflußmenge zur Anzeige. Der Aufbau des Messers
ist sehr einfach. Das Wasser wird durch einen Strahlregler
zwangläufig richtig dem Meßorgan zugeführt. Der Messer
besitzt große Durchlaßfähigkeit, gute Meßgenauigkeit und einen
großen Meßbereich. Der Druckverlust ist gering, weil das
Wasser den Messer gradlinig durchströmt und so gut wie keine
Querschnittveränderungen auftreten.

Abb. 4 zeigt den Meinecke-Woltmannmesser der ersten
(älteren) Bauart. Der Meßraum ist mit Bronze ausgekleidet.
Alle für die Messung in Betracht kommenden Teile bestehen
aus nicht oxydierenden Baustoffen. Das Räderwerk liegt in
einer vom strömenden Wasser abgeschlossenen Kammer, um
gegen chemische Einflüsse geschützt zu sein.

Der Woltmannflügel wird für Temperaturen bis 30° C
aus Zelluloid hergestellt. Für höhere Temperaturen verwendet

man entsprechendes heißwasserbeständiges Sondermaterial.
Der Woltmannflügel ist leicht gehalten und paßt sich daher
den jeweiligen Geschwindigkeitsänderungen des Wassers genau
an. Die Welle läuft in auswechselbaren Lagern, welche eine
fast reibungslose Bewegung gewährleisten.

Die Bewegungen des Woltmannflügels werden durch
Schneckenrad und Schnecke auf das Zähl und Zeigerwerk über-

Abb. 4. Meinecke-Woltmann-Messer älterer Bauart.

tragen, dessen Räder und Welle soweit sie mit dem strömenden
Wasser in Berührung kommen, aus Reinnickel hergestellt sind.
Das Zählwerk arbeitet im Wasser, das Zeigerwerk dagegen im
trockenen Raum. Die Bewegung wird vom Zählwerk auf das
Zeigerwerk durch eine Stopfbuchse besonderer Konstruktion
übertragen.

Die Größe der Woltmannmesser muß nach der zulässigen
durchschnittlichen Tagesleistung unter Berücksichtigung des
Meßbereiches bestimmt werden. In Zahlentafel 1 sind die erforderlichen Angaben für die gangbarsten Größen bis 200 mm
zusammengestellt. Abb. 5 zeigt die von den Woltmannmessern
bei den verschiedensten Leistungen verursachten Druckverluste. Stimmt die ermittelte Messergröße mit der l. W. der Rohr-

leitung nicht überein, so erfolgt der Einbau mittels Übergang-
stutzen, welche nach dem Venturigesetz gebaut werden und
nur geringen Druckverlust verursachen.

Zahlentafel 1.
Leistungen der Meinecke Woltmann-Wassermesser.

Messergröße	Zulässige Höchstbeanspruchungen						Untere Genauigkeits-grenze bei Ausführung für Temperaturen		
	an einem Tage				vorübergehend				
	bei 10-stündi-gem Betrieb		bei 24-stündi-gem Betrieb						
	Ausführung für Temperaturen								
	bis 30°C in	über 30°C in	bis 30°C in	über 30°C in	bis 30°C in	über 30°C in	bis 30°C in	30—90 °C in	über 90°C in
mm	cbm	cbm	cbm	cbm	cbm/h	cbm/h	cbm/h	cbm/h	cbm/h
50	150	100	300	200	32	20	1,2	2,0	3,0
80	550	300	1100	600	110	60	2,5	3,5	5,0
100	900	500	1800	1000	165	100	3,4	6,0	10,0
125	1250	800	2500	1600	275	130	3,5	7,5	15,0
150	1900	1250	3800	2500	380	250	5,0	9,0	20,0
200	3250	2000	6500	4000	600	400	10,0	15,0	40,0

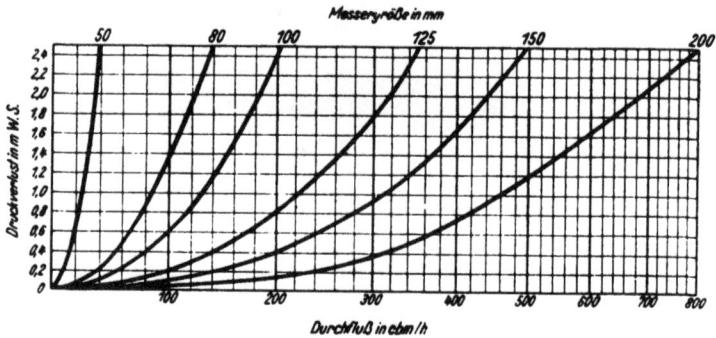

Abb. 5. Druckverluste von Woltmann-Messern in Abhängigkeit von der
Durchflußmenge.

Größere Woltmannmesser ab 100 mm l. W. werden auch
mit herausnehmbarer Meßvorrichtung ausgeführt (s. Abb. 6).
Bei diesen kann die Reinigung der Innenteile ohne Ausbau des
Messergehäuses aus der Rohrleitung vorgenommen werden,
da nach Abschrauben des Deckels die gesamte Meßvorrichtung
sich aus dem Gehäuse herausheben läßt. Das leere Messergehäuse kann durch einen Deckel verschlossen und die Rohrleitung wieder in Betrieb genommen werden.

Zur Erzielung genauer Meßergebnisse ist es erforderlich.
daß der Meßraum der Woltmannmesser stets mit Wasser an-

gefüllt ist. Kommt es beispielsweise vor, daß Wasser durch die Rohrleitung strömt, ohne den Querschnitt ganz auszufüllen, so muß dies durch entsprechende Vorkehrungen beim Einbau behoben werden, z. B. kann der Messer mit Hilfe von Krümmern unter die Rohrachse gesetzt werden.

Die zweite, in Abb. 7 dargestellte Bauart, der „Meinecke-Heißwassermesser" ist eine Sonderkonstruktion für hohe Betriebsdrücke und Temperaturen und besonders zum Messen des Kesselspeisewassers geeignet. Der aus Reinnickel her-

Abb. 6. Woltmannmesser mit herausnehmbarer Meßvorrichtung.

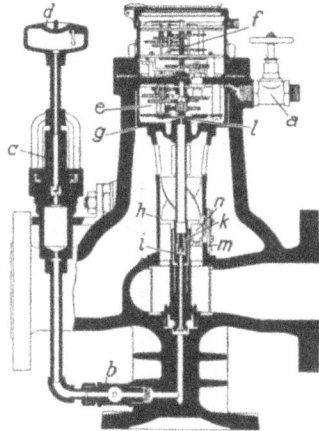

Abb. 7. Meinecke-Heißwassermesser.

gestellte Flügel ist stehend in einem Einsatz angeordnet und läuft unten auf einem Spurstift, oben in einem Zapfenlager. Nach Abschrauben des Kopfflansches läßt sich der gesamte, einfache Mechanismus mit wenigen Handgriffen ausbauen und wieder einbringen. Das leere Messergehäuse kann durch einen Revisionsdeckel verschlossen und die Rohrleitung wieder in Betrieb genommen werden. Besondere Erwähnung verdient die Schmiervorrichtung, die aus einer am Messer befestigten Schmierpresse besteht. Beim Niederschrauben der Presse wird dem unteren Flügellager Schmiermaterial zugeführt, welches durch die hohle Flügelwelle auch zum oberen Flügellager und zum Räderwerk gelangt. Auf diese Weise werden sämtliche der Reibung unterworfenen Teile ausgiebig geschmiert, so daß ihr Verschleiß selbst bei hohen Wassertemperaturen gering ist. Das verbrauchte Schmiermaterial wird durch ein am Oberteil des Messers befindliches Ventil abgelassen. Die von vielen Seiten anfangs gegen die Schmiervorrichtung, mit Rücksicht auf die schädliche Einwirkung auf die Kessel, insbesondere auf Wasserrohrkessel, bei ev. Eintreten von Öl in das Speisewasser, geäußerten Bedenken, haben sich als unbegründet erwiesen. Die Erfahrungen hinsichtlich der Meßgenauigkeiten[1]) im Dauerbetriebe sind günstig. Hervorzuheben sind die geringen Instandhaltungskosten des Messers, geringer Raumbedarf, das niedrige Gewicht und die leichte Einbaumöglichkeit des Meßgerätes. Zahlentafel 2 gibt näheren Aufschluß über die Beanspruchungsmöglichkeiten der verschiedenen Größen dieser Bauart. Die Druckverluste zeigt Abb. 8.

Zahlentafel 2.
Leistungen der Meinecke-Patent-Heißwassermesser.

Messergröße	Zulässige Höchstbeanspruchungen an einem Tage		vorübergehend	Untere Genauigkeitsgrenze
	bei 10-stündigem Betrieb	bei 24-stündigem Betrieb		
mm	cbm	cbm	cbm/h	cbm/h
25/30	40	80	8	1,0
40	50	100	10	1,0
50/60/70	100	200	20	1,4
80/100	250	500	50	2,2
125/50	1000	2000	150	4,0

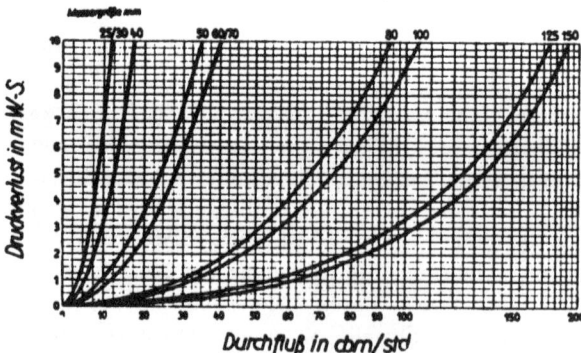

Abb. 8. Druckverluste von Heißwassermessern in Abhängigkeit von der Durchflußmenge.

[1]) Über Meßgenauigkeit s. Fußnote S. 11.

Vorstehend beschriebene, nach dem Woltmannprinzip arbeitende Wassermesser lassen sich in einfacher Weise auch für graphische Aufzeichnung des Wasserverbrauchs einrichten. Abb. 9 zeigt einen Meinecke-Heißwassermesser mit aufgesetztem Registrierapparat. Durch Verwendung entsprechender Zusatzapparate für elektrischen Antrieb kann die Anzeige des Messers auf beliebige Entfernung übertragen werden. Die elektrische Fernübertragung ermöglicht das Zusammenfassen der Anzeige bzw. Registrierung verschiedener Wassermesser für die Überwachung der Wärmewirtschaft an einer zentralen Stelle.

Zur Messung kleinerer Mengen heißen Wassers bei industriellen Apparaten, Warmwasser-Pumpenheizungen usw. dient z. B. der Flügelrad-Heißwassermesser „Kosmos", Bauart Meinecke. Abb. 10 zeigt diesen Meßapparat, der nach dem Einstrahlprinzip arbeitet. Das Wasser wird in geschlossenem Strahl auf dem kürzesten Wege unter voller Ausnutzung seiner Energie unmittelbar zu dem Meßorgan und durch den Messer geführt. Im Gegensatz zum Mehrstrahlmesser mit seinen verwickelten Wasserwegen, ist der Kosmos-Wassermesser verhältnismäßig unempfindlich gegen Verschmutzungen und Inkrustationen. Die Leistungen dieser Wassermesser stellt Zahlentafel 3 zusammen.

Auf einer anderen Arbeitsweise beruht der Scheibenwassermesser von Siemens & Halske. Er besteht aus einer hohlen geraden Metallscheibe, die im Innern einer Meßkammer auf einem Kugelgelenk ruht. Diese Scheibe wird durch das durchfließende Wasser in oszillierende Bewegung versetzt, die sich durch einen Mitnehmer auf ein Zählwerk überträgt.

Abb. 9. Selbsttätiges Schreibgerät für Meinecke-Heißwassermesser.

18

Leistungen der Meinecke-„Kosmos"-Heißwassermesser.

Messer-größe	Zulässige Höchst-beanspruchungen		Untere Genauigkeits-grenze
	an einem Tage	vorübergehend	
mm	cbm[1]	cbm/h[2]	l/h
13	3	1,0	45
20	5	1,7	60
25	7	2,5	90
30	10	3,5	150
40	20	7,5	250
50	50—100	15,0	300

Wird in erster Linie Anzeige bzw. Aufzeichnung der jeweiligen Augenblicksleistung gewünscht, so benutzt man das

Abb. 10. Kosmos-Heißwassermesser.

„Differenzdruckverfahren", bei welchem in der Rohrleitung durch Einschnürung des Querschnittes ein Druckabfall er-

[1]) Für Heizungsmesser, welche sich nur während der Heizperiode, d. h. etwa ½ Jahr in Betrieb befinden, sind Tagesbeanspruchungen bis zur doppelten Höhe zulässig.

[2]) Bei der vorübergehend zulässigen Höchstbeanspruchung verursachen die Wassermesser mit einer Messergröße von 13—40 mm einen Druckverlust von ∼ 1,25 m WS; der 50 mm Messer ∼ 2,5 m WS.

zeugt und mit demselben besonders ausgebildete Anzeigeapparate angetrieben werden. Der Differenzdruck steht zur
jeweiligen Augenblicksleistung in einer physikalisch genau
bestimmten und weiter unten abgeleiteten Beziehung. Mengen-
zählwerke zeigen gleichzeitig die Gesamtdurchflußmenge an.
Das Verwendungsgebiet der nach diesem Verfahren arbeitenden
Meßapparate erstreckt sich auf die Messung von Kesselspeise-
wasser, Kondenswasser, Kühlwasser usw. Gewöhnlich wird
das Differenzdruckverfahren bei größeren Leistungen angewendet, da bei geringen Leistungen die Anschaffungskosten der
Anzeigeapparate unverhältnismäßig hoch werden.

Für die den Druckabfall erzeugende Verengung sind vier
Formen bekannt: das Venturirohr, die Staudüse, die Stauscheibe und der Staurand. Giovanni Venturi stellte als Pro-
fessor an der Universität Bologna im Jahre 1791 bei Versuchen
mit Auslaufstutzen, die eine anschließende konische Erweiterung besaßen, eine Saugwirkung an der Einschnürungsstelle
fest. Aber erst im Jahre 1887 erfolgte die praktische Verwendung der Venturischen Aufzeichnung durch den amerikanischen Ingenieur Clemens Herschel, bei seinen Versuchen die
Leistungen großer Rohrleitungen zu ermitteln. Seine mit ein-
geschnürten Rohren verschiedenster Größe vorgenommenen
Versuche führten zu folgendem Ergebnis:

Wird eine eingeschnürte Rohrleitung mit allmählicher
Erweiterung vom Wasser durchströmt, so verringert sich der
Druck an der Einschnürungsstelle, da sich ein Teil der statischen Druckhöhe in Geschwindigkeit umsetzt. Der so entstehende Druckabfall (Venturi-Differentialdruck) steht stets
in einem ganz bestimmten Verhältnis zu der Wassergeschwindigkeit und damit zur Augenblicksleistung. Er kann daher zur
Messung der letzteren benutzt werden. Durch die allmähliche
Erweiterung wird der entstehende Druckabfall fast vollständig
wieder zurückgewonnen, so daß ein großer Differentialdruck
für Meßzwecke bei verhältnismäßig geringem Gesamtdruckverlust zur Verfügung steht.

Unter Zugrundelegung der Herschelschen Versuche be-
gannen im Jahre 1888 amerikanische und gegen Ende des
19. Jahrhunderts auch englische und deutsche Firmen mit dem
Bau von Venturimessern.

Abb. 11 zeigt ein Venturirohr in schematischer Darstellung. Am Einlauf, an der Einschnürung und am Auslauf sind Druckmeßrohre *I*, *II* und *III* angeschlossen. Findet zunächst kein Durchfluß durch das Venturirohr statt, so ist die Druckhöhe *H* an allen Meßstellen gleich. Sobald aber das Wasser zu strömen beginnt, ändern sich die Druckverhältnisse. Die Druckhöhe an den Meßstellen sinkt, und zwar am meisten an der Einschnürung *II* und weniger stark an den Stellen *I* und *III*.

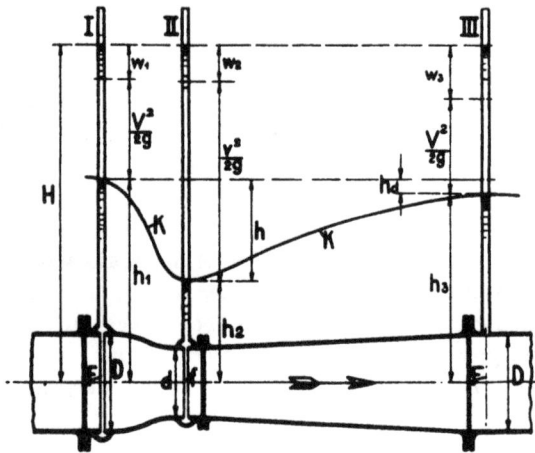

Abb. 11. Schematische Darstellung des Druckverlaufes im gewöhnlichen Venturirohr.

Die Strömung von Flüssigkeiten in geschlossenen Rohrleitungen unterliegt gleichzeitig zwei Gesetzen:

1. der Bernouillischen Gleichung. Diese besagt, daß in jedem beliebigen Querschnitt die Summe der statischen, kinetischen und Reibungsdruckhöhe bei ein- und demselben Durchfluß gleich ist;

2. dem Stetigkeitsgesetz, nach welchem an jeder beliebigen Stelle das Produkt aus der Strömungsgeschwindigkeit und dem Leitungsquerschnitt bei ein- und derselben Durchflußmenge gleich ist.

Bezeichnet

F den Querschnitt der Rohrleitung in m²,
f den Querschnitt der Einschnürung in m²,

D den Durchmesser der Rohrleitung in m,

d den Durchmesser der Einschnürung in m,

V die Wassergeschwindigkeit in der Rohrleitung in m/s,

v die Wassergeschwindigkeit in der Einschnürung in m/s,

$\dfrac{V^2}{2g}$ und $\dfrac{v^2}{2g}$ die den Wassergeschwindigkeiten entsprechenden kinetischen Druckhöhen in m Wassersäule,

w_1, w_2, w_3 die entsprechenden Reibungsdruckhöhen an den drei Meßstellen I, II und III in m Wassersäule,

h_1, h_2, h_3 die statischen Druckhöhen an den drei Meßstellen in m Wassersäule,

Q die Augenblicksleistung (Durchfluß) in m³/s,

g die Schwerkraftbeschleunigung $= 9,81$ m/s²,

so ergibt sich nach der Bernouillischen Gleichung (s. Abb. 11):

$$h_1 + \frac{V^2}{2g} + w_1 = h_2 + \frac{v^2}{2g} + w_2.$$

Daraus erhält man:

$$\frac{v^2}{2g} - \frac{V^2}{2g} = (h_1 - h_2) - (w_2 - w_1)$$

oder:

$$\frac{V^2}{2g}\left(\frac{v^2}{V^2} - 1\right) = (h_1 - h_2) - (w_2 - w_1).$$

Nach dem Stetigkeitsgesetz ist aber:

$$F \cdot V = f \cdot v \quad \text{oder} \quad \frac{v}{V} = \frac{F}{f}.$$

Demnach:

$$\frac{V^2}{2g}\left(\frac{F^2}{f^2} - 1\right) = (h_1 - h_2) - (w_2 - w_1)$$

oder:

$$V = \frac{1}{\sqrt{\dfrac{F^2}{f^2} - 1}} \cdot \sqrt{2g\left[(h_1 - h_2) - (w_2 - w_1)\right]}.$$

Durch Multiplikation mit F erhält man:

$$F \cdot V = \frac{F}{\sqrt{\dfrac{F^2}{f^2} - 1}} \cdot \sqrt{2g\left[(h_1 - h_2) - (w_2 - w_1)\right]} = Q.$$

$(w_2 - w_1)$ ist die Reibungsdruckhöhe der Venturidüse, die bei richtig geformten und glatt gearbeiteten Düsen so geringe

Werte annimmt, daß sie praktisch vernachlässigt werden kann.
Führt man in die erhaltene Formel noch die Durchmesser D
und d ein und setzt man $h_1 - h_2 = h$ (s. Abb. 11), worin h
den Venturi-Differenzdruck darstellt, so erhält man als End-
formel:

$$Q = \frac{\dfrac{\pi D^2}{4}}{\sqrt{\left(\dfrac{D}{d}\right)^4 - 1}} \cdot \sqrt{2 g h}.$$

Diese Formel stellt die theoretische Grundlage für die Berechnung des Venturirohres dar. Aus ihr ergibt sich, daß die Leistung Q stets proportional der Quadratwurzel aus dem Venturi-
Differenzdruck h ist und daß von den vier Größen Q, D, d
und h die eine durch die drei anderen Größen bestimmt ist.

Wie aus Abb. 11 ersichtlich, ist der Gesamtdruckverlust
des Venturirohres $h_d = h_1 - h_3$ bedeutend geringer als der Venturi-Differenzdruck $h = h_1 - h_2$. Die eingezeichnete Kurve K
zeigt die Zu- und Abnahme der statischen Druckhöhen in den
einzelnen Querschnitten des Venturirohres. Versuche haben
ergeben, daß der Gesamtdruckverlust des Venturirohres bei
richtiger Formgebung des trompetenförmig sich erweiternden
Auslaufstutzens ca. 15 vH vom Venturi-Differenzdruck beträgt. Allgemein gilt daher: $h_d \sim 0{,}15 \cdot h$. Der Vorteil des
Venturirohres gegenüber anderen, auf der gleichen Grundlage
beruhenden Meßvorrichtungen, wie Stauscheiben und Staudüsen, besteht somit in geringstem Gesamtdruckverlust bei
verhältnismäßig großem, für die Messung zur Verfügung stehendem Differenzdruck.

Der Venturimesser weist im Gegensatz zur Stauscheibe
und zur Staudüse den Vorteil auf, daß der größte Teil des zur
Mengenmessung notwendigerweise zu erzeugenden Differenzdruckes im konischen Auslaufrohr wieder zurückgewonnen
wird. Der zur Messung verfügbare Differenzdruck läßt sich
daher bei gleichem Druckverlust wie bei Stauscheiben oder
Staudüsen zur Erzielung größerer Genauigkeit und erweiterter
Meßbereiche ungefähr drei- bis viermal vergrößern.

Der Venturimesser kommt nur für geschlossene unter
Druck stehende Rohrleitungen in Betracht. Das Venturirohr

hat keine beweglichen Teile. Die Flüssigkeit durchströmt das Rohr in geradem, geschlossenem Strahl. Fremdkörper gehen hindurch, ohne Störung zu verursachen. Der Venturimesser eignet sich daher sowohl zum Messen von reinen wie schmutzigen oder Fremdkörper führenden Flüssigkeiten. Er kann zur Anzeige bzw. Aufzeichnung der Augenblicksleistungen und gleichzeitig in Verbindung mit einem Mengenzählwerk zur Messung der Gesamtdurchflußmengen — wie jeder andere Wassermesser — verwendet werden, insbesondere für ganz große Leistungen.

Der Meinecke-Venturimesser (s. Abb. 12) besteht aus Venturirohr und Anzeigeapparat. Das Venturirohr setzt sich aus Meßstutzen und Auslaufrohr zusammen. Diese Teile sind durch Flanschen miteinander verbunden.

Bei verschiedenen auf dem Markt befindlichen Konstruktionen sind nur die Druckabnahmestellen selbst mit Metallringen ausgekleidet. An der zwischen diesen beiden Ringen be-

Abb. 12. Meinecke-Venturimesser mit Anzeige- bzw. Schreibapparat.

findlichen, unausgekleideten, gußeisernen Wand ist eine Rostknollenbildung, die zu Widerstandsänderungen und hierdurch zu falschen Messungen führen muß, unvermeidlich. Die Meinecke-Meßstutzen sind aus diesem Grunde mit einer aus einem Stück gegossenen Venturidüse ausgestattet. Eine Flanschverbindung zwischen den beiden Druckabnahmestellen, durch die ebenfalls leicht Meßungenauigkeiten hervorgerufen werden können, ist bei dieser Konstruktion vermieden.

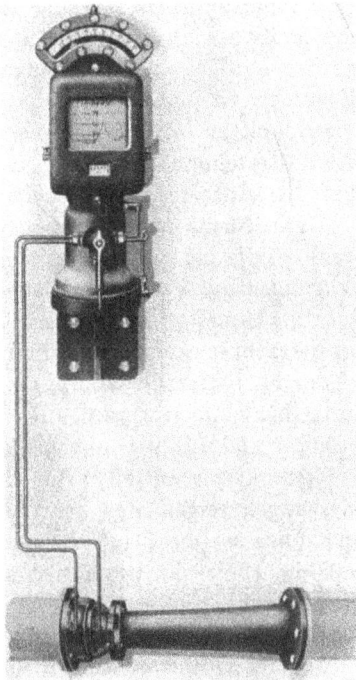

Die Venturidüse mit parabolischem Längsschnitt ist innen glatt gearbeitet und in ihren Durchgangsquerschnitten genau kalibriert. Veränderungen während des Betriebes können nicht eintreten, wodurch eine dauernd gleichbleibende Meßgenauigkeit gewährleistet wird. Zwischen der Venturidüse und dem eigentlichen Gehäuse bilden die Meßstutzen zwei ringförmige Druckentnahmekammern. Diese Kammern stehen mit dem Innern des Meßstutzens durch Bohrungen in Verbindung, die auf dem ganzen Umfange der Düse angeordnet sind. Der Druck in den Kammern ist somit der gleiche, wie in den entsprechenden Meßquerschnitten. Durch Rohre von kleinem Durchmesser werden die auftretenden Meßdrücke aus den Druckentnahmekammern auf den Anzeigeapparat übertragen.

Die Firma Bopp & Reuther hat den naheliegenden Gedanken, die bei Stauscheiben und Staudüsen vorliegenden Erfahrungen auf das Venturirohr anzuwenden und das Venturirohr als Staudüse mit angeschlossenem konischem Auslaufrohr zu betrachten, aufgegriffen und auf ihrem Prüffeld eingehende Versuche angestellt. Die parabolischen Meßdüsen wurden unmittelbar mit entsprechenden konischen Auslaufrohren verbunden und für die verschiedenen Lichtweiten die Ausflußkoeffizienten ermittelt. Die Ergebnisse der vorgenommenen Messungen zeigen, daß die Versuche mit einzelnen Meßdüsen sich ohne weiteres auf Venturimesser übertragen lassen und daß die konischen Einlaufrohre mit Vorteil durch eingesetzte parabolische Meßdüsen ersetzt werden können. Bei parabolischen Meßdüsen werden die Stromlinien noch besser in die Rohrverengung geführt, es scheint sogar, daß die innere Reibung der Wasserteilchen geringer als bei konischen Rohrstücken ist. Auf Grund dieser Ergebnisse wurde die alte Form endgültig verlassen und die Venturirohre nunmehr mit einem kurzen gußeisernen Einlaufrohr mit auswechselbar eingesetzter parabolischer Meßdüse gebaut, an welche sich dann das konische Auslaufrohr anschließt.

Abb. 13 stellt ein Venturirohr dieser neuen Ausführung mit eingesetzter leicht auswechselbarer, parabolischer Meßdüse dar. Der Strömungsvorgang und die Druckverhältnisse im Venturirohr mit dem Druckabfall und der Wiedergewinnung des verwendeten Differenzdruckes sind schematisch gekennzeichnet.

Die mit diesen Venturimessern erzielten Meßergebnisse zeigen eine große Gleichmäßigkeit der Durchflußkoeffizienten bei den verschiedenen Wassergeschwindigkeiten und eine geringe Veränderlichkeit bei den verschiedenen Durchmessern. Die Beschaffenheit der Düsenoberfläche und die verwendete Düsenform hat natürlich einen Einfluß auf die Größe des Durchflußkoeffizienten. Sauber gedrehte Metalldüsen haben einen

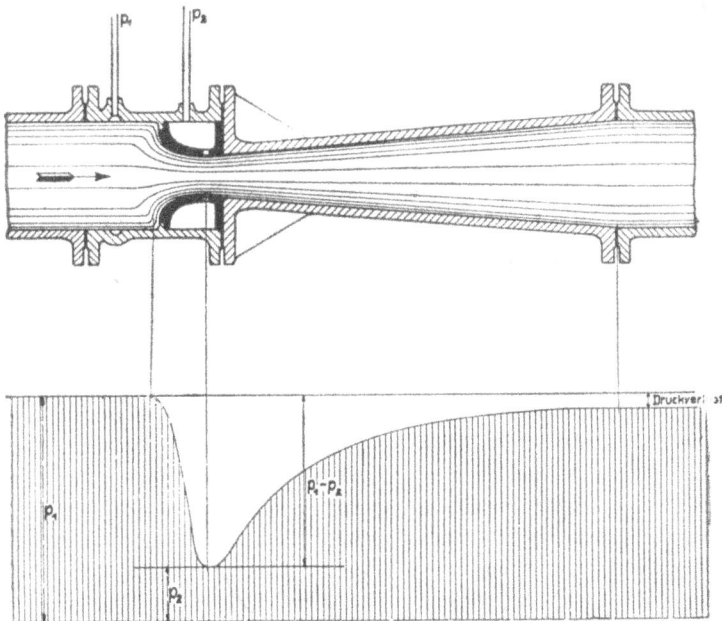

Abb. 13. Bopp & Reuther-Venturirohr mit auswechselbarer, parabolischer Meßdüse.

bedeutend besseren Durchflußkoeffizienten als einfache, gußeiserne Düsen, die nur teilweise innen ausgedreht sind.

Wie sich aus der auf S. 21 abgeleiteten Formel für Venturimesser ergibt, ist die Menge des durchfließenden Stoffes proportional der Quadratwurzel aus dem Differenzdruck.

Das Ziehen der Quadratwurzel läßt sich nun bei Quecksilber-Anzeigeinstrumenten auf zweierlei Art und Weise erreichen, indem entweder die quadratischen Bewegungen der Quecksilberspiegel durch eine Kurvenscheibe in eine lineare umgewandelt oder durch Verwendung eines parabolischen Einsatzes in einem Schenkel des Quecksilbermanometers die Bewegung des Quecksilberspiegels im anderen Schenkel der Durchflußmenge direkt proportional gemacht wird. Die erste Ausführung wird von den amerikanischen und englischen Firmen verwendet. Abb. 14 zeigt einen Registrierstreifen solcher Instrumente. Die Skalen- und Schreibformulare sind von Null an durchweg gleichmäßig geteilt, so daß die von der Nulllinie und Registrierkurve begrenzte Fläche die Gesamtdurchflußmenge maßstäblich darstellt. Die Auswertung dieser Fläche kann daher durch Auszählen der Felder oder genauer durch jedes gewöhnliche Planimeter leicht vorgenommen werden. Diese Konstruktion hat aber den Nachteil, daß eine größere Menge Quecksilber für die Apparate erforderlich wird und es außerdem in der Nähe der Nullstellung schwer hält, den Apparat zur genauen Anzeige zu bringen, weil die Kurvenscheibe hier zu stark ansteigt und eine verhältnismäßig große Kraft zur Bewegung der Schreibvorrichtung benötigt. Die Firma Bopp & Reuther, Mannheim-Waldhof, hat daher bei ihren Venturi-Schreibgeräten die Verwendung eines parabolischen Einsatzes in einem der beiden Quecksilbergefäße zur Erzielung der linearen Einteilung vorgezogen, weil hierbei das Ziehen der Quadratwurzel vollständig reibungslos erfolgt und nur eine verhältnismäßig geringe Quecksilbermenge für den ganzen Apparat erforderlich wird. Leider läßt sich bei diesen Konstruktionen die lineare Einteilung nicht ganz bis zur Nulllinie herunter durchführen, da es unmöglich ist, die Bewegungen des einen Quecksilberspiegels in einem U-förmigen Manometer im Anfang so zu vergrößern, daß sie der Quadratwurzel aus der Gesamtbewegung der beiden Quecksilberspiegel direkt proportional werden.

Die von der Firma Bopp & Reuther auf den Markt gebrachten Venturi-Schreibgeräte bestehen aus zwei durch ein dünnes Stahlrohr miteinander verbundenen Quecksilbergefäßen. Das eine Quecksilbergefäß, in welchem der höhere Druck des Staugerätes herrscht, hat den parabolischen Einsatz, während das andere Quecksilbergefäß, dessen Spiegel einen Schwimmer trägt, zylindrisch gestaltet ist. In diesem zylindrischen Gefäß herrscht der niedrigere Staudruck, so daß

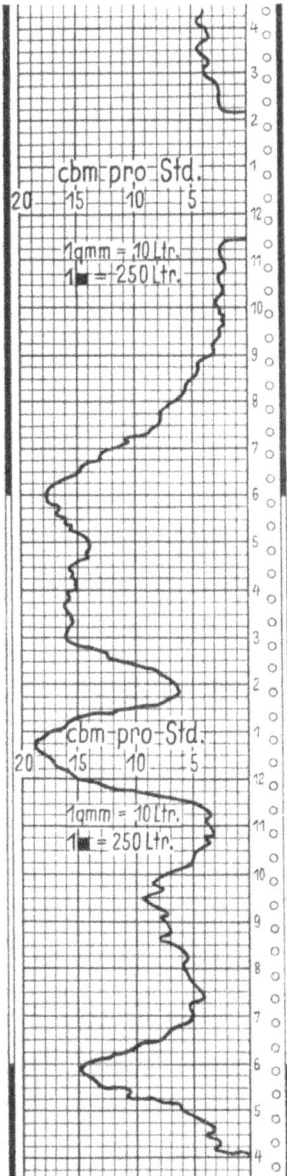

Abb. 14. Registrierstreifen von Quecksilber-Anzeige-Instrumenten (amerikan. u. engl. Bauart).

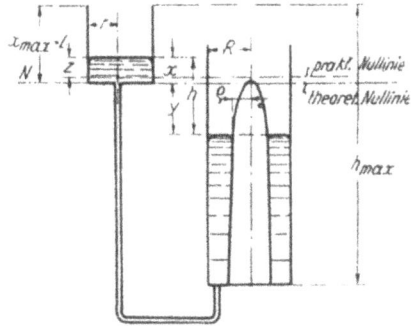

Abb. 15. Der parabolische Einsatz beim Bopp & Reuther-Venturi-Selbstschreiber (s. Abb. 16).

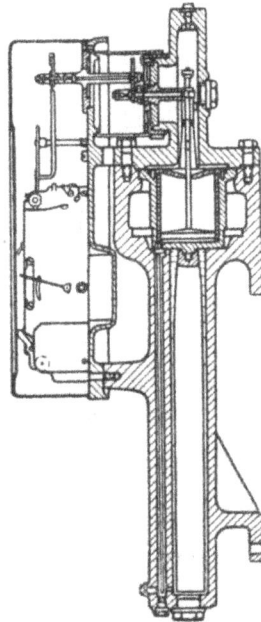

Abb. 16. Venturi-Schreibapparat, Bauart „Bopp & Reuther", im Schnitt.

hierin beim Ausschlag des Gerätes das Quecksilber mit dem
Schwimmer ansteigt und im parabolischen Schenkel fällt. Der
Schwimmer besteht aus Hartgummi und besitzt oben eine
Zahnstange, die in ein großes Zahnrad eingreift. Die auf- und
niedergehende Bewegung des Quecksilberspiegels wird dadurch
in eine Drehbewegung umgesetzt und nach außen auf die
Schreibfeder oder den Zeiger des Anzeigeinstruments übertragen.

In der Abb. 15 sind die beiden Quecksilbergefäße schematisch dargestellt. Das rechte Gefäß hat den parabolischen Einsatz. Das linke Gefäß ist zylindrisch
und enthält den Schwimmer. Beide
Gefäße sind durch ein Stahlrohr miteinander verbunden. Wie bereits oben
angedeutet, ist es durch den parabolischen Einsatz allein nicht möglich,
die lineare Einteilung ganz bis zur
Nullinie herunterzudrücken. Diese
Schwierigkeit ist aber durch besondere
Gestaltung des oberen Teils des rechten Gefäßes in Verbindung mit dem
parabolischen Einsatz zu überwinden,
womit die lineare Einteilung fast ganz
bis zur Nulllinie heruntergebracht
werden kann. Diese Nullinie des Apparates ist die theoretische Nullinie,
weil sich hierauf die Berechnung des

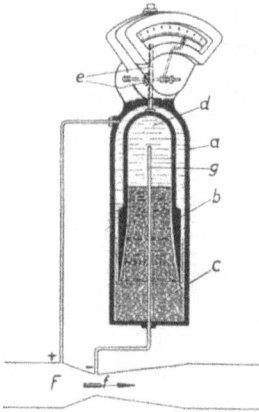

Abb. 17. Venturi-Anzeige-
gerät Bauart Meinecke.

ganzen Apparates stützt. Sie ist in Abb. 15 mit N.-N. bezeichnet. Abb. 16 stellt einen Schnitt durch einen Venturi-
Registrierapparat der Firma Bopp & Reuther dar.

Abb. 17 zeigt in schematischer Darstellung den Anzeigeapparat der Firma „Meinecke A.G", Breslau-Carlowitz. In einem
geschlossenen Gefäß a befindet sich ein glockenförmiger
Schwimmer b aus spezifisch leichtem Material, der auf dem
Quecksilber c schwimmt. Das Gefäß ist mit dem großen
Meßquerschnitt F und der innere Raum d des Schwimmers
mit der Einschnürung f des Venturirohres durch Rohre verbunden. Strömt das Wasser durch das Venturirohr, so nimmt
der Druck an der Einschnürung bzw. im Innenraum des
Schwimmers stärker ab als am großen Querschnitt bzw. im

Gefäß. Der entstehende Druckunterschied (Venturi-Differenzdruck) bewirkt die Bewegung des Schwimmers durch Verschiebung des Quecksilberspiegels im Gefäß und im Innenraum des Schwimmers. Die Wandungen des Schwimmers *b*
haben einen besonders gestalteten Längsschnitt und dienen
als Verdrängungskörper. Hierdurch wird die lineare zur jeweiligen Augenblicksleistung direkt proportionale Bewegung des
Schwimmers bei quadratisch ansteigendem Venturi-Differenzdruck erreicht. Die Verwandlung der gradlinigen Bewegung
des Schwimmers in eine drehende Bewegung erfolgt durch
Zahnstange und Zahnrad *e* und dient zum Antrieb des Lei-
stungsanzeigers, der Schreibvorrichtung und des Mengen-

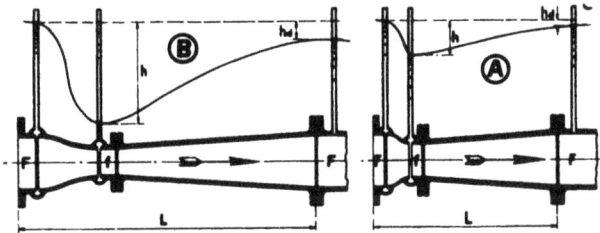

Abb. 18. Druckverlustkurve bei einem normalen und bei einem
neuzeitigen Meinecke-Venturimesser.

zählwerkes. Sie steht ebenfalls im linearen Verhältnis zur jeweiligen Augenblicksleistung.

Diese Apparate vermeiden zufolge ihrer besonderen Konstruktion den Nachteil hohen Druckverlustes. Sie benötigen für
ihren Antrieb einen Venturi-Differenzdruck von nur 1,7 m
Wassersäule bei der Höchstleistung. Die Venturirohre werden
daher nicht stark eingeschnürt und verursachen nur geringen
Druckverlust (etwa 15 vH des Venturi-Differenzdruckes, also
nur = ca. 25 cm W.-S.). Trotzdem stehen für die sichere Betätigung der Anzeige- bzw. Schreibvorrichtung ausreichende
Kräfte zur Verfügung. Den Unterschied zwischen einem
Venturirohr für Meinecke-Anzeigeapparate (*A*) und einem normalen Venturirohr gleicher Leistung (*B*) zeigt Abb. 18.

	Beim Venturirohr *A*:		Beim Venturirohr *B*:	
Der Venturi-Diffe- renzdruck . . .	$h = 1{,}7$ m	} Wasser- säule	$h = 6$ m	} Wasser- säule
Der Gesamtdruck- verlust	$h_d = 0{,}26$ m		$h_d = 0{,}90$ m	

Das Einschnürungs- verhältnis . . .	Beim Venturirohr A: $f:F = 1:2,3$	Beim Venturirohr B: $f:F = 1:4$
Baulänge und Ge- wicht L	klein	groß

Abb. 12 zeigt eine Ausführungsform der Meinecke A.-G. zum Anzeigen der jeweiligen Augenblicksleistung. Um die Stopfbuchsenreibung im Interesse eines möglichst großen Meß- bereiches vollkommen auszuschalten, ist die Anzeigevorrich- tung in den Innenraum verlegt worden. Der Zeiger arbeitet im Wasser unmittel- bar hinter einer sichelförmigen Glas- scheibe aus einem besonderen, wider- standsfähigen Hartglas. Die große, übersichtliche, gleichmäßig geteilte An- zeigeskala ermöglicht eine leichte Ab- lesung. Infolge Fortfalls der Stopfbuchse wird ein Meßbereich von 1:15 erreicht. Die Meßgenauigkeit beträgt $\pm$ 0,75 vH des Skalenendwertes.

Bei dem hydraulischen Anzeige- apparat Bauart „Meinecke" (Abb. 19) wird die Bewegung des Schwimmers in eine drehende Bewegung umgewandelt und durch eine Stopfbuchse nach außen geführt, wo sie zum Antrieb der Schreib- vorrichtung und des Mengenzählwerkes dient.

Abb. 19. Hydraulischer Mengenmesser, Bauart „Meinecke".

Die Aufzeichnung der jeweiligen Augenblicksleistung erfolgt auf einem für 1 Monat Betrieb ausreichenden, fort- laufenden, im gesamten Meßbereich des Anzeigeapparates gleich- mäßig geteilten Schreibformular, welches durch ein genau ar- beitendes kräftiges Uhrwerk mit achttägiger Gangdauer vor- wärts bewegt wird. Der Vorschub beträgt 20 mm je Stunde, die Formularhöhe 100 mm. Der beschriebene Teil des Schreib- formulares wickelt sich selbsttätig auf eine Rolle und kann ab- geschnitten und herausgenommen werden. Eine besondere Vorrichtung gestattet die Besichtigung des für mehrere Tage

schon beschriebenen Formularteiles durch einen Handgriff
während des Betriebes.

Die Stopfbuchse gewährleistet eine dauernd gute Abdich-
tung bei geringer Reibung. Der Meßbereich dieses Apparates
beträgt 1:10; die Meßgenauigkeit ± 0,75 vH der Maximal-
leistung. Das Mengenzählwerk arbeitet richtig mit ± 2 vH
Genauigkeit im gesamten Meßbereich dieses Apparates.

Wenn auf Wiedergewinnung des erzeugten Druckunterschiedes weniger Wert gelegt wird, so kann das Venturirohr
auch durch eine einfache Stau-
scheibe nach Abb. 20 ersetzt werden. Diese hat den Vorteil der
Billigkeit für sich, weil sie in den

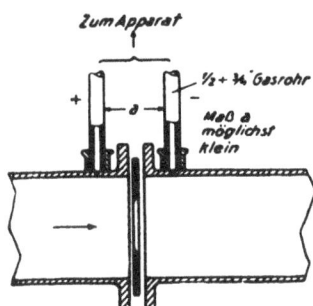

Abb. 20. Stauscheibe mit einfacher
Entnahmestelle.

Abb. 21. VDI-Staurand in aufgeschnittenem Zustande zwecks Bloß-
legung der Ringkammern (Einsatz
herausgenommen).

meisten Fällen einfach zwischen die Flanschen einer Rohrleitung eingebaut werden kann.

Als Differenzdruckerzeuger wird sehr oft auch der Staurand
gewählt, welcher heute zumeist in Form des VDI-Normalstaurandes hergestellt wird.

Der VDI-Normalstaurand ist gegenüber der Stauscheibe
dadurch gekennzeichnet, daß zur Entnahme des Differenzdruckes nicht je eine einzelne Anbohrung vor und hinter dem
eigentlichen Stauflansch dient, sondern daß der Differenzdruck
gleichzeitig an zahlreichen Stellen des Umfanges mittels kleiner
Anbohrungen abgenommen und zunächst in je einer ringförmig
in den äußeren Flansch eingelassenen Kammer vereinigt wird.

Abb. 21 zeigt einen solchen Staurand in aufgeschnittenem Zustande, um die Ringkammern bloßzulegen.

Der Zweck der beiden Ringkammern besteht darin, Unregelmäßigkeiten der Strömung sowie nicht parallelen Verlauf
der Stromfäden oder ungleichmäßige Geschwindigkeitsvertei-
lung, die bei Stauscheiben mit nur je einer Druckentnahmestelle (Abb. 20) mitunter ganz bedeutende Meßfehler zur Folge
haben, dadurch auszugleichen, daß mit Hilfe des ringförmigen
Raumes aus den verschiedenen am Umfang auftretenden Drük-
ken der Mittelwert gebildet wird. Untersuchungen haben er-

Abb. 22.   Abb. 23.   Abb. 24.

Staurandformen für Rohrweiten unter 80 mm φ.

geben, daß die ausgleichende Wirkung derartig bedeutend ist,
daß man mit diesem Staurand von Querschnitts- und Rich-
tungsänderungen der Rohrleitungen fast unabhängig ist. Bekanntlich wurde es bisher für notwendig gehalten, zum Einbau einer Stauvorrichtung eine gerade Rohrstrecke in der Länge
von mindestens 8—10 Rohrdurchmessern zur Verfügung zu
haben. Demgegenüber sei hervorgehoben, daß man den VDI-
Staurand ohne Bedenken etwa 2 φ hinter und unmittelbar
vor einem Krümmer einbauen kann. Bei der Auswahl der Meßstelle ist nur darauf zu achten, daß sich keine Ventile oder
Schieber in nächster Nähe befinden. T-Stücke dürften 3 φ
vor und 2 φ hinter dem Staurand kaum noch einen Einfluß
auf die Messung ausüben.

Abb. 22—24 veranschaulichen Staurandformen für lichte Rohrweiten von unter 80 mm ϕ. Für engere Rohre, insbesondere für die nach Zollmaßen bezifferten Gasrohre kommt die in Abb. 25 dargestellte Ausführung zur Verwendung. Zur Gewährleistung exakter Strömungsverhältnisse sind Ein- und Auslauf in Form genau ausgeriebener und auf Kaliberhaltigkeit geprüfter Präzisionsrohre mit dem Staurand fest verbunden.

Abb. 25. Staurandform für Gasrohre.

Abb. 26. Staurand mit Abnahmestutzen für den Differenzdruck.

Abb. 27. Staurand mit Überlaufgefäßen (-rohren) für Dampfmessungen.

Aus den Ringkammern wird der Differenzdruck durch die in Abb. 26 und Abb. 27 sichtbaren Stutzen in die daran angeschlossenen Meßleitungen und von da aus in den Mengenmesser übergeleitet. Die eigentliche Stauscheibe wird durch einen auswechselbaren Einsatz gebildet, welcher in Abb. 21 in herausgenommenem Zustande dargestellt ist. Für die Messung von Dampf, Wasser und chemisch angreifenden Gasen wird dieser Einsatz aus nichtrostendem, zähem Stahl hergestellt. Für indifferente Gase und Luft besteht er mit Rücksicht auf den Preis aus Flußeisenblech.

Balcke, Wärmeüberwachung.   3

Bei dem Einbau von Staurändern ist darauf zu achten, daß die scharfe Kante der Stauöffnung der Stromrichtung entgegengesetzt ist (s. Abb. 20). Deshalb wird am äußeren Umfang der Fassung ein Pfeil eingraviert, welcher die Durchströmrichtung angibt. Außerdem werden die beiden Stutzen durch die Zeichen „+" und „—" gekennzeichnet. Sie sind an die gleichbezeichneten Anschlüsse des Mengenmessers anzulegen.

Zur Messung von Gasen und Luft kommt der einbaufertige Staurand nach Abb. 28 zur Anwendung. Sehr häufig kann man bei Messungen von Luft unter geringen Drücken (Ventilatorenwind) die abgebildeten Ventile sparen und die Öffnungen der Entnahmestutzen, wenn kein Mengenmesser angeschlossen ist, mit einem einfachen Holz- oder Papierpfropfen verschließen.

Abb. 28. Einbaufertiger Staurand für Gas- und Luftmessungen.

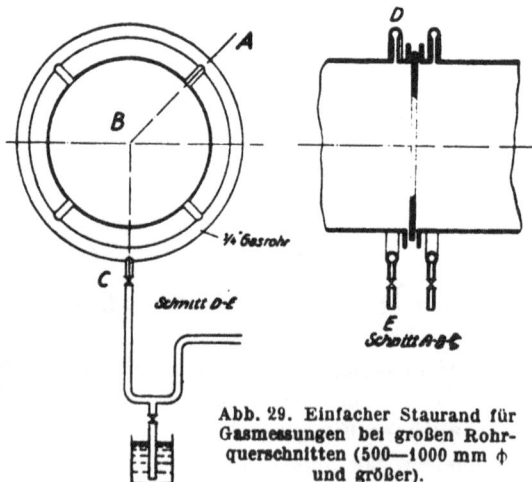

Abb. 29. Einfacher Staurand für Gasmessungen bei großen Rohrquerschnitten (500—1000 mm φ und größer).

Handelt es sich um die Messung von Gasen in sehr großen Rohrleitungen von über ½ oder 1 m φ, so wird die Ausbildung des VDI-Normalstaurandes mitunter unzulässig kostspielig oder technisch undurchführbar. Es wird dann die in Abb. 29 dargestellte Anordnung gewählt. Als Staurand dient eine einfache Blechscheibe mit scharfkantiger Durchbohrung. Die Entnahme des Differenzdruckes erfolgt vor und hinter dem Staurand durch je vier Anbohrungen mit einem ¾-zölligen Gasrohr. Die vier Entnahmestellen werden durch ein ringförmiges Gasrohr miteinander verbunden. Durch diese primitive Nachbildung der Ringkammern erreicht man noch eine befriedigende Unabhängigkeit von Ungleichmäßigkeiten der Strömung und demzufolge eine ausreichende Meßgenauigkeit. Die Anbohrungen selbst sollen glatt mit der inneren Rohrwand abschließen, um störende Stauwirkungen durch hervorstehende Kanten oder Grat auszuschalten. Der Anschluß der Meßleitungen wird infolgedessen nach Abb. 30 ausgebildet. Stauränder einfacherer Form eignen sich zur Selbstherstellung durch den Benutzer und kommen dann auch für kleinere Rohrweiten in Frage. In weniger wichtigen Fällen kommt man auch mit einer einfachen statt der vierfachen Druckentnahmestelle nach Abb. 20 aus.

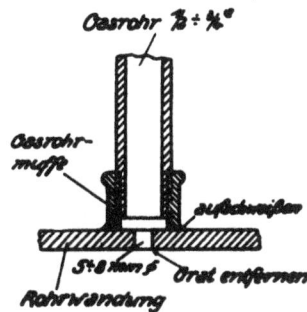

Abb. 30. Anschluß der Meßleitungen bei einfachen Staurändern (Stauscheiben nach Abb. 20).

Der Staurand für Dampfmessungen gleicht völlig der soeben genannten Ausführung für die Wassermessung. Das Kennzeichnende der Dampfmessung besteht nun darin, daß an die Stauvorrichtung zunächst zwei Ausgleichsgefäße anzuschließen sind. Sie sollen dafür sorgen, daß die über der Quecksilberfüllung des Dampfmessers in den beiden Meßleitungen stehenden Kondenswassersäulen genau die gleiche Höhe haben, weil eine verschiedene Höhe der Wassersäulen sich wie ein zusätzlicher Differenzdruck im Dampfmesser auswirken würde. Diese Gleichheit wird dadurch erzielt, daß man am höchsten Punkt in der Verbindung zwischen Staurand und Dampfmesser in jeder Meßleitung ein Überlaufgefäß in Form voluminöser Stahlrohre (nach Abb. 31) anbringt. In den dem Staurand zugekehrten Flansch ist der Überlauf eingesetzt. Er begrenzt die Höhe des Kondenswasserspiegels in den beiden

3*

Verbindungsleitungen. Es ist deshalb wichtig, daß bei dem Einbau sich die Überlaufkante jeweils in der wagerechten und in beiden Leitungen auf genau gleicher Höhe befindet. Ferner ist dafür zu sorgen, daß die beiden Ausgleichsgefäße genau wagerecht verlegt werden, an welche dann die Meßleitungen angeschlossen werden.

Diese Erfordernisse bedingen eine verschiedenartige Anordnung von Staurand und Ausgleichern, je nachdem ob der Staurand sich in einer wagerecht oder senkrecht verlaufenden Rohrleitung befindet. Die verschiedenen Möglichkeiten sind in

Abb. 31. Einbau eines Staurandes mit Überlaufgefäßen in eine Dampfleitung.

Abb. 32—34 veranschaulicht. Soll der Dampfmesser höher als der Staurand angebracht werden, so ist die in Abb. 33 dargestellte Anordnung zu wählen, bei welcher die Ausgleichsgefäße den Höchstpunkt des ganzen Systems darstellen. Die Verbindung zwischen Ausgleichern und Staurand ist möglichst senkrecht zu führen und soll nicht weniger als 10 mm l. W. haben (Kupferrohr 10 × 12), um mit Sicherheit zu verhüten, daß infolge von Adhäsion hängenbleibende Wassertropfen den Querschnitt verringern oder ganz zusetzen.

Diese Verbindungsleitungen werden zweckmäßig isoliert, während sowohl die Ausgleicher wie die Meßleitungen zwischen ihnen und dem Dampfmesser in frostfreien Räumen in keinem

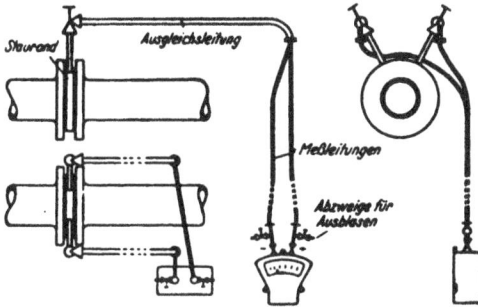

Abb. 32.

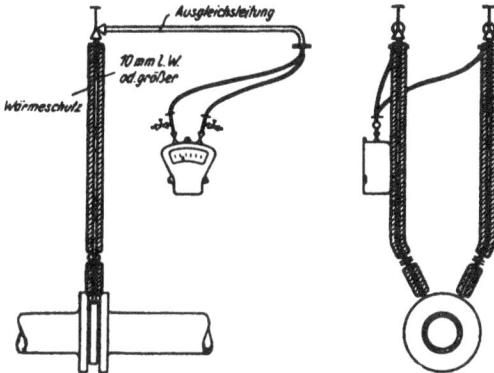

Abb. 33.

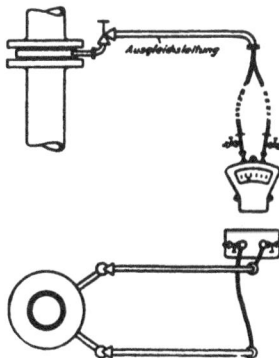

Abb. 34.

Abb. 32 bis 34. Anordnung von Staurand und Ausgleichern (Überlaufgefäßen) in wagrechten und senkrechten Rohrleitungen.

Falle mit irgendwelchem Wärmeschutz versehen werden
dürfen.

Unmittelbar vor dem Anschluß der Meßleitungen an den
Dampfmesser werden in diese zweckmäßigerweise zwei
T-Stücke eingebaut, deren seitlicher Abgang durch einen
Stopfen oder ein Ventil verschlossen ist (ähnlich einem Drei-
wegehahn). Sie haben den Zweck, möglicherweise in den Meß-

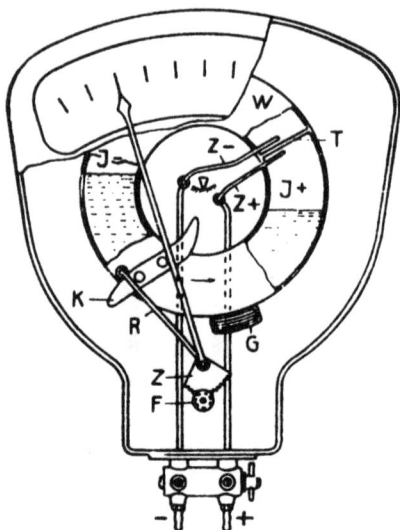

Abb. 35. Hartmann & Braun-Ringwaage
als Anzeigegerät.

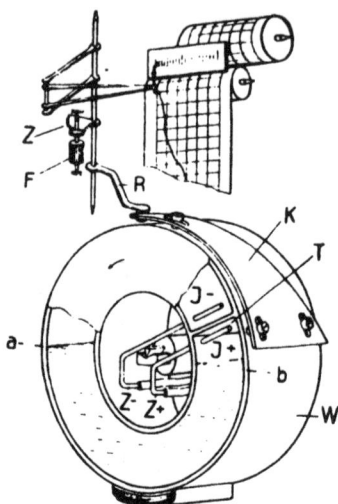

Abb. 36. Hartmann & Braun-Ringwaage mit Schreibvorrichtung.

leitungen sich sammelnde Luftblasen, welche die Messung
fälschen, durch Ausblasen zu entfernen. In Abb. 32—34 sind
diese Abzweige angedeutet.

Diese besprochene Stauvorrichtung ist in Verbindung mit
der empfindlichen Ringwaage von Hartmann & Braun der Messung mit dem Venturirohr an Genauigkeit und Empfindlichkeit als gleichwertig zu erachten.

Die Ringwaage besteht wie Abb. 35 und Abb. 36 zeigen,
aus dem trommelartigen Ringkörper W, welcher durch die
Trennwand T in die beiden Räume $J +$ und $J -$ geschieden
wird. In seiner unteren Hälfte befindet sich die Füllflüssigkeit,
welche im Ruhezustand in beiden Hälften gleich hoch steht

(s. Linie *a—b* in Abb. 36). Die Drücke werden den beiden Kammern durch kraftfrei, beweglich angeordnete Schläuche und weiterhin durch die Zuleitung $Z +$ und $Z —$ zugeführt. Der Überdruck in $J +$ verursacht eine Verschiebung der Füllflüssigkeit von dem Raum $J +$ nach $J —$, so daß letztere Seite das Übergewicht bekommt. Dadurch schlägt die Ringwaage soweit aus, bis das mitauswandernde Gewicht G das Gleichgewicht herstellt (Abb. 35).

Die Bewegung der Ringwaage wird mittels einer Kurvenscheibe K und eines auf ihr abrollenden, an dem Rollenhebel R befestigten Fühlrädchens auf den Zeiger oder Schreibarm übertragen. (Abb. 35 u. 36.)

Das Gegengewicht G wird durch einzelne Platten gebildet. Je nachdem man mehr oder weniger von ihnen in den Plattenhalter einschiebt, kann man den Meßbereich des Instrumentes abstufen. (Die Meßbereiche sind für Druckmessungen nach runden Werten des Druckes h, für Mengenmessung nach $\sqrt{h}$, geordnet.)

Abb. 37 zeigt eine solche Ringwaage von Hartmann & Braun im aufgeklappten Zustande zur unmittelbaren Anzeige auf einer Meßskala.

Abb. 37. **Ringwaage in aufgeklapptem Zustande.**

Die Ringwaage kann zugleich für Druck- und Mengenmessung durch Einschaltung eines besonderen Konstruktionsteils „der Kurvenscheibe" verwendet werden.

Die Kurvenscheiben sind für Mengenmessungen nach einer quadratischen und für Druckmessungen nach einer linearen Rechenbeziehung geformt.

Die Firma Hartmann & Braun liefert für ihre Messer vier Arten von Kurvenscheiben, und zwar:

1. *Vl*, für Mengen- (Volumen-) Messung mit Skalennullpunkt links.

2. *Vm,* für Mengenmessung mit Nullpunkt in der Mitte der Skala. Sie kommt in Frage, wenn sich gelegentlich in einer Leitung die Strömungsrichtung ändert bzw. umkehrt.

3. *Pl,* für Druck, Zug- und Differenzdruckmessung mit Skalennullpunkt links.

4. *Pm,* desgleichen mit Nullpunkt in der Mitte, zur Messung abwechselnden Über- und Unterdruckes.

Abb. 38. Als Schreibapparat ausgebaute Ringwaage (Abb. 36) in aufgeklapptem Zustande.

Die Kurvenscheiben werden mittels Schnappmechanismus auf der Ringwaage so befestigt, daß sie durch einen einfachen Handgriff zu lösen und wieder einzusetzen sind. Auch der ungeübte Benutzer ist daher imstande, sie mühelos gegeneinander auszutauschen und dadurch das Gerät nach Belieben als Druck-,

Zug- oder Differenzdruckmesser einerseits oder als Mengenmesser andererseits zu benutzen. Jede der vier Anwendungen
erfordert natürlich eine andere Skalenart. Dementsprechend
werden auch verschiedene Skalenbleche mit den aufgedruckten
Bezeichnungen *Vl*, *Vm*, *Pl* und *Pm* benötigt. Der Aufdruck
gibt die zugehörige Kurvenscheibe an. Die Skalen werden in
einen Steckrahmen eingesetzt und können daher ebenso wie
die Kurvenscheiben leicht ausgewechselt werden. Die mit *K*
bezeichnete Kurvenscheibe
ist in Abb. 35 deutlich sichtbar, desgleichen auch in dem
aufgeklappten Messer der
Abb. 37.

Abb. 38 zeigt eine als
Schreibapparat ausgebaute
Ringwaage im aufgeklappten
Zustande. Der auf der oberen
Skala laufende Zeiger ist zu-
gleich als Schreibfeder aus-
gebildet, unter welchem das
Papier mit Hilfe eines Uhr-
werks fortgezogen wird (s. a.
Abb. 36).

Abb. 39. Ringwaage mit vorgebautem
Elektrofernsender.

Abb. 39 zeigt eine als Ferngebergerät ausgebildete Ringwaage zur elektrischen Fernübertragung der Meßwerte.

Abb. 40—51 zeigen die Mengenmesser von Dr. Böhme,
und zwar Abb. 40 die einfachste Form eines Leistungsmessers
mit Quecksilberanzeige nach den Vorschlägen der Wärmestelle
Düsseldorf des Vereins deutscher Eisenhüttenleute. Der in der
Leitung durch eine Meßdüsenscheibe erzeugte Druckunterschied wirkt auf ein U-förmiges Quecksilbergefäß. Die Plusseite
des Meßrohres ist als Gefäß mit ziemlich großem Volumen
ausgeführt, so daß nur unmerkliche Veränderungen im Spiegel
der Quecksilbersäule auf der Plusseite den merklichen Veränderungen des Schenkels auf der Minusseite entsprechen. Der Apparat hat damit den Vorteil, daß die Skala zwecks Festlegung
des Nullpunktes nicht verschoben zu werden braucht, da der
Nullpunkt praktisch unverändert bleibt. Die Höhe der Quecksilbersäule wird an einer Skala gemessen (die nach Belieben

in kg/s oder kg/h eingeteilt und auf den herrschenden Druck eingestellt werden kann) und ergibt die jeweilige Durchflußmenge. Diese Ausführung ist besonders für kurzfristige Versuchsmessungen, für beratende Ingenieure, für Wärmestellen und Kesselüberwachungsvereine wertvoll.

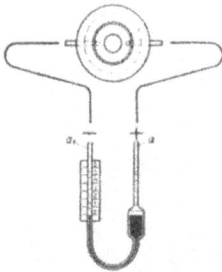

Abb. 40a. Schematische
Darstellung des Messers.

Abb. 40c. Zugehörige
Meßdüse.

Abb. 40b. Ausführungsform des Messers.

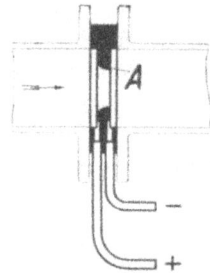

Abb. 40a—c. Einfacher
Leistungsmesser von
Dr. Böhme für kurzfristige Versuchsmessungen.

Wie aus Abb. 40 ersichtlich, geschieht die Anbringung des Messers in einfacher Weise:

In die vorhandene Rohrleitung wird die Meßdüsenscheibe eingesetzt, die 18—25 mm stark ist und daher im allgemeinen kein Verkürzen der Rohrleitung bedingt. Die Meßdüsenscheibe wird so ausgebildet, daß sie zwischen den Schraubenkreis paßt. Falls Nut und Feder vorhanden, wird dies bei der Anfertigung ebenfalls berücksichtigt. Von der Meßdüsenscheibe führen zwei Kupferrohre von 10 mm ϕ zum Messer, der auch in größerer Entfernung von der Meßstelle aufgehängt werden kann.

Abb. 41 zeigt das Schema und Abb. 42 eine Ausführung der bekannten Böhme-Dampfuhr. Das Schema zeigt das zu einem

Gehäuse ausgebildete Quecksilbergefäß mit dem Schwimmer
auf dem Quecksilberspiegel, dessen Bewegungen auf den Zeiger

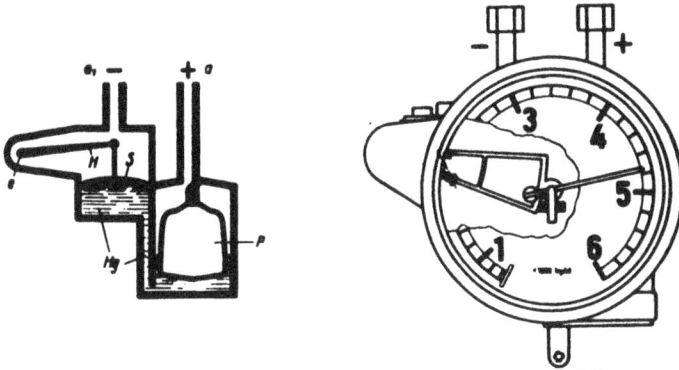

Abb. 41. Schematische Darstellung der Dampfuhr von Dr. Böhme.

der Uhr übertragen wer-
den. Diese Dampfuhr eig-
net sich zu Messungen von
Wasser, Luft und Gasen
und hat sich als unent-
behrlich für die Bedienung
von Dampfkesseln erwie-
sen. Für diese Zwecke
wird die Dampfuhr auch
gleichzeitig als Kessel-
belastungsmesser ausge-
bildet, indem das Ziffer-
blatt eine Skalenteilung
in kg/m²/h entsprechend
der höchstzulässigen Kes-
selbelastung trägt. Abb. 43
zeigt das Schaltschema
der Dampfuhr.

Während die in Ab-
bild. 40—43 dargestellten
Bedienungsgeräte nur eine

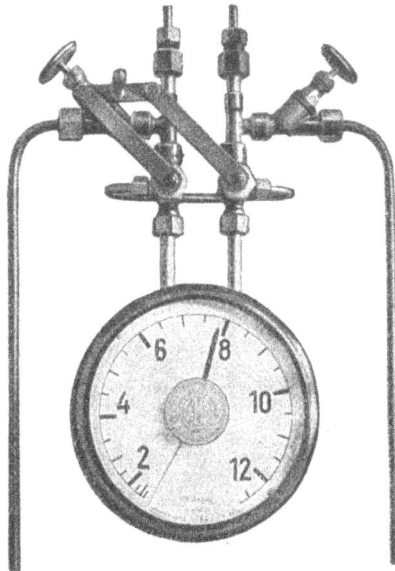

Abb. 42. Ausführungsform der Dampfuhr
von Dr. Böhme.

Anzeige der jeweils gemessenen Mengen geben, ermöglichen
die nachstehend beschriebenen Apparate eine Übersicht über

44

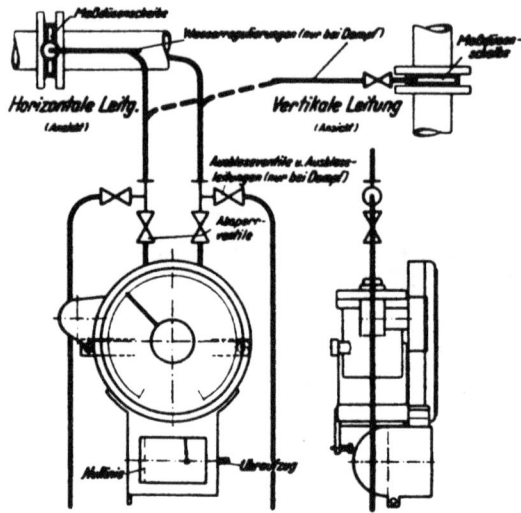

Abb. 43. Schaltschema für die Dampfuhr von Dr. Böhme.

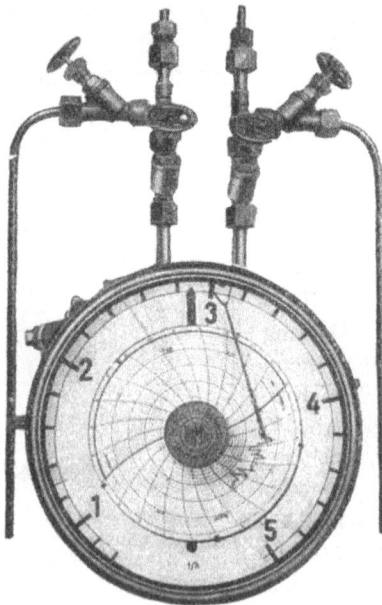

Abb. 44. Böhme-Dampfuhr mit Schreibvorrichtung (kreisförmiges Tagesdiagramm).

den Verlauf der Messungen und die Ermittelung von Gesamt-
mengen wieder an Hand aufgezeichneter Diagramme. Sämtliche
Diagramme der verschiedenen Bauarten sind planimetierbar.

Abb. 44 zeigt die Böhme-Dampfuhr mit Schreibvorrichtung, bei der die Bewegung des Schwimmers nicht nur auf den
Zeiger sondern auch auf eine Schreibfeder übertragen wird.

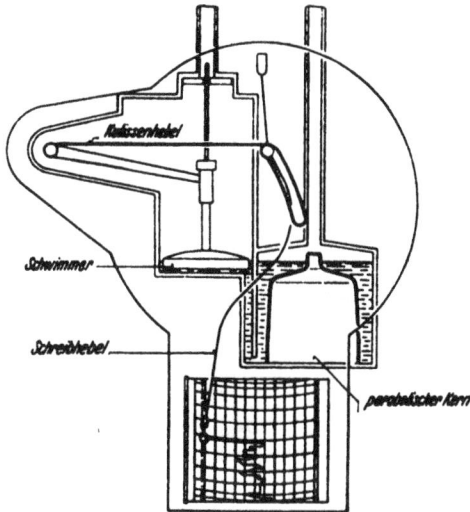

Abb. 45. Böhme-Dampfuhr mit Kulisse.

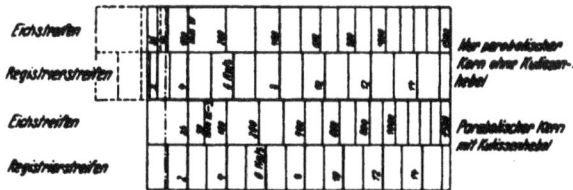

Abb. 45a. Schreibstreifen einer Böhme-Dampfuhr mit und ohne Kulisse.

Bei dieser Ausführung ist das aufgezeichnete Diagramm praktisch bis zur Nullinie linear. Die Linearität des Diagrammstrei-
fens wird hier durch zwei Vorrichtungen erreicht. Die quadra-
tische Wurzel aus der Quecksilbersäulenhöhe wird bereits im
Plusgefäß gezogen, jedoch verbleibt dabei ein kleiner Rest
noch quadratisch wegen des kleinen zylindrischen Befestigungs-
ansatzes. Dieser letzte Rest wird noch durch die aus Abb. 45

ersichtlichen Kulisse linear gemacht, so daß das Diagramm über
den ganzen Meßbereich planimetrisch ist. Der Unterschied eines
Registrierstreifens nur mit parabolischem Kern ohne Kulissenhebel und eines solchen mit Kulissenhebel geht aus Abb. 45a
hervor. Beim Auswerten des oberen Streifens muß der Plani-
meterwert noch mit einer Zusatzfläche berichtigt werden; das
fällt bei dem unteren Streifen weg.

Die in Abb. 44 gezeigte selbstschreibende Böhme-Dampfuhr liefert ein kreisförmiges Diagramm,
auf dem die gesamte Diagrammlinie
mit einem Blick erfaßt werden
kann. Diese Apparate liefern ein
Diagramm über eine Betriebsdauer von 24 oder weniger Stunden.

Um das tägliche Wechseln von
Diagrammstreifen nun zu vermeiden, wurde die in Abb. 46 gezeigte
Bauart mit fortlaufender Registrierung ausgestattet. Die Vorschub-
geschwindigkeit der 20 m langen
Diagrammrollen kann nach Wunsch
normalerweise auf 20 oder 60 mm/h
eingestellt werden. Weitere Ein-
teilungen bilden immer ein ganzes
Vielfaches von 60 (DIN). Durch
diese Vorrichtung ist es möglich,
auch bei sehr stark schwankenden

Abb. 46. Böhme-Dampfuhr mit
fortlaufender Registrierung.

Entnahmen noch ein übersichtliches und leicht zu planimetrie-
rendes Diagramm zu erhalten. Diese Bauart ist daher besonders bei stark schwankenden Entnahmen für die Messung von
Dampf, Gasen, Luft und Wasser geeignet, zumal auch hier das
Diagramm praktisch bis zur Nullinie linear ist. Abb. 47 zeigt
das Schaltschema dieses Selbstschreibers.

Abb. 48 zeigt schließlich eine selbstschreibende Doppel-
uhr. Sie mißt Dampf, Druckluft, Gase und Flüssigkeiten in
Leitungen mit wechselseitiger Strömung und gibt eine getrennte
Anzeige und Diagramme für beide Strömungsrichtungen für

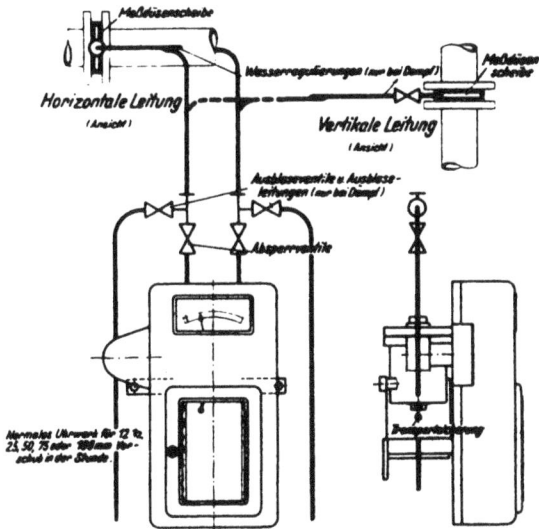

Abb. 47. Schaltschema der Böhme-Dampfuhr mit fortlaufender Registrierung (nach Abb. 46).

Abb. 48. Selbstschreibende Doppeluhr nach Dr. Böhme.

eine Betriebsdauer von 24 oder weniger Stunden. Abb. 49 zeigt wieder das Schaltschema dieser Bauart.

Bei den vorstehend beschriebenen Bauarten wird bei der Berechnung der Meßeinrichtung ein mittlerer Zustand des strömenden Mittels zugrunde gelegt. Stärkere Abweichungen von diesem Zustand müssen bei der Messung von Dampf,

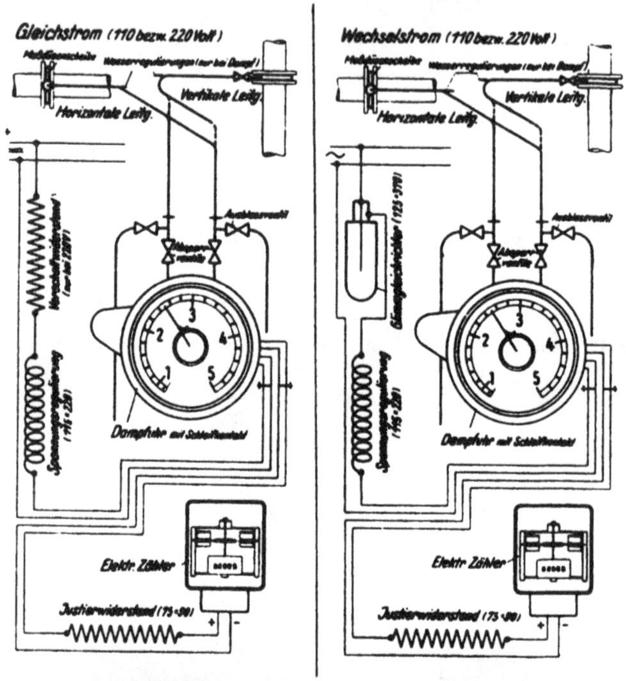

Abb. 49. Schaltschema der Doppeluhr nach Abb. 48.

Druckluft und Gasen durch Berichtigung der Anzeigen bzw. Aufzeichnungen an Hand einer besonderen Tabelle berücksichtigt werden, wenn man nicht vorzieht, sich eines selbsttätigen Reglers zu bedienen.

Abb. 50 zeigt die Ausführung und Abb. 51 das Schaltschema eines Böhme-Dampfmessers mit selbsttätiger Berichtigung der Anzeige bei schwankendem Druck für Dampf, Gase und Flüssigkeiten. Die Arbeitsweise ist aus dem Schaltschema Abb. 51 genügend zu erkennen. Die Diagrammstreifen

Abb. 52 und 53 stellen Nachbildungen von Originalstreifen eines Dampfmessers mit Trommelregistrierung und eines solchen mit ablaufendem Schreibstreifen dar. Das Trommeldiagramm zeigt den Dampfverbrauch einer Fördermaschine

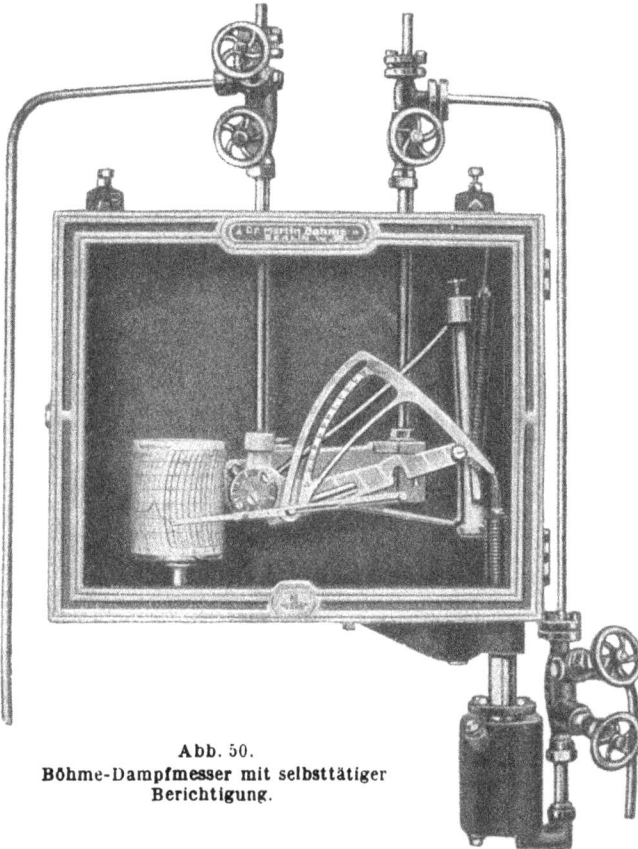

Abb. 50.
Böhme-Dampfmesser mit selbsttätiger
Berichtigung.

und der ablaufende Diagrammstreifen den Dampfverbrauch während eines Koch- und Verdampfungsprozesses.

Der durch den Einbau des Meßorgans (Meßdüsenscheibe, Venturirohr oder Staurand) entstehende und als Grundlage für die Messung dienende Druckunterschied wird durch Kupferrohre auf den Meßapparat übertragen. Bei der Messung von

Dampf ist die Bildung von Kondenswasser unvermeidlich. Das Kondenswasser ermöglicht keine einwandfreie Übertragung des Druckunterschiedes zum Meßapparat; es erfordert vielmehr eine Vorrichtung, durch welche bei Schwankungen in der Durch-

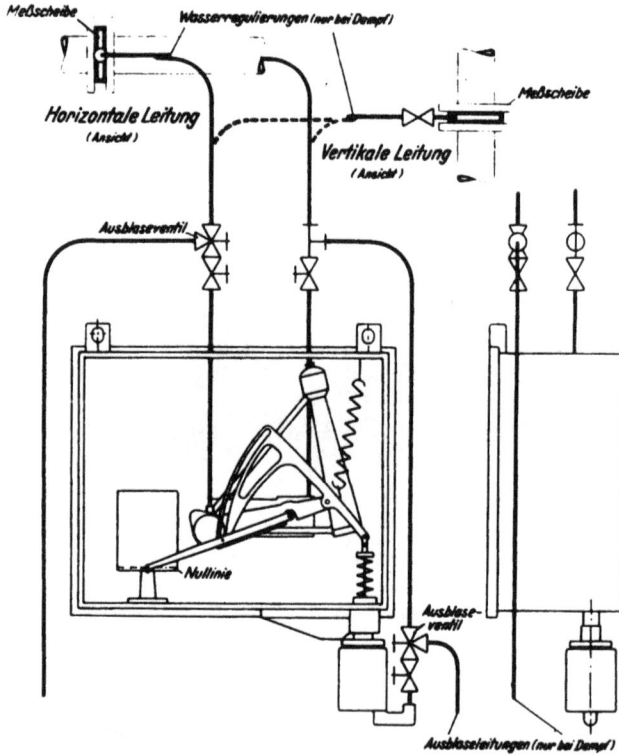

Abb. 51. Schaltschema der Böhme-Dampfuhr mit Selbstberichtigung.

flußmenge die beiden auf dem Meßapparat lastenden Wassersäulen auf gleichbleibender Höhe gehalten werden.

Die mit den Böhme-Meßapparaten gelieferten und in Abb. 54 gezeigten Wasserregulierungen (Kupferschlangen) dienen diesem Zweck und haben sich in der Praxis bewährt. Die Anbringung der Wasserregulierungen ist bei allen Meßstellen, auch bei dicht an einer Wand liegenden Leitungen, möglich und bietet keinerlei Schwierigkeiten.

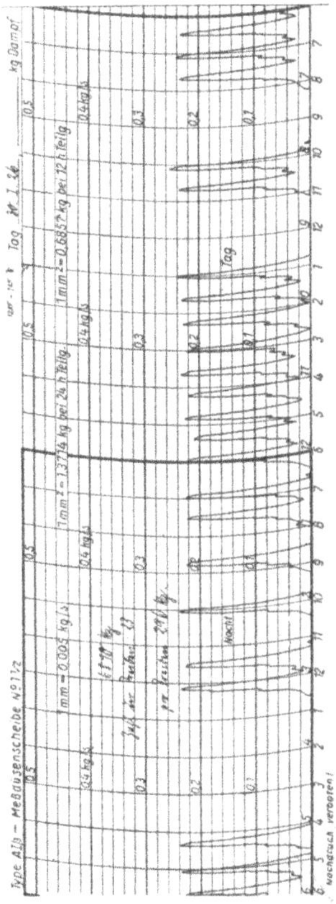

Abb. 52. Diagrammstreifen einer Böhme-Dampfuhr mit Trommelregistrierung.

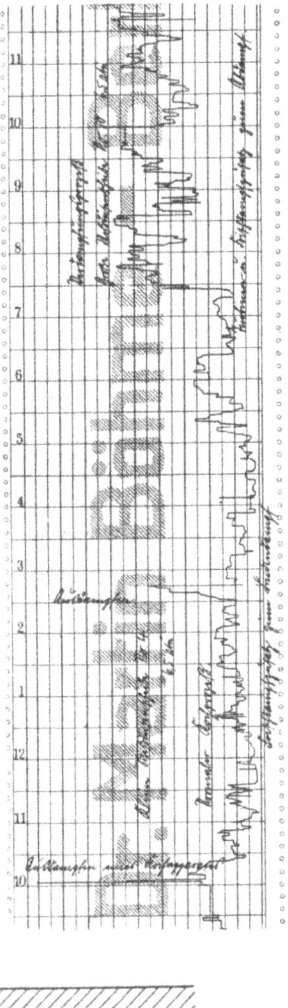

Abb. 53. Diagrammstreifen einer Böhme-Dampfuhr mit fortlaufender Aufzeichnung.

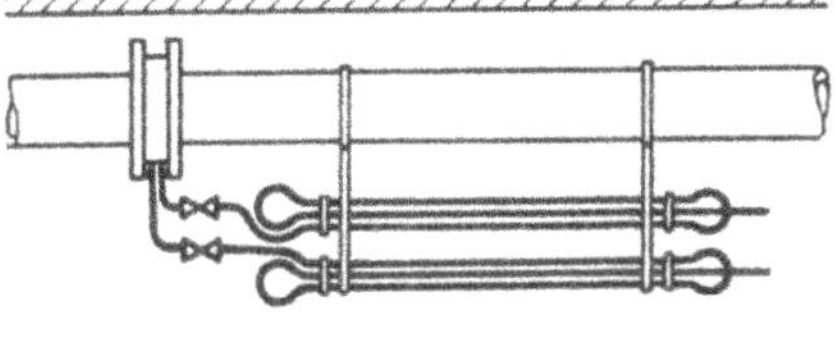

Abb. 54. Wasserregulierung für die Böhme-Dampfmesser.

4*

52

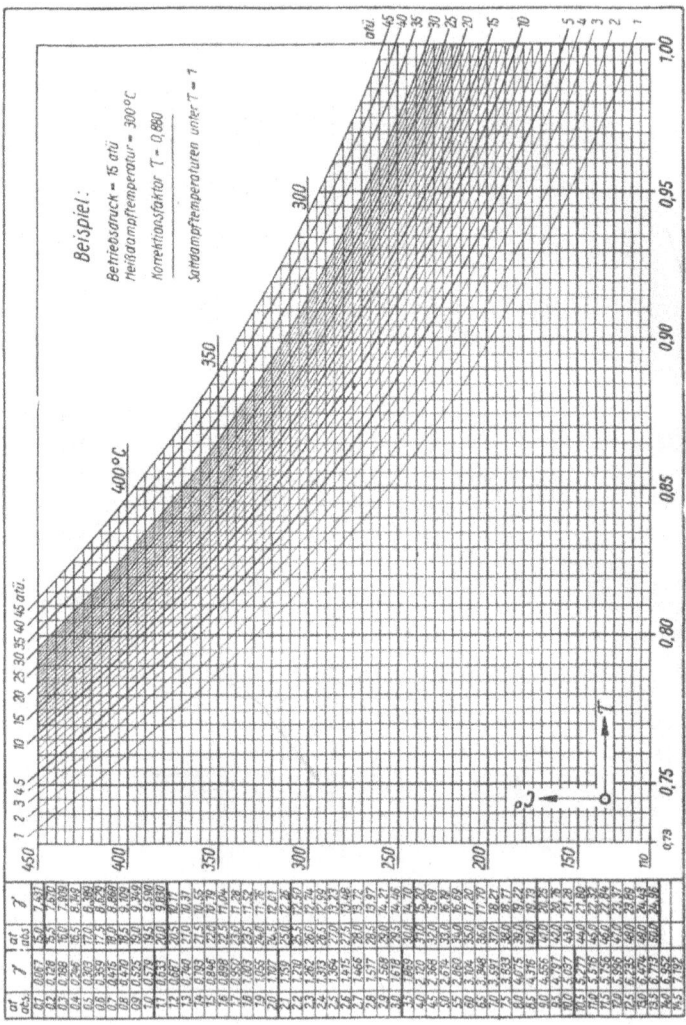

Abb. 55. Berichtigungsfaktor γ und spez. Dampfgewicht nach Mollier.

Abb. 55 u. 56. Berichtigungstafeln der Meßergebnisse für Dampfmengen bei schwankendem Druck und Temperatur.

Beispiel für **Sattdampf:** Auf der Skala oder dem Streifen wurden 3800 kg Dampf je Stunde abgelesen. Skala oder Streifen wurden für 12 atü berechnet. Der wirkliche Druck an der Meßdüsenscheibe beträgt jedoch 17 atü. Zur Bestimmung des Umrechnungsfaktors sind die in dem Kurvenblatt angedeuteten Pfeile zu verfolgen. Der Faktor ist demnach 1,17 und der wirkliche Dampfverbrauch $3800 \cdot 1,17 = 4446$ kg je Stunde.

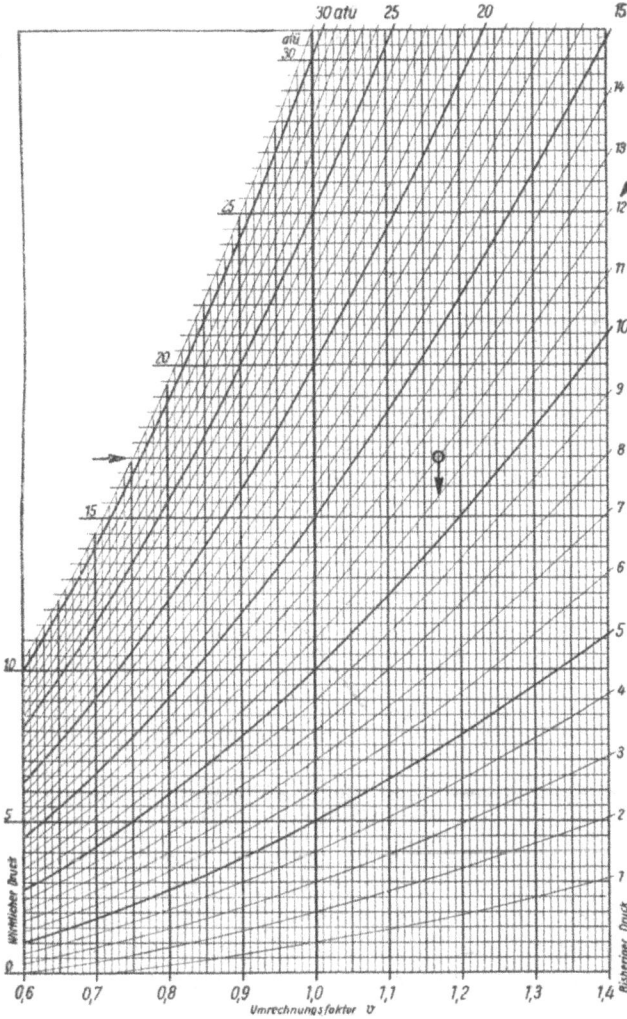

Abb. 56. Umrechnungskurven von $1 \div 31$ atü. γ-Werte nach Mollier.

Beispiel für **Heißdampf:** Skalen oder Streifenergebnis = 3800 kg bei 12 atü und 340°. Wirkliche Daten an der Meßstelle 17 atü und 300°.

Bestimmung des Umrechnungsfaktors v_r: $\quad v_r = \dfrac{\tau_1}{\tau} \cdot v.$

$v =$ Umrechnungsfaktor von 12 auf 17 atü $= 1,170$ s. Kurventafel Abb. 56.
$\tau =$ Berichtigungsfaktor für 340° bei 12 atü $= 0,840$ s. Kurventafel Abb. 55.
$\tau_1 =$ Berichtigungsfaktor für 300° bei 17 atü $= 0,885$ s. Kurventafel Abb. 55.

also $\quad v_r = \dfrac{0,885}{0,840} \cdot 1,170 = 1,2325.$

Wirklicher Dampfverbrauch: $3800 \cdot 1,2325 = 4684$ kg/h.

Zur Berichtigung der Meßergebnisse bei schwankendem Druck und schwankender Dampftemperatur können die beiden Kurventafeln Abb. 55 und 56 dienen. Die Meßergebnisse müssen mit den aus den Tafeln ablesbaren Umrechnungsfaktoren multipliziert werden, wenn der Druck oder die Temperatur des Dampfes von dem für die Skala oder Streifen berechneten normalen Werte nach oben oder unten abweicht. Zwei eingetragene Beispiele erläutern den Gebrauch der Berichtigungstafeln.

Abb. 57 zeigt die Dampfuhr von Eckardt-Stuttgart, und Abb. 58 die zur Erzeugung des Differenzdruckes verwendete Düse.

Die Düse (Abb. 58) kann leicht in jede Leitung — meist ohne Kürzung des Rohres — zwischen zwei Flanschen eingebaut werden. Trotz der kleinen Baulänge ist der Auslaufkonus lang genug, um den zum Messen notwendigen Druckabfall bis zu $^4/_5$ zurückzugewinnen, so daß der bleibende Druckverlust gering ausfällt. Die Düse besitzt je einen Anschluß mit Ventil für beide Druckentnahmestellen (p_1 und p_2, wobei mit p_1 der höhere Druck bezeichnet ist) sowie, bei Vorhandensein von nassem Dampf, die Anschlußmöglichkeit an einen Kondenstopf. Das Anzeigeinstrument (Abb. 57) ist mit einer hochempfindlicher Plattenfeder P versehen, deren Bewegung mittels reibungsfreier, federnder Durchführung D aus dem Druckraum heraus nach dem Zeiger übertragen wird. Die Durchführung besteht aus einem biegsamen Rohr, welches infolge der großen Elastizität in der achsialen Richtung die Bewegung der Plattenfeder nicht beeinflußt. Um gleiche Druckflächen ober- und unterhalb der Feder zu erhalten, ist das biegsame Rohr zu beiden Seiten derselben angebracht. Der Zeiger spielt reibungsfrei und sicher ein.

Die sehr empfindliche Plattenfeder ist mittels der Hintergießung H nicht nur gegen jede Überlastung, sondern auch gegen einseitige Drücke vollkommen sicher geschützt. Der Spielraum für die Plattenfeder zwischen der oberen und unteren Hintergießung ist gerade so groß gewählt, als es für die Betätigung des Zeigermechanismus erforderlich ist. Bei der Überschreitung eines gewissen Differenzdruckes legt sich die Plattenfeder an die Hintergießung; somit ist jede Überbeanspruchung und Beschädigung der Plattenfeder ausgeschlossen.

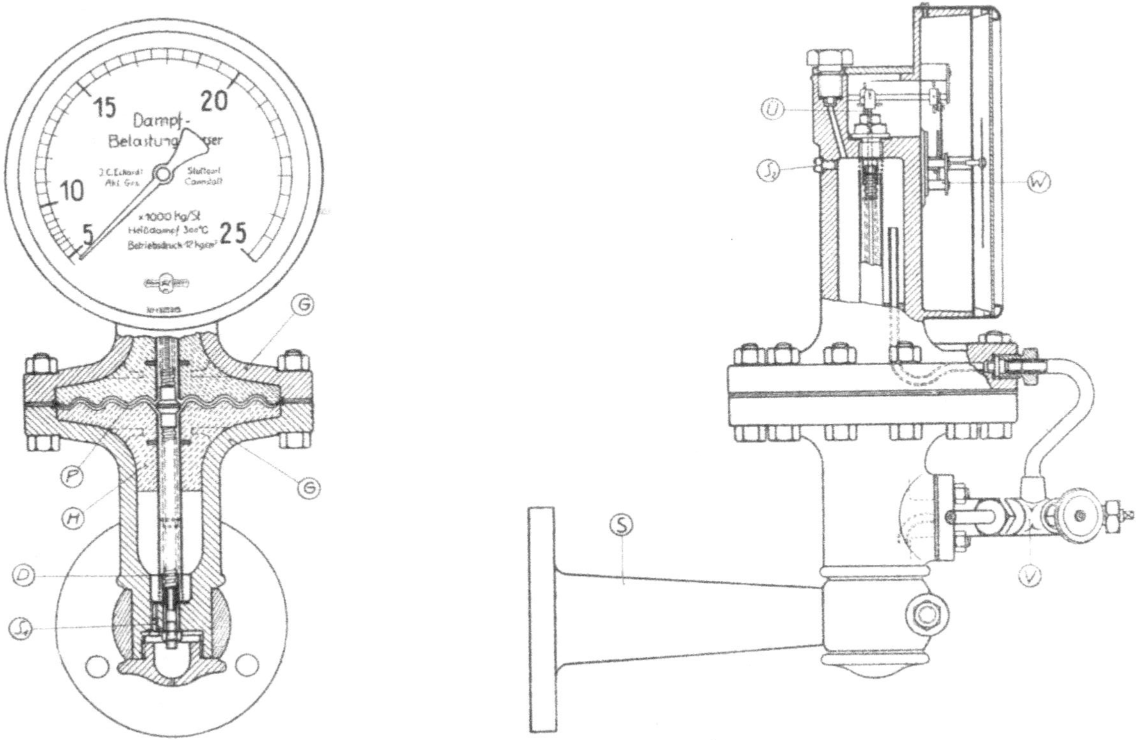

Abb. 57. Dampfuhr von Eckardt.

Durch die Anwendung der reibungsfreien Übertragung und des Schutzes der Plattenfeder gegen Überdrücke konnte von der Verwendung von Quecksilber als Meßmittel Abstand genommen werden. Abgesehen hiervon bietet die Plattenfeder mit ihrer hohen Schwingungszahl den Vorteil, den Dampfbelastungsmesser auch überall dort einbauen zu können, wo plötzlich auftretende oder stark schwankende Dampfmengen die Verwendung eines Quecksilberinstrumentes mit seinen Quecksilbermengen nicht ratsam erscheinen lassen.

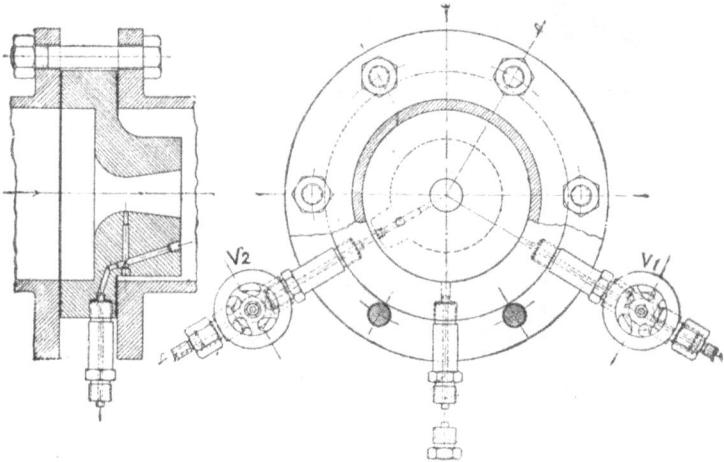

Abb. 58. Düse für die Differenzdruckerzeugung für die Dampfuhr von Eckardt (Abb. 57).

Jedes Instrument wird zum Schutz der Plattenfeder durch das Schaltorgan mit Öl gefüllt, wobei die Schrauben S_1 und S_2 zur Entlüftung beim Füllen dienen.

Die Einteilung des Instrumentes erfolgt in der Regel in kg/h Dampf, kann aber auch in m/s Dampfgeschwindigkeit oder in kg/h und m² Heizfläche vorgenommen werden. Da der Druckunterschied nicht nur von der Dampfmenge, sondern auch in gewissem Grade von dem Druck und der Temperatur des Dampfes abhängig ist, empfiehlt es sich, bei wesentlichen Druckschwankungen, mehrere Mengenskalen — bis zu 4 Stück — (z. B. für 11, 12, 13 kg/cm²) vorzusehen. Werden auf diese Weise mehr als 4 Skalen erforderlich, so erhält das Zifferblatt nur eine Skala, entsprechend dem normalen Druck (Temperatur). Für andere Drücke (Temperaturen) ist dann die jeweils abgelesene Dampfmenge nach einer beigegebenen Tafel zu berichtigen. Die in Frage kommenden Drücke können auf einem besonderen Manometer am Belastungsmesser abgelesen werden.

Die Betriebsdrücke können bei diesem Dampfmesser bis zu 50 kg/cm² betragen.

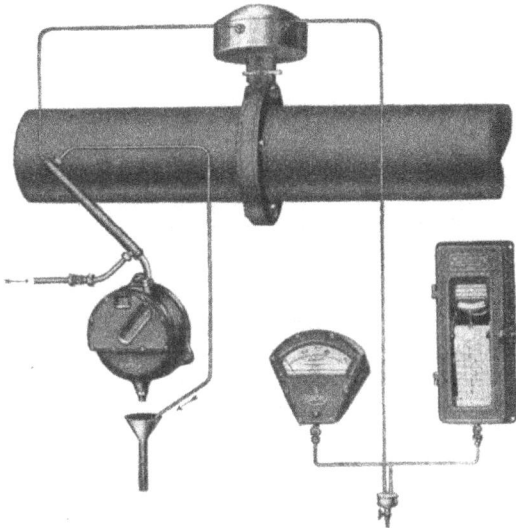

Abb. 59. Dampfmeßanlage, Bauart »Askania«.

Zuletzt soll noch der Askania-Dampfmesser seine Würdigung finden. Er ist insofern in seiner Arbeitsweise zu den besprochenen Mengen-Meßapparaten unterschiedlich als bei ihm die Dampfmengenmessung auf eine Kondensatmessung zurückgeführt wird. Dadurch erübrigen sich verwickelte Bauarten, eine besondere gleichzeitige Messung des Dampfzustandes und mehr oder weniger umständliche Umrechnungen. Es ist ohne weiteres das Dampfgewicht festgelegt. Dampfdruck, Dampftemperatur und der Wechsel dieser Größen bleiben ohne Einfluß. Selbst stark pulsierende Strömung, wie vor Kolbenmaschinen, Dampfhämmern, stört die Messung nicht. Der Meßfehler bleibt unter 1—2 vH. Die in Abb. 59 dargestellte vollständige Meßanlage gestattet Anzeige, Selbstaufzeichnung und Zählung des Dampfgewichtes. Der Messer wird an einen Staurand, eine Düse oder an ein Venturirohr angeschlossen.

Das Wesentliche der Dampfmeßanlage ist der Dampfstromteiler. Abb. 60 stellt diesen schematisch dar. In der Dampfleitung 1 ist zwischen zwei Flanschen der Meßflansch 2 mit Staurand 3 eingesetzt. Dicht vor und hinter dem Staurand befinden sich die Meßanschlüsse 4 und 5, welche zum Dampfstromteiler führen. Beim Strömen des Dampfes tritt am Staurand ein Druckabfall $p_1 - p_2$ ein. Der Dampfstromteiler ist im wesentlichen eine Kammer, welche durch eine praktisch masselose Metallmembran 6 in zwei Hälften 7 und 8 geteilt ist. Mit der Membran ist ein kleines Nadelventil 9 verbunden. Die Kammerhälfte 7 steht mit dem Meßanschluß 4 in Verbindung, die Kammerhälfte 8 mit dem Meßanschluß 5. Durch die Einwirkung des höheren Druckes p_1 sucht die Membran sich durchzubiegen und öffnet das Nadelventil 9. Es strömt dann solange Dampf aus, bis in den beiden Kammern der gleiche Druck p_2 herrscht. Die masselose Membran sichert augenblickliches Steuern auch bei stoßweiser Dampfströmung.

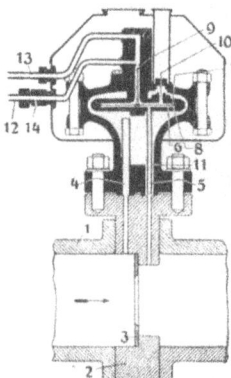

Abb. 60.
Askania-Dampfstromteiler.

Am Eintritt in die Kammer 7 befindet sich ein kleiner Meßstaurand 10. Die Dampfmenge, welche durch das Nadelventil strömt, muß auch über den Staurand 10. Ein Vergleich der Stauränder 3 und 10 zeigt, daß an beiden das Druckgefälle $p_1 - p_2$ herrscht, Druck und Temperatur sind an beiden Staurändern gleich. (Diese wesentliche Bedingung wird dadurch erfüllt, daß der Dampfstromteiler von einem Dampfmantel umgeben ist und durch reichlichen Wärmeschutz vor Abkühlung geschützt ist.) Damit alle Temperaturschwankungen in der Rohrleitung sofort im Dampfstromteilergehäuse auftreten, fließt ein kleiner Heizstrom durch den Stutzen 4 über die Undichtigkeit 11 und den Stutzen 5 durch den Strömungsteiler.

Beide Stauränder *3* und *10* stehen also unter denselben
Strömungsverhältnissen. Es wird demnach bei jedem Differenzdruck p_1—p_2 durch den kleinen Staurand *10* ein der Hauptdampfmenge gewichtsproportionaler Teilstrom fließen.

Die Teilstrommenge strömt nach Durchfließen des Nadel-
ventils durch eine Düse. Der Unterdruck, der durch das Aus-
strömen des Dampfes aus der Düse erzeugt wird, wird mittels
eines Unterdruckmessers gemessen (Anschluß *12*) und ist ein
Maß für die in der Zeiteinheit (z. B. stündlich) durchströmende
Teil- und damit auch für die Hauptdampfmenge. Um zu verhüten, daß der Wasserdampf in die Unterdruckleitung *12*
treten kann, ist am Stutzen *12* eine feine Bohrung *14* angebracht. Durch dieses Loch wird aus der Atmosphäre Luft ein-
gesogen, die durch den oberen Teil des Dampfstromteilers zum
Teilstromkondensator fließt und dort beim Niederschlagen des
Dampfes ausgeschieden wird.

Die Teilstrommenge tritt weiter aus dem Dampfstromteiler
heraus (Anschluß *13*) in den Teilstromkondensator und wird
restlos kondensiert. Die Teilstrom-Kondensatmenge wird

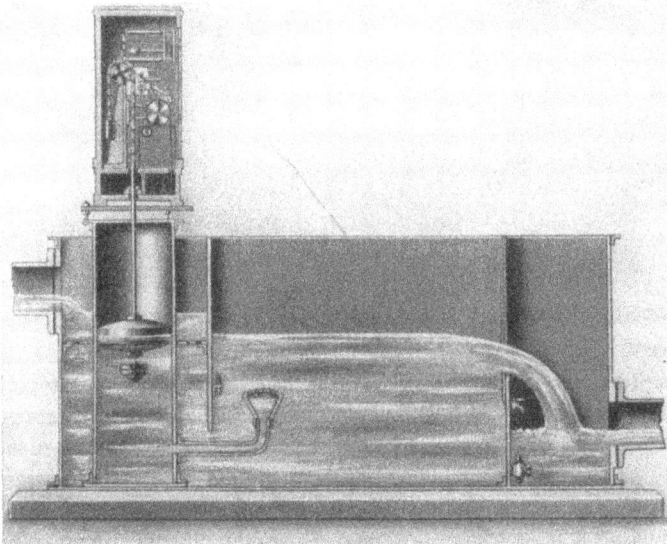

Abb. 61. Meinecke-Überfallmesser.

mittels eines kleinen Präzisionswassermessers gemessen und gezählt.

Multipliziert man diese Messung mit dem Staurandfaktor, das ist das Verhältnis der Stauränder *3* und *10*, welches immer als ganzzahliges Verhältnis bemessen wird (z. B. 10000 oder

Abb. 62. Selbsttätiger Schreibapparat, Bauart »Meinecke« für Überfallmesser (Abb. 61).

100000), so erhält man das durch die Hauptleitung geströmte Dampfgewicht. Die größte abgezweigte Teildampfstrommenge beträgt 750 g/h, kann also nicht als Verlust bezeichnet werden.

Es ist nunmehr noch kurz auf die z. B. für Kühlwassermessungen gebräuchliche Überfallmessung einzugehen, die bei drucklosen Leitungen, offenen Gerinnen, Kanälen usw. zur Anwendung gelangen kann. Abb. 61 zeigt einen Meinecke-

Überfallmesser. Das zu messende Wasser durchströmt einen Meßbehälter, passiert eine Beruhigungswand und läuft über eine genau kalibrierte, aus wasserbeständigem Material hergestellte, dreieckige oder rechteckige Überfallschneide. Die Abb. 61 zeigt einen Meßbehälter aus Eisenblech. Derselbe kann aber auch an Ort und Stelle aus jedem anderen geeigneten Baustoff, z. B. Beton, Stein, Holz usw. hergestellt werden. Die Höhe des Wasserspiegels vor der Überfallschneide ist eine Funktion

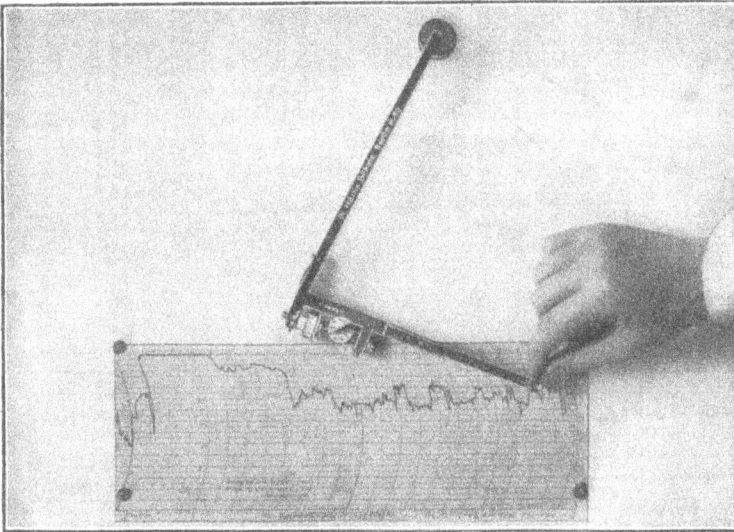

Abb. 63. Polarplanimeter.

der jeweiligen Augenblicksleistung. Die Höhe des Wasserspiegels wird durch einen Schwimmer auf den Anzeigeapparat übertragen. Da die Augenblicksleistung nicht im linearen Verhältnis zur Schwimmerbewegung steht, erfolgt die Bewegungsübertragung im Anzeigeapparat über eine Kurventrommel, die das Überfallgesetz verkörpert. Hierdurch wird die Verwendung gleichmäßig geteilter, planimetrierbarer Formularstreifen ermöglicht. Die Innenansicht eines Schreibapparates für Meinecke-Überfallmesser zeigt Abb. 62. Mit der Schreibvorrichtung ist ein mechanisches Mengenzählwerk gekuppelt, das die Gesamtmenge fortlaufend addiert und zur

Anzeige bringt. Der Überfallmesser ist ein einfacher und zuverlässiger Meßapparat. Er kann zur Messung gereinigter, ungereinigter, warmer und kalter Flüssigkeiten aller Art und beliebigen spezifischen Gewichtes Verwendung finden.

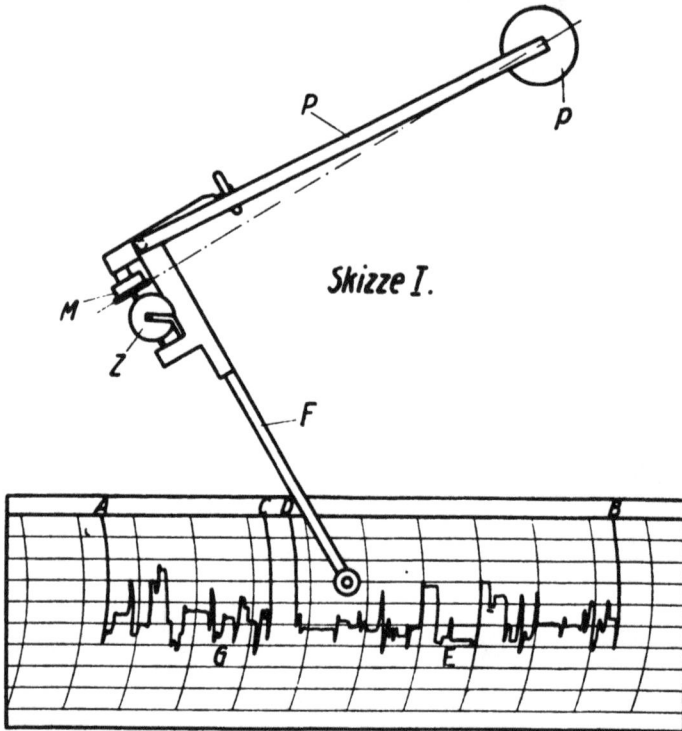

Abb. 64. Anweisung für das Ausplanimetrieren von Diagrammstreifen mit Hilfe des Polarplanimeters.

Zu dieser Apparategruppe kann auch der bekannte Kippwassermesser gezählt werden, welcher hier nur kurz erwähnt sei.

Im folgenden seien noch Anweisungen über das Auswerten von Diagrammen mit Hilfe des Polarplanimeters (Abb. 63) gegeben:

Der Diagrammstreifen wird mit Heftzwecken auf eine mit glattem Zeichenpapier belegte ebene Fläche so aufgespannt, daß sich die Nullinie oben befindet.

Dann ist der Drehpunkt *p* so eingestellt, daß die Diagrammfläche mit dem Fahrstift *f* umfahren werden kann (s. Abb. 65
und Abb. 64 Skizze I). Der Winkel, den Schenkel *P* und *F*
bilden, soll beim Umfahren der Diagrammfläche sich einem
gestreckten Winkel möglichst wenig nähern.

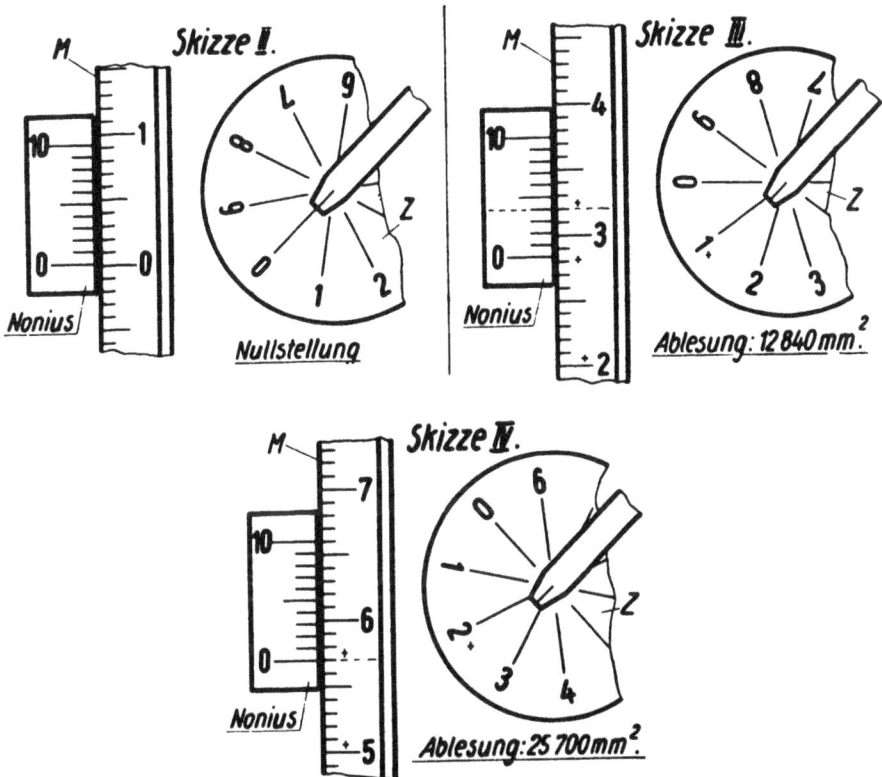

Skizze I. Nullstellung

Skizze II. Ablesung: 12 840 mm²

Skizze IV. Ablesung: 25 700 mm²

Der Fahrstift *f* wird auf einen beliebigen Punkt der Diagrammlinie, z. B. *A* (Abb. 64 *I*) gesetzt und zur Festhaltung
des Anfangspunktes auf das Papier gedrückt. Zuletzt muß die
Zählscheibe *Z* und Rolle *M* durch Drehen an *M* genau auf Null
eingestellt werden (s. Abb. 64 Skizze II).

Jetzt wird die Diagrammfläche im Sinne des Uhrzeigers
also von *A* über *C* und *D* nach *B* auf der obenliegenden Nulllinie entlang gefahren und dann über *E* nach *D* und *C* über *G*

nach *A* zurück, derart, daß der spitze Fahrstift *f* genau und leicht über die Diagrammlinie geführt wird, bis der Fahrstift wieder an dem anfangs eingestochenen Punkt *A* angelangt ist. Nun erfolgt die Ablesung und zwar: auf Zählscheibe *Z* die Zehntausender, auf Rolle *M* die Tausender und Hunderter (Teilstriche) und am Nonius die Zehner. Die Ablesung von 12840 (Skizze III) stellt den Inhalt der gesamten Diagrammfläche in mm² dar. Um Fehler beim Umfahren der Diagrammfläche nach Möglichkeit auszuschalten, wird diese nochmals, ohne die Lage der Zählscheibe *Z* und der Rolle *M* verändert zu haben, umfahren. Die abermalige Ablesung ergibt jetzt

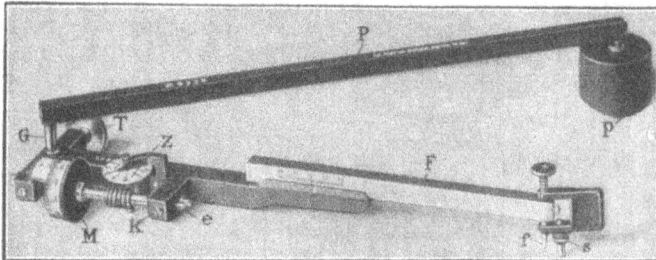

Abb. 65. Polarplanimeter (Abb. 62, Skizze I) in Anfangsstellung.

25700 mm² (Skizze IV) = 12850 mm² im Mittel. Die erste Ablesung und die Hälfte der zweiten müssen sich annähernd decken.

Die Berechnung der Menge aus der Diagrammfläche kann auf zwei Arten erfolgen, und zwar:

1. Durch Multiplikation der mm²-Zahl der Diagrammfläche mit der auf dem Diagrammstreifen (s. Abb. 52) angegebenen Konstanten für 1 mm². Angenommen 1 mm² = 22,8 kg, so ist 12850 · 22,8 = 292980 kg.

2. Durch Feststellen der mittleren Höhe und Multiplikation mit der Konstanten „kg je 1 mm" und mit der Betriebszeit in Sekunden. Angenommen, die gesamte Diagrammlänge von *A* bis *B* sei = 200 mm und die Betriebszeit vom Anstellen des Dampfes bis zum Abstellen 54720 Sekunden, dann ist die mittlere Höhe 12850 mm² : 200 mm = 64,25 mm. Bei einem Wert von 1 mm Höhe = 0,0833 kg/s ergibt sich ein Durchschnitt

von 64,25 · 0,0833 = 5,354 kg/s und für 54720 Sekunden Betriebszeit 5,354 · 54720 = 292970 kg.

Die geringen Abweichungen der Endsummen erklären sich aus der Ungenauigkeit der letzten Dezimalstellen und sind praktisch belanglos.

Bei überhitztem Dampf ist entsprechend der Volumenvergrößerung ein Abzug in vH nach einer besonderen Überhitzungstabelle vorzunehmen (welche jeweils mitgeliefert wird).

Abschnitt 2.

Die Druck- und Zugmessung.

1. Die Druckmessung.

Zu einer Druckmeßeinrichtung mit elektrischer Fernanzeige gehören im allgemeinen folgende Apparate:

1. Das Primärgerät.

Manometer (an der Meßstelle) mit eingebautem elektrischem Ferngebergerät. In der Regel sollen diese Manometer dem Bedienungspersonal als Überwachungsgerät dienen und gut zu übersehen sein.

2. Das Sekundärgerät.

Elektrisches Fernanzeige- oder Schreibgerät, welches in beliebiger Entfernung von der Meßstelle aufgestellt werden kann, z. B. im Betriebsbüro, in der Meßzentrale oder dgl.

3. Eine Stromquelle in Form eines Akkumulators von ca. 4 Volt oder einer Trockenbatterie.

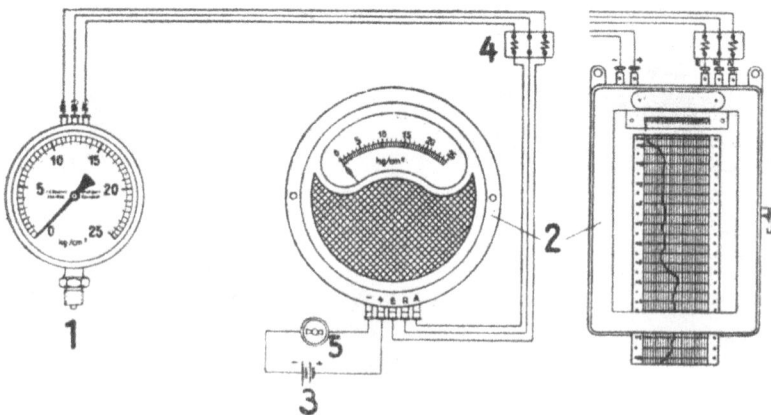

Abb. 66. Allgemeine Fernmeßschaltung für Druck und Zugmessung.

4. Ein Ausgleichwiderstand.

5. Ein Drehschalter zum Ausschalten der Stromquelle.

6. Ein Umschalter (Linienwähler), welcher beim Anschluß mehrerer Manometer nur ein Sekundärinstrument benötigt.

Die Abb. 66 zeigt diese Geräte in der allgemeinen Schaltung und Abb. 67 die Einschaltung eines Linienwählers zur wahl-

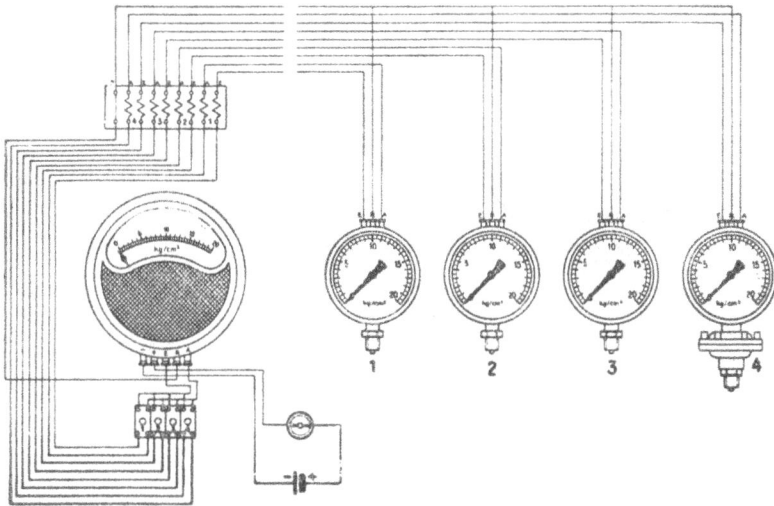

Abb. 67. Schaltung nach Abb. 66 mit Linienwähler und mehreren primären Meßstellen.

weisen Umschaltung eines Fernanzeigegerätes, auf mehrere Primärinstrumente, sofern diese gleiche Skalenbereiche haben.

Bei z. B. zwei Primärgeräten mit verschiedenen Skalenbereichen kann das Fernanzeigegerät mit einer Doppelskala ausgerüstet werden. Als Primärgeräte können Röhrenfeder- oder Plattenfeder-Manometer mit elektrischem Ferngebergerät dienen oder bei Fein- und Differenzdrücken die schon im Abschnitt 1 ausführlich beschriebene Ringwaage von Hartmann & Braun (s. S. 38 Abb. 35—39).

Röhrenfedermanometer werden je nach der Höhe des Druckes mit einer Metall- oder Stahlrohrfeder ausgerüstet.[1])

[1]) s. einschlägige Werbeschriften u. a. von Eckardt-Stuttgart.

Plattenfeder-Manometer werden vorzugsweise für Skalen-höchstwerte unter 1 kg/cm² verwendet; jedoch für Skalen-höchstwerte bis 25 kg/cm² auch dann, wenn chemische aktive Druckmittel, z. B. Schwefelsäure, die Anwendung von Metall-rohrfedern verbieten. In diesen Fällen werden Plattenfeder-manometer vorgezogen, da bei ihnen die Plattenfeder, im Gegen-satz zur Röhrenfeder, durch einen geeigneten Belag: Zinn, Kupfer, Platin oder dgl. geschützt werden kann.

Abb. 68. Druckmesser, Bauart
»Eckardt«, mit Fernsender.

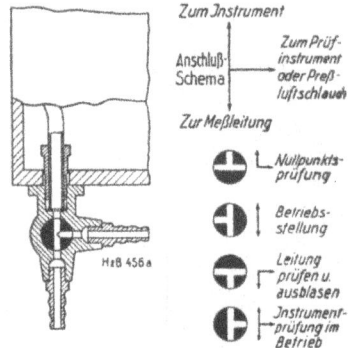

Abb. 69. Doppel-Dreiwegehahn für
Ringwaagen.

Abb. 68 zeigt einen Druckmesser, Bauart „Eckardt" mit vorgebautem Fernsender.

Die in Abschnitt 2 besprochene Ringwaage eignet sich für Druck, Zug, Differenzdruck und Mengenmessung. Je nachdem zur Führung des Zeigers oder Gebers verwendeten Kurven-blattes (s. Abb. 36), wie auf S. 39 näher beschrieben wurde.

Wie ebenfalls schon erläutert, wird das Gegengewicht G (Abb. 35) durch einzelne Platten gebildet. Je nachdem mehr oder weniger von ihnen in den Plattenhalter eingeschoben wer-den, können die Meßbereiche des Instrumentes abgestuft werden. Die Meßbereiche sind für Druckmessungen nach run-den Werten des Druckes h (für Mengenmessung nach $\sqrt{h}$) geordnet. Zur Druckmessung gehört ein Gewichtssatz mit der Bezeichnung P (zur Mengenmessung ein solcher mit dem Aufdruck V)[1].

---

[1] Näheres s. S. 39 u. 40.

Die Zuführung der Drücke zu dem Instrument geschieht durch Schlauchanschlüsse und einen Doppel-Dreiwegehahn. Dieser ermöglicht in der in Abb. 69 dargestellten Weise alle zur Prüfung des Instrumentes wie auch der Leitung erforderlichen Schaltungen.

Der Anschluß der Meßleitung erfolgt:

bei Mengenmessungen an beide Zuführungen,

bei Druckmessungen an die in Abb. 35 und 36 mit $+$ gekennzeichnete Zuführung,

bei Zugmessungen an die in Abb. 35 und 36 mit $-$ gekennzeichnete Zuführung,

bei Differenzdruckmessungen an beide Zuführungen.

Um bei Über- oder Unterschreitung gewisser Werte der fernzumessenden Größen sichtbare oder hörbare Zeichen zu geben, können die Primärgeräte mit Höchst- oder Niedrigstkontakten oder mit beiden ausgestattet werden.

Hierbei ist zwischen Kontakt und Zeichengeber (Wecker, Hupe, Sirene oder dgl.) ein Relais einzubauen. Ein mit diesem Relais vereinigtes Schauzeichen läßt jederzeit erkennen, ob das Relais gearbeitet hat (z. B. weißes Kreuz oder schwarze Fläche). An die Sekundärseite dieses Schauzeichens kann der Zeichengeber, gegebenenfalls auch ein Hilfsgerät zur Fernsteuerung geeigneter Vorgänge angeschlossen werden.

Die Ringwaage hat die günstige Eigenschaft, daß sowohl das spezifische Gewicht wie die Menge der Füllflüssigkeit gleichgültig sind. Sowohl deren Verminderung durch Verdunstung als auch das Hinzutreten von Kondensat sind bei der Ringwaage ohne Einfluß auf Genauigkeit und Anzeige. Füllt man bei Frostgefahr mit Öl, so ist jedes dünnflüssige Öl verwendbar.

Auch vermag sich bei der Ringwaage etwa auftretender einseitiger Überdruck unschädlich durch die Flüssigkeit hindurch auszugleichen. Hinzu kommt bei Verwendung dieses Gerätes ein geringer Druckverlust bei Abnahme eines Differenzdruckes mit Hilfe eines Stauorganes. Während andere Dampf- und Wassermesser einen Differenzdruck von 200—400 mm Q.-S. zu ihrer Betätigung gebrauchen, gibt eine Stahlrohrringwaage vermöge ihrer Empfindlichkeit und hohen Verstellkraft schon bei einem Differenzdruck von 20 mm Q.-S. den vollen Ausschlag mit voller Genauigkeit. Man kann also Stauorgane mit größerer Öffnung als bei anderen Geräten verwenden. Der geringe Differenzdruck bedeutet an sich schon einen verminderten Druckverlust. Dazu kommt, daß mit wachsendem Öffnungsverhältnis der hinter der Drosselvorrichtung wieder gewonnene prozentuale Druckanteil zunimmt. Infolgedessen ist die Ringwaage ganz besonders für die Messung von Niederdruckdampf geeignet.

2. Die Zugmessung.

Um eine möglichst vollkommene Ausnützung des Brennstoffes in der Dampfkesselanlage zu erzielen, ist es unbedingt notwendig, daß der richtige Zug — nicht zu wenig und nicht zuviel — am Rost, in den Feuerungskanälen und in dem Schornstein vorhanden ist. Die richtige Regulierung des Zuges darf wohl als eine Hauptbedingung für eine sparsam eingerichtete Kesselanlage betrachtet werden, da der Wirkungsgrad derselben in weitgehender Weise vom richtigen oder unrichtigen Zug beeinflußt wird. — Ist zu wenig Zug vorhanden, so wird durch Erhöhung des Schornsteines oder durch mechanische Zuführung von Luft mittels Ventilatoren nachgeholfen werden müssen; zuviel Zug muß in entsprechender Weise durch Einstellen des Rauchschiebers vermindert werden. Es sollte kein Kesselbesitzer unterlassen, sich über das richtige Arbeiten seiner Anlage in dieser Hinsicht sorgfältig zu überzeugen, er wird durch die Ersparnisse für die geringe Mühe und für den geringen Kostenaufwand schnell entschädigt werden.

Als ein sehr beliebtes Überwachungsmittel ist in vielen Kesselhäusern der Zugmesser oder Unterdruckmesser anzutreffen. Die Erkenntnis, daß erhebliche Verluste bei einer Feuerung durch eine zu reichliche Luftzufuhr entstehen, hat zur Verwendung dieser Geräte geführt, wobei dann die Heizer angewiesen werden, die Zugstärke möglichst niedrig zu halten. Dabei ist aber zu berücksichtigen, daß die Zugstärke nicht allein ein Maßstab für die Menge der zugeführten Luft ist, da diese gleichzeitig von dem Widerstand abhängig ist, der dem Durchtritt der Luft durch die Brennstoffschicht entgegensteht.

Während der einfache Zugmesser die Zugstärke vor dem
Schieber anzeigt, messen die Differenzzugmesser den Unterschied zwischen dem am Anfang und am Ende der Heizfläche
herrschenden Unterdruck und geben daher ein tatsächliches
Bild über die Menge der durch die Kesselzüge streichenden
Rauchgase und somit auch der Verbrennungsluft. Die Differenzzugmesser werden nun in der Weise benutzt, daß zunächst
durch eine Untersuchung für die normale Kesselbelastung festgestellt wird, wieviel Verbrennungsluft bzw. welche Zugstärke
erforderlich ist. Der Heizer wird dann angewiesen, an Hand des

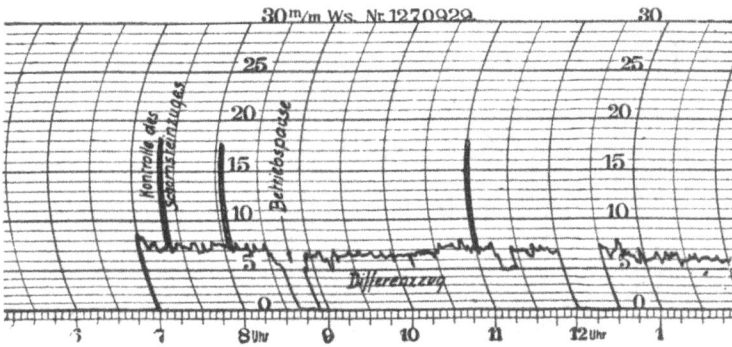

Abb. 70. Trommelstreifen eines Differenzzugmessers.

Differenzzugmessers darauf zu achten, daß diese Zugstärke
möglichst nicht überschritten wird. Auf diese Weise können
recht beträchtliche Kohlenersparnisse erzielt werden.

Da die Zugmesser auch mit Schreibvorrichtung ausgeführt
werden, ermöglicht deren Verwendung dem Kesselbesitzer auch
eine nachträgliche Überprüfung der Heizertätigkeit.

Während die Anzeigeinstrumente die augenblickliche Wind-
stärke erkennen lassen, zeichnen die Schreibgeräte eine Kurve
auf, die den Verlauf des Arbeitsprozesses und eingetretene
Unregelmäßigkeiten festhält.

Die Kurve wird dabei entweder auf einer Trommel oder
auf einem ablaufenden Papierstreifen aufgezeichnet.

Abb. 70 und Abb. 71 zeigen solche Papierstreifenmuster.

Zugmesser lohnen sich bei der kleinsten Anlage und
bringen, wie aus Vorstehendem hervorgeht, bedeutende Ersparnisse mit sich. Bei größeren Anlagen, die aus einer oder

72

mehreren Batterien von Kesseln bestehen, ist es für die Betriebsleiter eine Notwendigkeit, durch Anwendung guter
Instrumente das richtige Arbeiten der Anlage in allen Einzel-
heiten zu überwachen, alle Verluste zu erkennen und dieselben
zu vermeiden; denn wenn auch der Verlust, auf ein kleines Zeit-

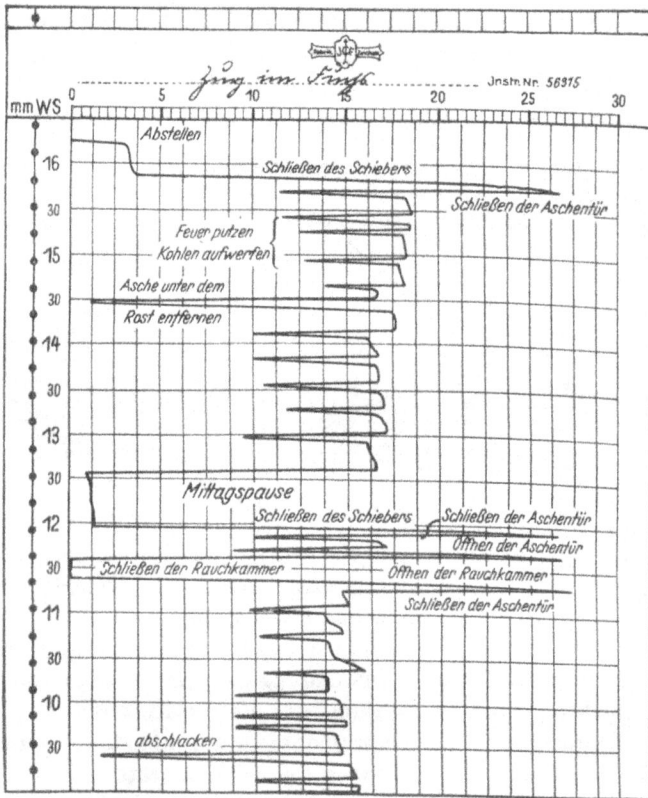

Abb. 71. Formular eines Zugmessers mit laufendem Papierstreifen.

maß betrachtet, gering erscheint, so wird derselbe sich täglich
wiederholend, am Ende des Jahres eine ganz bedeutende Summe
an verlorener Energie und somit einen ganz bedeutenden Geld-
verlust darstellen.

Der einfache Eckardt-Zugmesser Abb. 72 und Abb. 73
ist zur Messung des Zuges vor dem Schieber bestimmt und

dient zur Einstellung des für die normale Feuerführung erforderliches Zuges auch bei dem infolge der Witterungseinflüsse wechselnden Schornsteinzug.

Bei gutem gleichbleibendem Zustand des Rostes kann im allgemeinen folgende Regel aufgestellt werden:

Zu wenig Zug ... ist gleich zu wenig Luft, also unvollkommene Verbrennung, Bildung von Kohlenoxyd, totes Feuer, eine geringe Ausnutzung der Anlage und Kohlenverlust, daher ist der Schieber zu öffnen, wenn keine Löcher in der Brennstoffschicht vorhanden sind.

Abb. 72. Einfacher Zugmesser, Bauart »Eckardt«.

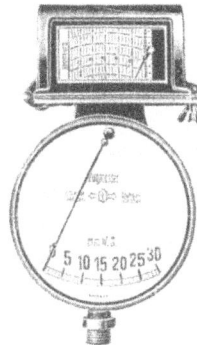

Abb. 73. Zugmesser nach Abb. 72 mit Schreibvorrichtung.

Zu viel Zug ... ist gleich zu viel Luft, also zu rasches Verbrennen des Brennstoffes und Mitreißen von zuviel unausgenützter Wärme aus der Feuerung, Abkühlung der Feuerzüge durch Luftüberschuß sowie starke Rauchbildung und großer Kohlenverlust, daher ist der Schieber entsprechend zu schließen, wenn keine Verschlackung des Rostes eingetreten ist.

Der Eckardt-Differenzzugmesser, Abb. 74 und Abb. 75, beansprucht derartige Einschränkungen nicht, und hierin liegt der Vorteil dieses Gerätes. Bei diesem Instrument braucht nur in geeigneter Weise für die verschiedenen üblichen Kesselbeanspruchungen, Kohlenschichten auf dem Rost, der günstigste Differenzzug bzw. Luftmenge ermittelt werden, die für eine wirtschaftliche Verbrennung notwendig ist. Einmal festgestellte günstigste Werte für den Differenzzug sind jeweils mit dem Rauchgasschieber einzuregulieren.

Im allgemeinen kann gesagt werden, daß der kleinste Differenzzug, mit dem ein nicht rußendes Feuer gerade noch unterhalten werden kann, am günstigsten ist, und es kann folgende Regel aufgestellt werden:

Zu wenig Differenzzug: zu wenig Luft, unvollkommene Verbrennung.

Zu viel Differenzzug: zu viel Luft, Verluste durch unnötiges Erwärmen der Luft.

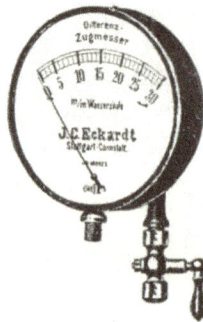

Abb. 74. Einfacher Differenzzugmesser, Bauart »Eckardt«.

Abb. 75. Differenzzugmesser nach Abb. 74 mit Selbstschreiber.

Durch Schalten eines Hahnes am rechten Stutzen des Differenzzugmessers auf die Atmosphäre arbeitet der Differenzzugmesser auch als einfacher Zugmesser.

Der in Abb. 76 dargestellte Askania-Mehrskalenzug- und Druckmesser faßt die zur Kesselüberwachung notwendigen Zug- und Druckmessungen in einem gemeinsamen, staub- und wasserdichten Gußgehäuse zusammen. Die Skalen sind übereinander angeordnet, so daß mit einem Blick jede Veränderung wichtiger Betriebsdaten abzulesen ist.

Diese Mehrskaleninstrumente werden vorzugsweise in Kesselfeuerungs- und Vergasungsbetrieben angewandt und können mit Meßbereichen in beliebiger Höhe und für Meßstellen jeder Art ausgeführt werden.[1]

---

[1] Näheres siehe Teil II.

Für eine Kesselanlage werden beispielsweise folgende wichtige Meßstellen in Frage kommen:

Winddruck unter dem Rost, Zug im Fuchs.

Zug und Druck über dem Rost, Zug im Schornstein.

Das Meßorgan der einzelnen Systeme ist eine Metallmembran von großer Empfindlichkeit und Genauigkeit.

Die Eichung erfolgt in mm W.-S. und kann gleichzeitig für Unter- und Überdruck erfolgen, d. h. also, der Nullpunkt kann an einer beliebigen Stelle auf der Skala angeordnet werden.

Der kleinste ausführbare Meßbereich ist 15 mm W.-S. Nach oben hin sind keine Grenzen gesetzt.

Die Bewegung der Membran wird durch ein gut ausbalanciertes Übersetzungsgestänge auf die Anzeigevorrichtung übertragen, die einen Zeiger betätigt. Der Ausschlag des Zeigers erfolgt bei Zugmessern von rechts nach links, bei Druckmessern von links nach rechts und bei Instrumenten mit beiden Meßmöglichkeiten entsprechend nach beiden Seiten vom Nullpunkt aus.

Der Zeiger spielt über einer Skala, die eine Teilung und Beschriftung der Meßwerte besitzt.

Abb. 76. Askania-Mehrskalenzug- und Druckmesser.

Die Teilung ist sehr übersichtlich gehalten und erfolgt in Abständen, die eine leichte Ablesung gestatten. Die Unterteilung des Skalenbogens wird auch auf Wunsch beliebig vorgenommen. Es ist aber zweckmäßig, die Teilstriche nicht zu dicht aufeinander folgen zu lassen, da hierdurch die Genauigkeit eher erschwert als erleichtert wird. Zwischenintervalle lassen sich trotzdem gut abschätzen.

Die durch Abweichen des Zeigers vom Nullpunkt erforderlichen Berichtigungen können durch Betätigung der Einstellschraube von außen her vorgenommen werden.

In die Mehrskaleninstrumente können auch Temperatur-
meßsysteme (s. Abschnitt 3) eingebaut werden, und zwar kann
die Zusammenstellung in Verbindung mit Zug- und Druckmessern ganz beliebig erfolgen.

Abb. 77 zeigt ein tragbares Askania-Druck- und Zugmessergerät für Wandermessung von Druck und Zug in Gas- und Luft-
leitungen, Kanälen, Behältern, Essen und ähnlichen Anlagen.

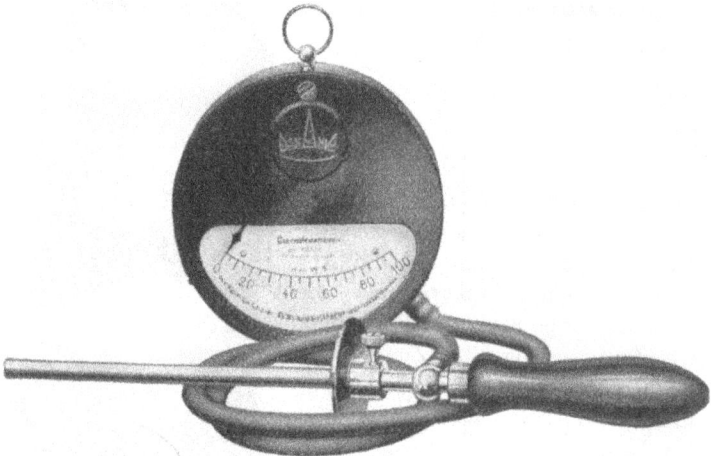

Abb. 77. Tragbares Askania-Druck- und Zugmessergerät für Wandermessungen.

Das Meßorgan ist wieder eine Metallmembran von großer
Empfindlichkeit und Genauigkeit. Die Verwendung der Metall-
membran an Stelle einer Meßflüssigkeit ergibt Frostsicherheit.
Das Füllvolumen der Membran ist sehr gering, so daß auch
bei vollem Hub fast kein Gastransport erfolgt und somit eine
Verschmutzung ausgeschlossen ist.

Der kleinste ausführbare Meßbereich ist 15 mm W.-S.
Nach oben hin sind keine Grenzen gesetzt, jedoch wird man
zweckmäßigerweise vermeiden, mit einem Instrument Zug-
stärken von wenigen Millimetern und Druckhöhen von mehreren
hundert Millimetern zu messen.

Normale, viel verwendete Meßbereiche sind:

$$-50 \text{ bis } \pm \quad 0 \text{ mm W.-S.}$$
$$-25 \text{ ,, } + \quad 25 \text{ ,, } \quad \text{,,}$$
$$-20 \text{ ,, } + \quad 5 \text{ ,, } \quad \text{,,}$$
$$\quad 0 \text{ ,, } + \quad 50 \text{ ,, } \quad \text{,,}$$
$$\quad 0 \text{ ,, } + 100 \text{ ,, } \quad \text{,,}$$
$$\quad 0 \text{ ,, } + 250 \text{ ,, } \quad \text{,,}$$
$$\quad 0 \text{ ,, } + 500 \text{ ,, } \quad \text{,,}$$
$$\quad 0 \text{ ,, } + 1000 \text{ ,, } \quad \text{,,}$$

Die Bewegung der Membran wird wie beim ortsfesten Gerät durch ein gut ausbalanciertes Übersetzungsgestänge auf die Anzeigevorrichtung übertragen, die einen Zeiger betätigt. Der Ausschlag des Zeigers erfolgt auch bei diesem Gerät bei Zugmessungen von rechts nach links, bei Druckmessungen von links nach rechts und bei Instrumenten mit beiden Meßmöglichkeiten in entsprechender Form vom Nullpunkt aus.

Der Zeiger spielt über einer Skala, die eine übersichtliche Teilung und Beschriftung der Meßwerte besitzt. Das Gehäuse des Instrumentes besteht aus gepreßtem Messingblech und ist staubdicht ausgebildet. Der Deckel mit einem eingekitteten und verschraubten Fenster ist auf dem Unterteil des Gehäuses durch Schrauben befestigt. Das Instrument ist mit einem Tragring versehen.

Berichtigungen, die durch Abweichen des Zeigers vom Nullpunkt erforderlich werden, können durch Betätigung der oberhalb der Skala angebrachten Einstellschraube von außen her vorgenommen werden.

Zum Anschluß des Gerätes dient eine Schlauchtülle, die mittels Gummischlauch mit der Meßstelle in der Leitung verbunden wird.

Eine Handsonde mit 1 m Gummischlauch ist namentlich bei Messungen an Öfen, Feuerungen und Heizzügen ein geeignetes Hilfsmittel.

3. Die Vakuummessung.

Um einen günstigen Dampfverbrauch in Turbinenanlagen zu erzielen, ist es von größter Wichtigkeit, fortlaufend zu wissen,

ob das Vakuum annähernd die theoretisch mögliche Grenze
hält. Jedes Prozent Verbesserung der Luftleere bedeutet eine
erhebliche Ersparnis an Kohle und daher ist jeder Betriebsleiter bemüht, das höchstmögliche Vakuum in seiner Kondensationsanlage zu erreichen. Die genaue und schnelle Ermittlung
des im Kondensator vorhandenen Vakuums in Prozenten des
Luftdrucks macht deshalb im Betriebe fortlaufend Schwierigkeiten, weil Vakuum und Luftdruck für genaue Betriebs-
messungen nur mit zwei zuverlässigen Quecksilbermanometern
einwandfrei ermittelt werden können. Der Quotient aus diesen
beiden Ablesungen multipliziert mit 100 ergibt dann das im
Kondensator vorhandene Vakuum in Prozenten des vorhandenen Luftdrucks.

Die bisher gebräuchlichen einfachen Vakuummeter gestatten nie eine genaue Überwachung des Vakuums, denn sie
verändern fortwährend ihre Anzeige entsprechend den Schwankungen des Luftdruckes, welche oft innerhalb kurzer Zeit
50—60 mm Q.-S. betragen können. Ein solches Instrument
kann beispielsweise einmal 730 mm Vakuum anzeigen und einige
Zeit später 690 mm. Ob sich nun das Vakuum um 40 mm verschlechtert hat, oder der Luftdruck etwa von 780 mm auf
737 mm gefallen ist oder ob beide Ursachen Anteil hatten,
läßt sich nur erkennen, wenn immer gleichzeitig ein Barometer
abgelesen und eine Umrechnung auf den jeweiligen Barometerstand ausgeführt wird. Ohne Barometer bzw. ohne Umrechnung der Vakuummeterangaben sind diese Geräte zur genauen
Beurteilung eines Vakuums direkt unbrauchbar. Die Verwendung der gebräuchlichen Vakuummeter ohne Barometer
führt sogar zu Betriebsverlusten, da durch die irreführende Anzeige eine gewisse Nachlässigkeit in der Überwachung des Vakuums bzw. der Kondensation eintritt.

Diese Übelstände vermeidet Eckardt-Stuttgart bei seinen
neueren Bauarten durch Vereinigung beider Messungen.

Abb. 78 und Abb. 79 zeigen das Baro-Vakuummeter in
zwei Ausführungen, wobei das Barometer derart mit dem
Vakuummeter vereinigt ist, daß eine unmittelbare Ablesung des
auf den Barometerstand bezogenen Vakuums ermöglicht wird.

Bei dem Baro-Vakuummeter Abb. 78 (Bauart Frerichs)
trägt das Barometerzeigerwerk die bewegliche Skala des Va-

kuummeters. Die Skala stellt sich daher nach dem jeweiligen
Stand des Barometers ein, so daß der Zeiger immer das tat-
sächliche Vakuum unmittelbar angibt. Man kann bei diesem
Instrument auf einer besonderen Skala auch den jeweiligen
Barometerstand ablesen.

Das Baro-Vakuummmeter Abb. 79 (Bauart Naumann)
besitzt eine feststehende Skala und zwei Zeiger, von denen der
eine mit dem Barometer-, der andere mit dem Vakuummeter-
werk verbunden ist. Die Skala des Vakuummeters besteht aus

Abb. 78. Bauart Frerichs.　　　Abb. 79. Bauart Naumann.
Abb. 78 u. 79. Baro-Vakuummmeterausführungen von Eckardt, Stuttgart.

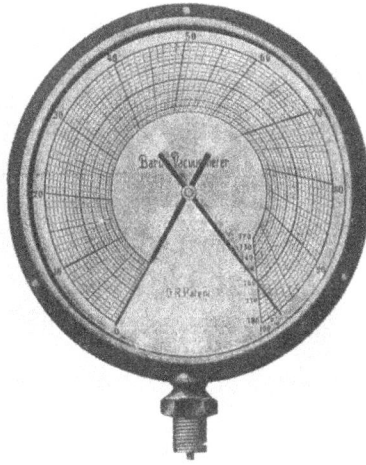

einer Anzahl konzentrischer Kreise, während die Barometer-
skala durch die Verbindungslinie, die mit 100 vH Punkte der
konzentrischen Kreise schneidet, gebildet wird.

Für die Ablesung des Vakuums ist jeweils derjenige der
konzentrischen Kreise maßgebend, auf dessen Endpunkt der
Barometerzeiger steht. In der Abb. 79 würde dies z. B. der
Kreis sein, der einem Barometerstand von 760 mm Q.-S.
entspricht.

Diese Ausführung ist auch für solche Anlagen zu empfehlen,
die vorübergehend oder ständig mit ganz geringem Vakuum
arbeiten, weil das Baro-Vakuummeter nach Abb. 79 auch in
diesem Falle genaue Ergebnisse liefert.

Die Vakuumskala wird bei beiden Konstruktionen, wie aus der Abb. 78 und 79 ersichtlich ist, gewöhnlich in Hundertteilen des Barometerstandes ausgeführt. Es kann jedoch auch eine Einteilung nach cm oder Zoll vorgenommen werden. Es läßt sich mit Hilfe des Baro-Vakuummeters natürlich auch ohne weiteres der absolute Druck angeben. Die Skala kann, wenn es gewünscht wird, darnach geteilt werden; denn 100 vH Vakuum entsprechen dem absoluten Nullpunkt und z. B.

Abb. 80. Hartmann & Braun-Barowaage mit abgenommenem Deckel.

93,6 vH einem absoluten Druck von 0,064 at (kg/cm²).

Nimmt man nun an, daß bei dem eingangs erwähnten Zahlenbeispiel statt eines gewöhnlichen Vakuummeters ein Baro-Vakuummeter zur Verfügung stände, so würde die Vakuumablesung nicht mehr 730 bzw. 690 mm sein, sondern man würde, falls sich am Vakuum nichts änderte, sowohl bei 780 als auch bei 737 mm Barometerstand 93,6 vH Vakuum ablesen oder andererseits, falls die Vakuumanzeige von 93,6 vH auf 88,5 vH gesunken wäre,

wüßte man sofort, daß sich nicht der Barometerstand geändert, sondern daß sich das Vakuum um 5,1 vH verschlechtert hätte. Eine Täuschung über die wirkliche Höhe des Vakuums ist bei Verwendung der beschriebenen Baro-Vakuummeter demnach unmöglich.[1])

[1]) Die Baro-Vakuummeter und die nachfolgend beschriebene Barowaage von Hartmann & Braun haben die früheren Verfahren der Ermittlung des Vakuums aus dem Vergleich des Barometer- und Manometerstandes und der nachfolgenden Umrechnung des so ermittelten relativen Unterdruckes auf den absoluten Unterdruck oder % Vakuum aus der Barometerangabe so gut wie vollständig verdrängt, da die notwendigen Umrechnungen zu zahlreichen Irrtümern Veranlassung gaben.

Ein Vakuum-Feinmeßgerät anderer Bauart, das den
absoluten Druck im Kondensator ohne weiteres anzeigt, ist
die Barowaage von Hartmann & Braun. Ein gläserner, mit
Quecksilber gefüllter Waagering ist, wie Abb. 80 zeigt,
leicht drehbar auf Schneiden gelagert. Der eine Schenkel
ist fest geschlossen, am anderen wirkt das Vakuum. Je nachdem es schwankt, wird die Quecksilberfüllung verschoben:
der Waagering dreht sich und der Zeiger gibt unmittelbar
die Höhe des Vakuums an, also unabhängig vom jeweiligen
Tagesbarometerstand.

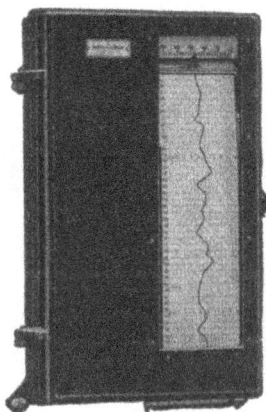

Abb. 81.	Abb. 82.
Barowaage als Anzeigegerät.	Barowaage als Schreibgerät.

Die Barowaage ermöglicht ohne Zwischenrechnung eindeutig und augenblicklich Vakuum-Messungen zwischen
0,00—0,25 kg/cm² oder 0—185 mm QS abs. Der Meßbereich
beginnt mit dem absoluten Vakuum; gemessen werden ausschließlich diese tiefen Vakua. Auf der Skala sind Bruch-
teile eines %-Vakuum abzulesen. Der Zeiger spielt augenblicklich auf die leiseste Druckveränderung ein und zeigt den
absoluten Druck im Kondensator unmittelbar an.

Die Barowaage wird für betriebliche Zwecke als Ables-
Gerät (Abb. 81) und als Schreibgerät gebaut (Abb. 82). In
jeder Ausführung ist dieser H & B - Vakuummesser ein festes
Betriebsgerät, also kein zerbrechliches Laboratoriumsstück.
Die Anzeige bleibt unverändert in der Nullpunktstellung.
Bedienung ist nicht nötig.

Die schreibende Barowaage ist der einzige Vakuum-
schreiber, den es gibt. Das feine Gezack der Kurve auf dem
Schreibstreifen (Abb. 82a) ermöglicht, den Vakuumstand zu
jeder Stunde nachzuprüfen.

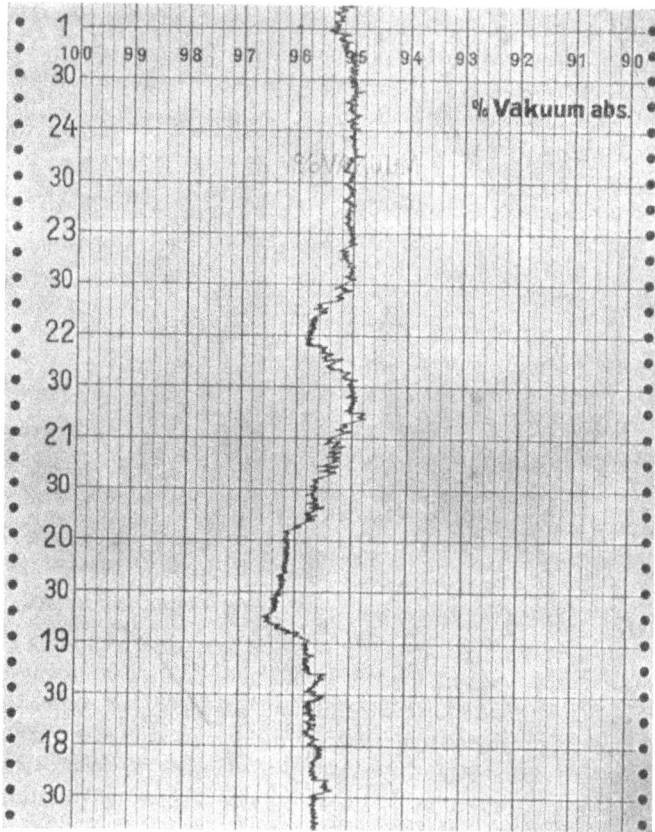

Abb. 82a. Schreibstreifen einer Barowaage.

Da die Barowaagen auch mit elektrischen Fernsendern
ausgerüstet werden können, ist es möglich, den Vakuumwert
auf getrennt liegende Ablese- oder Schreibgeräte zu übertragen z. B. ins Betriebsbüro, zur Wärmewarte, zur Überwachungszentrale, also dorthin, wo alle Betriebsvorgänge
gemeinsam erfaßt werden.

Die Höhe des erreichten Vakuums ist ein Maßstab für die
Güte und Wirtschaftlichkeit der Kondensationsanlage. Es sei nur
kurz darauf hingewiesen, daß sich mit jedem Prozent Vakuum-
änderung der Dampfverbrauch von Kolbendampfmaschinen
je nach Bauart und Dampfdruck um ¼ bis ½ vH ändert, bei
Dampfturbinen macht 1 vH Unterschied im Vakuum 1½ bis
2 vH im Dampfverbrauch aus und bei Abdampfturbinen sogar
3 vH. Man sollte daher keine Kondensationsanlagen, vor allem
aber keine Dampfturbinen ohne Kontrolle des Vakuums durch
ein geeignetes Anzeigegerät betreiben, da der hohe wirtschaftliche Wert dieses Instrumentes zweifellos feststeht.

Die Temperaturmessung.

Eine sorgfältige Temperaturüberwachung ist nicht nur für viele technische Prozesse von außerordentlicher Bedeutung, weil Güte und Gleichmäßigkeit der Erzeugnisse von einer richtigen Wärmebehandlung abhängen, sondern in mindestens dem gleichen Maße auch bei allen Feuerungs-, Dampf- und Heizungsanlagen, kurz überall da, wo es sich darum handelt, Brennstoffe vorteilhaft zu verheizen. Auf Grund der Temperaturmessung können Zug und Feuerung richtig reguliert und es kann kontrolliert werden, ob das Speisewasser heiß genug dem Kessel zufließt, ob der Heißdampf im Überhitzer die erforderliche Temperatur besitzt und dgl. m. Sind die Temperaturen zu niedrig, dann wird der Wirkungsgrad der Anlage nicht erreicht, sind sie zu hoch, dann werden die wertvollen Brennstoffe vergeudet und die Anlagen sind rascherem Verschleiß verfallen.

Aus diesen wenigen Angaben ergibt sich schon zur Genüge, wie außerordentlich wichtig die Temperaturmessung ist. Im allgemeinen amortisiert sich eine Temperaturüberwachungsanlage um so schneller, je umfangreicher sie gewählt wird. Hierfür sind die elektrischen Meßinstrumente insofern besonders vorteilhaft, weil die Temperaturen beliebig vieler Meßstellen nacheinander innerhalb kürzester Zeit auf einem einzigen Anzeigeinstrument durch Niederdrücken von Tastenschaltern an Ort und Stelle oder weitab in dem Zimmer des Betriebsleiters abgelesen werden können. Abb. 83 zeigt eine solche Temperatur-Ablesestation des Pyrowerkes, Hannover.

Um aber auch eine untrügliche und durch nichts zu beeinflussende Überwachung darüber ausüben zu können, ob der Temperaturmessung die nötige Beachtung geschenkt und die richtigen Wärmegrade auch wirklich eingehalten worden sind, daß ferner die Arbeiter bei vorkommendem Nachtbetrieb

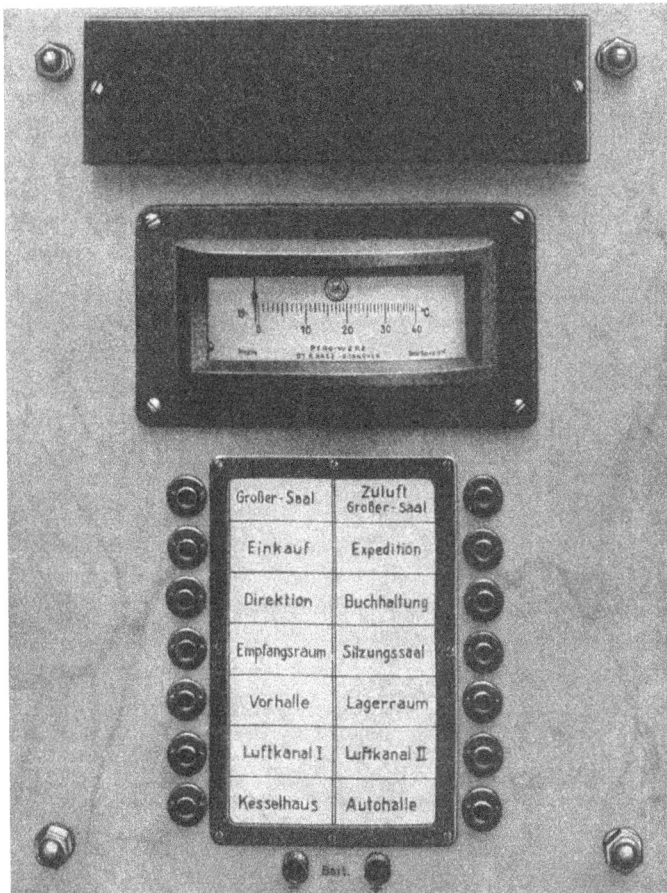

Abb. 83. Temperatur-Ablesestation des Pyrowerkes Dr. R. Hase, Hannover.
mit Druckknopfschaltern zum wahlweisen Anschluß einer beliebigen Anzahl Meßstellen.

ihre Pflicht erfüllt haben, werden heute selbsttätige Fernschreiber benutzt, welche den Verlauf der Temperaturen auf
Diagrammen aufzeichnen.

Zur Temperaturmessung von ‒ 200 bis + 700⁰ verwendet
man Widerstands-, Quecksilber- oder Alkohol- bezw. Toluol-
thermometer, Thermoelemente (Pyrometer) und von 20—2000⁰
nach optisch-thermoelektrischem Prinzip arbeitende Gesamt-

strahlungspyrometer. Für die Wahl der Art des Meßgerätes ist der jeweilige Verwendungszweck maßgebend. Die an Widerstandsthermometer, Thermoelemente und an die Aufnahmerohre der Gesamtstrahlungspyrometer angeschlossenen, verschieden gearteten Fernanzeige- und Schreibgeräte unterscheiden sich nur durch die Innenschaltung, in ihrem äußeren Aussehen werden sie aus den einleitend (s. Einleitung) dargelegten Gesichtspunkten heraus einander gleich gebaut und bieten daher auf einer gemeinsamen Blech- oder Marmortafel montiert, ein einheitliches Bild.

Von den Quecksilberthermometern ist das Glasthermometer wohl das am weitesten verbreitete Temperaturmeßgerät für örtliche Beobachtung. Diese werden im Arbeitsgang längere Zeit gealtert. Nur gealterte, d. h. künstlich vor der Justierung alt gemachte Instrumente zeigen auf die Dauer genau an, weil alsdann die Spannungen aus den Glasröhren verschwunden sind und das Glas aufgehört hat zu „arbeiten". Ein gutes Glasthermometer soll einen Faden aufweisen, welcher fast die Breite der Glasröhre erreicht. Der oft unangenehme Nachteil der Teilung des Quecksilberfadens bei Glasthermometern soll durch eine Gasfüllung unter hohem Druck vermieden werden. Glasthermometer mit Quecksilberfüllung werden für Meßbereiche zwischen -40 bis $+700^0$ C, und solche mit Alkohol- oder Toluolfüllung für Meßbereiche zwischen -40 bis $+100^0$ C gebaut.

Normalmeßbereiche für Glasthermometer sind:

$$
\left.
\begin{array}{rcl}
-40 & \text{bis} & +\ 50^0\ \text{C} \\
0 & \text{,,} & +100^0\ \text{C} \\
0 & \text{,,} & +150^0\ \text{C} \\
+\ 50 & \text{,,} & +250^0\ \text{C} \\
+150 & \text{,,} & +500^0\ \text{C} \\
+150 & \text{,,} & +700^0\ \text{C}
\end{array}
\right\}
\begin{array}{c}
\text{entsprechend Grad Réaumur} \\
\text{oder Fahrenheit.}
\end{array}
$$

Die Schutzhülse und der Körperteil bzw. die Kugel werden bei runden Thermometern aus Messing; für Ammoniak aus vernickeltem Messing oder aus vernickeltem Eisen hergestellt. Der Eintauchschaft besteht bis 250^0 C aus Messing, bis 700^0 C oder für Ammoniak aus Flußstahl. Die Skala wird zumeist auf Milchglas aufgetragen.

Das Ende des Schaftes muß dem Stoff, dessen Temperatur gemessen werden soll, unmittelbar ausgesetzt sein. Bei Messungen z. B. im Fuchs soll das Schaftende in den strömenden Abgasen — also weder in einer toten Ecke noch in der Zone der Flugaschenablagerung — liegen. Die Länge des der Hitze ausgesetzten Teiles des ganzen Schaftes muß bei Bestellungen angegeben werden, um danach das Thermometer sachgemäß eichen zu können.

Die Quecksilber-Federthermometer bestehen im wesentlichen aus dem am Schaftende befindlichen Quecksilberkessel, dem Verbindungskapillarrohr und der im Zeigergehäuse lagernden Röhrenfeder. Diese unlösbar miteinander verbundenen Teile sind mit Quecksilber gefüllt. Die durch Temperaturschwankungen an der Meßstelle bedingten Volumenänderungen des Quecksilbers im Kessel wirken als Druckänderungen auf die Röhrenfeder, die ihre Bewegungen auf ein Zeigerwerk überträgt. Der Zeiger gibt auf einem in Temperaturgraden geteilten Zifferblatt die jeweilige Temperatur an.

Je nachdem die Verbindung zwischen Eintauchschaft und Instrument starr oder biegsam ist, werden als Ausführungsarten unterschieden:

1. Thermometer mit starrem Schaft,
2. Thermometer mit biegsamer Kapillarrohrleitung (Fernthermometer).

Beide Formen können anzeigend oder mit Schreibvorrichtung geliefert werden.

1. Die Thermometer mit starrem Schaft werden überall dort verwendet, wo die Ablesung der Temperatur unmittelbar an der Meßstelle leicht vorgenommen werden kann. Wärmestrahlungen, Erschütterungen oder sonstigen schädlichen Einflüssen wie Dämpfen oder Gasen dürfen die Thermometer jedoch nicht ausgesetzt werden.

2. Fernthermometer mit biegsamer Kapillarrohrleitung kommen dort zur Anwendung, wo die Bedingungen für Instrumente der ersten Gruppe nicht erfüllt werden können oder wo die Anzeige der Temperatur an Orten, welche von der Meßstelle weiter entfernt sind, erfolgen soll, wie z. B. an Schalttafeln, in Büros usw. In diesen Fällen wird der starre Schaft durch

ein biegsames stählernes Kapillarrohr von ca. 4 mm ⌀ ersetzt, welches sich leicht verlegen läßt und bis zu einer Länge von höchstens 50 m ausgeführt werden kann. Bei der Verlegung sind scharfe Biegungen, besonders an den Verbindungsstellen zu vermeiden.

Zum Schutze gegen Feuchtigkeit, säurehaltige Dämpfe oder andere chemische Einflüsse wird das Kapillarrohr mit einem Kupfer- oder Bleirohrüberzug versehen. Wird dasselbe durch mehrere Räume geführt, in welchen es Temperaturschwankungen ausgesetzt ist — so wird es mit einer Kork- oder Kieselgurschnur zweckmäßig isoliert.

Bei Kapillarrohrleitungen über 12 m Länge oder bei solchen, die durch Räume mit stark schwankenden Temperaturen verlegt werden müssen, werden die Instrumente mit Kompensationsvorrichtung ausgestattet, um nachteilige Einwirkungen der Außentemperatur auf das in den Kapillarrohren befindliche Quecksilber zu vermeiden. In diesen Fällen wird parallel zu der eigentlichen Wärmeleitung eine zweite Kapillarrohrleitung (Kompensationsleitung) verlegt, welche jedoch nicht mit der zu messenden Wärmestelle in Verbindung steht. Diese Leitung ist mit einer im Thermometergehäuse untergebrachten Korrektionsfeder verbunden. Beide Federn sind untereinander so angeordnet, daß die infolge von Temperaturunterschieden in der Leitungsstrecke entstehende Bewegung der einen Feder durch die Bewegung der anderen aufgehoben wird. Alle schädlichen Beeinflussungen des Quecksilbers innerhalb der Verbindungsrohre bleiben somit ohne Einfluß auf die Anzeigegenauigkeit des Instrumentes.

Für die Wahl des Meßbereiches sind folgende Gesichtspunkte maßgebend:

Die normale Betriebstemperatur soll möglichst in das dritte Viertel der Skala fallen, die niedrigste Betriebstemperatur kann gegebenenfalls den kleinsten Skalenwert unterschreiten. Temperaturen unter — 30° C können mit Quecksilberinstrumenten nicht angezeigt werden. Die höchste Betriebstemperatur (Spitzenwerte) sollten nicht über 500° C liegen. Mit Rücksicht auf den Transport, besonders im Sommer, soll der höchste Skalenwert nicht kleiner als 30° C gewählt werden. Der kleinste

Skalenwert für überhitzten Dampf wird zweckmäßig nicht unter 100⁰ C gewählt.

Jedes Instrument wird bei einer Raumtemperatur von 20⁰ C geeicht. Unter diesen Verhältnissen weichen die Angaben des Instrumentes $\pm$ 1 vH von der absoluten Genauigkeit ab. Störende, gleichbleibende Temperatureinflüsse auf die Anzeige können bei einigen Erzeugnissen mittels einer vorgesehenen Stellvorrichtung an Ort und Stelle von Hand ausgeglichen werden.

Temperaturschwankungen, welche bei Rückgang auf einen zu niedrigen Grad, z. B. in Gewächshäusern eine Schädigung von Pflanzen oder bei Überschreitung eines gewissen Wärmegrades eine Feuersgefahr oder schädliche Überhitzung z. B. in Malzdarren, Trockenräumen usw. herbeiführen können, lassen sich mittels Quecksilberthermometer mit elektrischer Kontakteinrichtung an jedem beliebig entfernten Ort (Verwaltungs-, Wohn- oder Schlafraum)

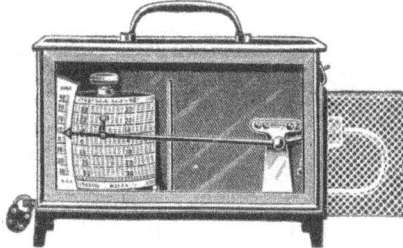

Abb. 84. Quecksilber-Schreibthermometer Bauart „Eckardt. Stuttgart".

erkennbar machen. Die Anschaffung macht sich meistens durch Verhütung eines einzigen Schadens bezahlt. Abb. 84 zeigt ein Quecksilber-Schreibthermometer, Bauart „Eckardt-Stuttgart", zur selbsttätigen Aufzeichnung der Temperatur und Zeitangabe z. B. für Krankenhäuser.

Für Temperaturen zwischen — 200 und + 600⁰ C kommen die Widerstandsthermometer zur Anwendung, und zwar zur Messung von Raumtemperaturen z. B. in Fabriksälen, Klassenzimmern von Schulen, in Wohnräumen, Hotels, Markthallen, Kühlhallen der Schlachthöfe usw. Ferner für wärmetechnische Messungen in Kesselhäusern, z. B. Rauchgas-, Dampf-, Überhitzer-, Speisewassertemperaturen, in elektrischen Zentralen zur Überwachung der Temperatur des Öles in den Transformatoren sowie in den Maschinenlagern und der Kühlluft der Generatoren, in chemischen Fabriken, in Braunkohlenwerken bei der Teerdestillation, in Sprengstoffwerken zum Schutze gegen

Explosionen, in Trockenanlagen, Kohlenbunkern, Getreide-speichern usw.

Die Widerstandsthermometer zeichnen sich durch große Meß- und Ablesegenauigkeit aus. Die letztere kann durch eine erweiterte Einteilung der Skala erhöht werden, welche z. B. mit unterdrücktem Nullpunkt (z. B. bei 350° C Normaltempe-ratur, für 300—400° C) ausgebildet werden kann.

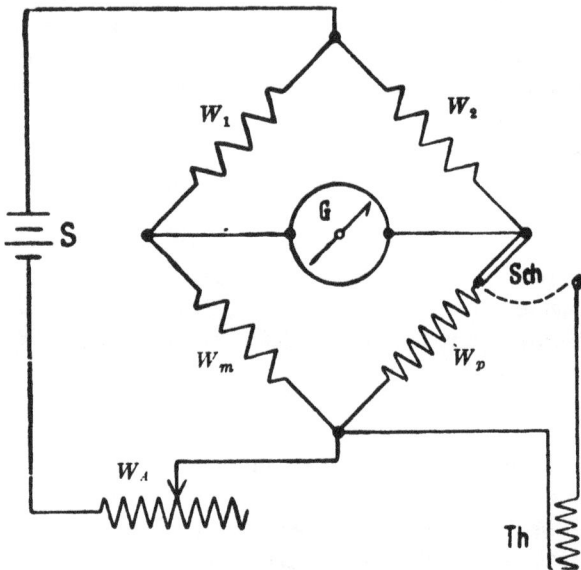

Abb. 85. Brückenschaltung für Widerstandsthermometer.
W_1 und W_2 Brückenspulen, W_m Meßspule, W_p Prüfspule, G Galvanometer, S Stromquelle, W_4 Vorschaltwiderstand, Sch Tastenschalter, Th Thermometer.

Die Temperaturmessung durch die Widerstandsthermo-meter beruht auf der Änderung des Ohmschen Widerstandes, wenn ein Metall verschiedenen Temperaturen ausgesetzt wird. Diese Widerstandsänderung wird in einer Brückenanordnung (s. Abb. 85) mit konstanter Spannung gemessen. Die Aus-schläge des Brückeninstrumentes geben unmittelbar ein Maß für die Widerstandsänderung und damit für die Temperatur-erhöhung. Die Anzeigen des Instrumentes sind um so über-einstimmender, je reiner das verwendete Metall ist und je mehr es gegen die Einwirkung schädlicher Gase oder Dämpfe, sowie gegen Dehnung und Zerrung geschützt wiid. Für höhere Temperaturen besteht die Wicklung aus Platin, für niedrigere Temperaturen bis maximal + 150⁰ C aus Eisen. Die Form des Widerstandsthermometers sowie das Material, aus dem die Bewehrung der temperaturempfindlichen Wicklung besteht, müssen dem jeweiligen Verwendungszweck angepaßt werden.

Der Widerstand besteht aus einer feinen Spirale aus physikalisch reinem Platin. Da geringe Verunreinigungen den Widerstandskoeffizienten der Metalle sehr stark beeinflussen, so verwendet man zweckmäßig als Widerstand ein Metall, das sich leicht in größter Reinheit herstellen läßt. Diese Bedingung erfüllt von allen Metallen Platin am besten.

Die Quarzglashülle wird so dünn gehalten, daß die Wärmeübertragung auf das Metall ausgezeichnet ist. Die Trägheit im Ansprechen ist deshalb so weit als möglich verringert.

Abb. 86. Quarzglasthermometer, Bauart „Heraeus".

Sehr häufig werden Quarzglas-Fernthermometer verwendet, weil hier die Widerstandsspirale durch Einschmelzen in Quarzglas vor Einwirkungen schädlicher Gase und Dämpfe geschützt ist und infolge der bekannten Eigenschaften des Quarzglases dem schroffsten Temperaturwechsel ausgesetzt werden kann.

Die Form des Quarzglasthermometers, Bauart „Heraeus", zeigt Abb. 86. Die Größe des Widerstandes und die Länge der Spirale richten sich nach dem Verwendungszweck. Für technische Zwecke hat die Spirale einen Widerstand von 100 Ohm; sie ist etwa 6 cm lang, 3—4 mm dick und wird durch eine beliebig lange Montierung aus Stahlrohr oder anderem Metall gegen mechanische Beanspruchung geschützt. Für wissenschaftliche Zwecke ist die Spirale bei einem Widerstand von 25 oder 50 Ohm 2 oder 4 cm lang und 3 mm dick und wird in der Regel ohne Schutzmontierung unter Verlängerung des äußeren Quarzrohres verwandt. In diesem Falle kann das Thermometer auch höheren Temperaturen — vorübergehend sogar bis 900⁰ — ausgesetzt werden. Die Messung des Widerstandes geschieht

in einer Wheatstone'schen Brücke unter Verwendung eines
2-Volt-Akkumulators und eines Drehspulengalvanometers. Für
die meisten technischen Zwecke genügt eine Schaltung nach
Abb. 85. Ändert sich die Temperatur des Thermometers und
sein Widerstand, so stellt sich dadurch der Galvanometerzeiger
entsprechend ein und die Zeigerstellung gibt unmittelbar die
Temperatur an.

Bedingung für ein richtiges Anzeigen des Instruments ist
aber, daß eine konstante Spannung an der Brücke liegt. Um
diese jederzeit prüfen und nötigenfalls einstellen zu können,
sind eine Prüfspule W_P und ein Vorschaltwiderstand W_A
erforderlich (Abb. 85).

Der Widerstand der Prüfspule W_P ist gleich dem des
Thermometers Th bei einer bestimmten, auf dem Galvanometer
durch einen roten Strich festgelegten Temperatur. Wird also
der Prüfwiderstand an Stelle des Thermometers eingeschaltet,
so muß sich der Galvanometerzeiger auf den roten Strich einstellen; ist das nicht der Fall, so führt man diese Einstellung
durch Verschiebung des Schleifkontaktes am Vorschaltwiderstand herbei.

Eine dauernde Überwachung der Meßspannung läßt sich
durch die Zwischenschaltung eines Voltmeters ermöglichen.
Mit Hilfe des Regulierwiderstandes wird der Zeiger des Voltmeters auf eine bestimmte, auf der Skala durch einen roten
Strich markierte Spannung eingestellt, man kann dann sofort,
ohne umzuschalten, die richtige Temperatur am Galvanometer
ablesen.

Die Widerstandsthermometer werden in so verschiedenen
Ausführungen hergestellt, daß es nicht schwer fallen dürfte,
für alle Anforderungen, die an dieselben gestellt werden, eine
passende Form zu finden. Gerade die richtige Wahl der Montierung, besonders bei den Thermometern, die stark beansprucht
werden sollen, ist ein Haupterfordernis, um dauernd zufrieden-
stellende Leistungen mit einer Temperatur-Fernmeßanlage zu
erzielen. Diese wird aber niemals erreicht, wenn nur auf Billigkeit gesehen und deshalb Instrumenten der Vorzug gegeben
wird, die raschem Verschleiß ausgesetzt oder unzuverlässig in
den Angaben sind.

Das Thermometer nach den Angaben der Physikalischen Technischen Reichsanstalt sei hier noch besonders erwähnt, da es in seinem ganzen Aufbau von dem Quarzglas-Widerstands-

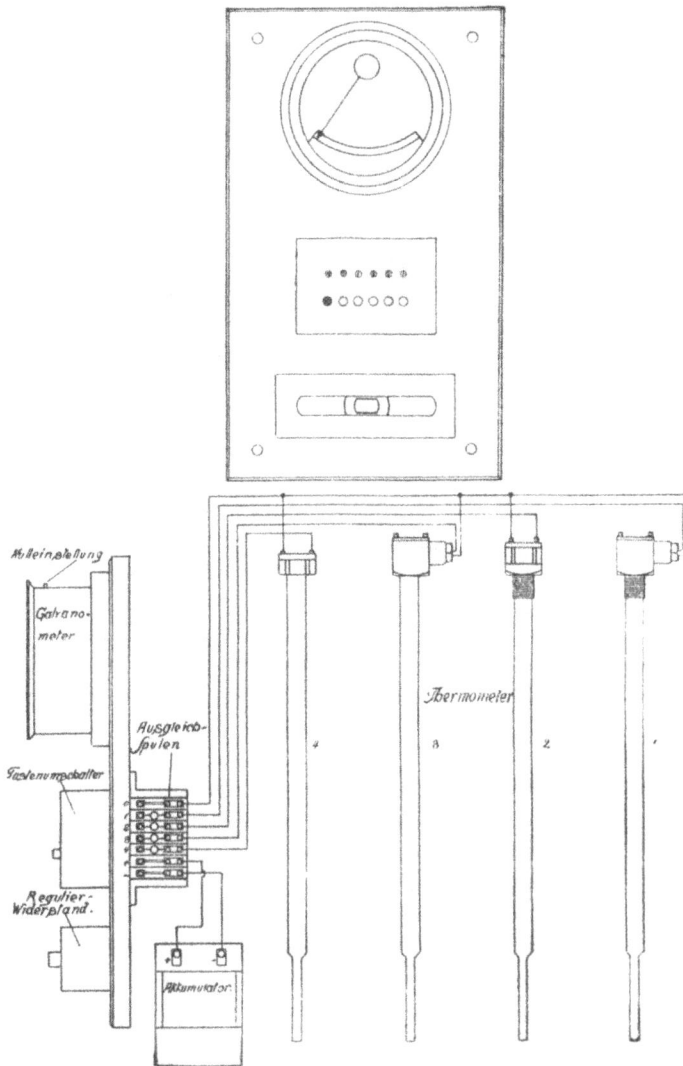

Abb. 87. Schaltungsschema für mehrere auf nur ein Anzeigegerät arbeitende Widerstandsthermometer.

thermometer abweicht. Die äußere Hülle besteht aus Boro-
silikatglas, Quarzglas oder glasiertem Porzellan. Die Widerstandsspirale aus physikalisch reinem Platindraht ist auf ein
Porzellankreuz von ca. 55 mm Länge bifilar aufgewickelt. An
die Wicklung sind je zwei Zuleitungsdrähte angeschweißt, die
zu den vier Anschluß-
klemmen am Kopf führen.
Die doppelten Zuleitungen
sind zur Kompensierung
des Leitungswiderstandes
erforderlich und werden
wahlweise aus Silberdräh-
ten für Temperaturen bis
350^0 oder aus Golddrähten
für höhere Temperaturen
geliefert. Die Gesamtlänge
des Thermometers ist etwa
58 cm, der äußere Durch-
messer des Schutzrohres
ca. 10 mm. Der Widerstand
der Spirale beträgt bei 0^0
etwa 10—11 Ohm.

Die Widerstandsther-
mometer können mit direkt
zeigenden oder mit selbstschreibenden Galvanome-
tern ausgeführt werden,
außerdem mit Signalein-
richtung für Minimal- oder Maximaltemperaturen in Verbindung mit Licht oder akustischen Signalen.

Abb. 88. Temperaturablesestation, Bauart
„Heraeus", für 24 Fernthermometer auf
dem Dampfer »Bernardin de St. Pierre«.

Die erstgenannten Apparate bestehen aus dem, auf einer
Marmortafel angebrachten Anzeigegerät, dem Regulierwider-
stand für die richtige Einstellung der erforderlichen Meßspannung, sowie aus dem Tastenumschalter für die Prüfschal-
tung und den Thermometern, die in beliebiger Zahl angeschlossen
werden können (s. Schaltungsschema Abb. 87). Abb. 88 zeigt
z. B. eine Anzeigevorrichtung „Bauart Heraeus" mit Anschluß
für 24 Thermometer zur Überwachung der Lagertemperaturen
der Maschinen des auf der Tecklenborgwerft erbauten Dampfers

„Bernardin de St. Pierre" (s. a. die Temperaturablesestation Abb. 83!).

Auf der Rückseite der Tafel oder im Gehäuse sind sämtliche für die Messung erforderlichen Widerstände sowie die Anschlüsse für die Thermometer nebst den Ausgleichwiderständen für die Fernleitung untergebracht.

Das Anzeigeinstrument kann für Messungen in verschiedenen Temperaturgebieten mit zwei Meßbereichen ausgestattet werden, was gegenüber allen anderen Meßgeräten ein großer Vorteil des Widerstandsthermometers ist. Während man z. B. bei dem anschließend zu besprechenden Pyrometer nur eine Skala zur Verfügung hat, die den ganzen Temperaturbereich umfaßt, für den das betreffende Thermoelement zu verwenden ist, kann man für die Messung mit Widerstandsthermometern die Skaleneinteilung nach Belieben wählen und hierdurch weit genauere Messungen ausführen als mit jedem anderen elektrischen Temperaturmeßgerät.

Die kleinsten Meßbereiche, die bei der Skaleneinteilung der normalen Meßgeräte zulässig sind, sind etwa die folgenden:

— 20 bis + 20⁰	100 bis 175⁰
0 ,, + 45⁰	200 ,, 220⁰
+ 20 ,, + 65⁰	300 ,, 500⁰
+ 50 ,, + 110⁰	400 ,, 650⁰

Größere Meßbereiche lassen sich in jedem beliebigen Intervall anbringen. Die Länge der Skala beträgt ca. 110 mm.

Soll jedes Thermometer ein besonderes Anzeigegerät erhalten, wie dies des öfteren verlangt wird, so kann die Ablesung an allen Instrumenten gleichzeitig erfolgen. Zur Nachprüfung der Meßspannung dient in diesem Falle ein Voltmeter, das mit dem Vorschaltwiderstand auf einer gemeinsamen Schalttafel angeordnet ist.

Abb. 89 zeigt einen Kreuzspul-Widerstandsmesser von Hartmann & Braun. Der Messer erhält zwei über Kreuz angeordnete Spulen, welche sich in dem eigenartig gestalteten Luftspalt zwischen den Polschuhen eines Stahlmagneten drehen. Beide Spulen sind mit einer Stromquelle und einem Schalter verbunden. Außerdem ist die eine

Spule mit einem unveränderlichen Widerstand und die andere mit einem veränderlichen Widerstand, nämlich dem Widerstandsthermometer verbunden. Die Stellung der Kreuzspulen bzw. des mit ihrer gemeinsamen Achse verbundenen Zeigers auf der Skala zeigt alsdann den Widerstandswert des veränderlichen Widerstandes bzw. den Temperaturwert desselben an.

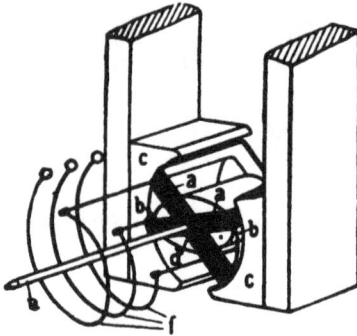

Abb. 89. Kreuzspulwiderstandsmesser von Hartmann & Braun.

Ein besonderer Vorzug des Kreuzspul - Ohmmeters nach Bruger gegenüber anderen Widerstandsmeßgeräten besteht darin, daß seine Angaben unabhängig von der Meßspannung erfolgen[1]). Zum Betrieb dieser Meßeinrichtung können also Sammler (im Notfall auch Trockenbatterien) verwendet werden, ohne daß bei Änderung der Spannung zwischen voller Ladung und Erschöpfung der Batterie eine besondere Regelung vorzunehmen wäre.

Der vorstehend beschriebene Widerstandsmesser kann nun sowohl als Temperaturablesegerät als auch als Temperaturschreiber ausgebildet werden.

Für Meßbereiche von 20—1600° C werden Thermoelemente verwendet, und zwar vorwiegend in Gießereien für die Trocken- und Kupolöfen sowie beim Schmelzprozeß, in Hüttenwerken für die Cowperschen Winderhitzer und zur Überwachung der hohen Verbrennungstemperaturen in den Schmelzöfen der Stahlwerke, in Kesselanlagen zur Messung der Rauch- und Überhitzertemperaturen, in Gasanstalten und Glashütten für die Generatorenfeuerungen, in Tempereien, Glühereien, Porzellan-, Steingutfabriken usw.

Die thermoelektrischen Meßgeräte besitzen den Vorzug großer Einfachheit. Sie sind bei leichter Montage ohne Zuhilfe-

---

[1]) Die Meßinstrumente der Firma Hartmann & Braun sind mit Kreuzspulgeräten nach Bruger ausgerüstet.

nahme einer Stromquelle stets betriebsbereit und bedürfen fast keiner Wartung.

Abb. 90 zeigt schematisch die Grundschaltung der mit Thermoelementen arbeitenden Pyrometer. Es werden zwei Drähte aus verschiedenen Metallen an ihren Enden zusammengelötet. Wird nun die eine der beiden Lötstellen erhitzt, so entsteht ein schwacher elektrischer Strom, dessen Stärke für ein gegebenes Metallpaar von dem Temperaturunterschied der beiden Lötstellen abhängig ist. Ein solches Thermoelement kann folglich zur Messung der Temperatur der erhitzten Löt-

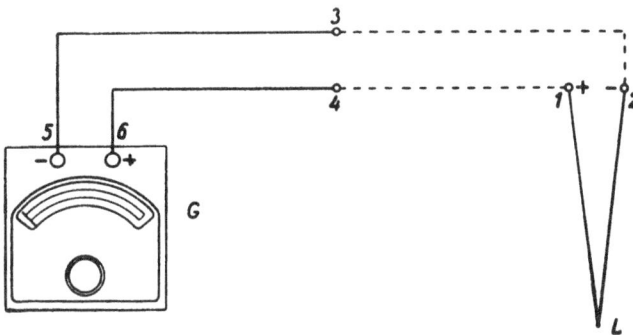

Abb. 90. Pyrometer, Grundschaltung.

L ist die Lötstelle des Thermoelementes. 1 und 2 sind die Anschlußklemmen, an die der Kompensationsdraht angeschlossen wird. 3 und 4 sind die Verbindungen des Kompensationsdrahtes mit der Kupferleitung, die an beliebiger Stelle mit Raumtemperatur hergestellt werden können. G ist das Anzeige-Instrument, das eine der Eichkurven des Elementes entsprechende Millivolt- und Temperatur-Skala besitzt, sodaß entsprechend dem Ausschlag der Zeigernadel die Temperatur ohne weiteres abgelesen werden kann.

stelle benutzt werden, wenn die Stärke desselben für eine Reihe von Temperaturen festgestellt ist. Für die Messung wird dann der Stromkreis an den kalten Drahtenden, statt durch Verlötung, durch ein geeignetes Meßinstrument geschlossen.

Eine thermoelektrische Temperaturmeßeinrichtung besteht demnach aus folgenden Geräten (s. Abb. 91 und 92):

1. dem Thermoelement (*Th*).

2. den Ausgleichleitungen.

Diese sind nur erforderlich, wenn sich die Anschlußklemmen des Thermoelementes stark erwärmen. Die Ausgleichsleitungen dienen dann zur Verlängerung der Elementdrähte bis an eine Stelle, wo Raumtemperatur herrscht.

3. Dem Fernmeßgerät (G bzw. RG).

Es handelt sich um ein elektrisches Fernanzeige- oder Schreibinstrument, welches in beliebiger Entfernung von der Meßstelle aufgehängt werden kann. Anzeige- und Fernschreiber können, falls beide erwünscht sind, in Parallelschaltung an ein- und dasselbe Thermoelement angeschlossen werden (s. Abb. 92).

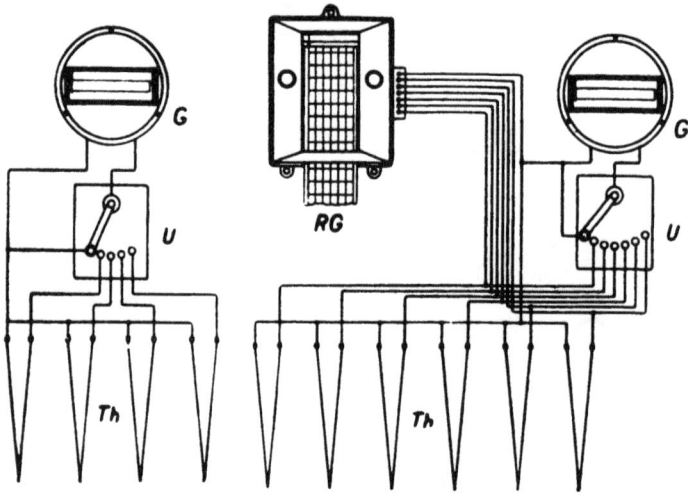

Abb. 91. Pyrometer mit Umschalter und einem Anzeigegerät.

Abb. 92. Pyrometer mit Umschalter, Ablesegerät und Selbstschreiber.

4. Dem Umschalter (Linienwähler) U.

Dieser wird nur zum wahlweisen Anschließen mehrerer Thermoelemente an ein gemeinsames Fernanzeigeinstrument benötigt.

Die Drähte des Thermoelementes bestehen aus:

Eisen und Konstantan bis zu einer Höchsttemperatur von 800° C,

Nickel und Nickelchrom bis zu einer Höchsttemperatur von 1100° C,

Platin und Platinrhodium bis zu einer Höchsttemperatur von 1500° C.

Zum Schutze gegen die zerstörende Einwirkung von Gasen und gegen mechanische Beschädigungen wird das Element, dessen

einer Schenkel isoliert ist, konzentrisch von zwei ineinander
geschobenen Rohren umgeben. Das nach unten vollkommen
geschlossene Innenrohr besteht bis 1000° C meist aus Quarz, für
höhere Temperaturen wird Marquardtsche Masse verwendet.
Es wird vom Außenrohr umkleidet, welches je nach der Höhe
der Temperatur und dem Verwendungszweck vorwiegend aus
Stahl, Schamotte oder auch aus Graphit besteht.

Falls sich die Anschlußklemmen des Thermoelementes im
praktischen Betriebe stark erwärmen würden, müssen die Elementdrähte durch Ausgleichsleitungen bis an eine Stelle ver-
längert werden, wo Raumtemperatur herrscht; erst hier darf
der Anschluß an die eigentlichen aus Kupferdrähten bestehenden Fernleitungen erfolgen. Für Eisen-Konstantan- und Nickel-
Nickelchrom-Thermoelemente werden Ausgleichsleitungen aus
einem dem jeweilig angeschlossenen Elementschenkel entsprechenden Metall verwendet, also aus Eisen und Konstantan
bzw. Nickel- und Nickelchrom, für Platin-Platinrhodium-
Thermoelemente solche aus einer Metallegierung nach Peak von
entsprechenden thermoelektrischen Eigenschaften. Der von der
Länge der Ausgleichsleitungen abhängige elektrische Widerstand
muß bei der Eichung der Instrumente berücksichtigt werden.

In Verbindung mit Nickel-Nickelchrom- und Platin-Platin-
rhodium-Thermoelementen sind infolge des nur geringen zur
Verfügung stehenden Thermostromes Präzisions-Anzeigeinstru-
mente mit erhöhtem inneren Widerstand und mit senkrecht
stehender Meßsystemachse erforderlich, während für Eisen-
Konstantan-Thermoelemente in den meisten Fällen Betriebs-
instrumente mit wagrechter Zeigerachse genügen. Abb. 93
und 94 zeigen zwei solche Ausführungen der Firma Eckardt,
Stuttgart.

Wird neben der Registrierung z. B. auf einem Mehrfachschreiber gleichzeitig auch eine unmittelbare Ablesung auf
Anzeigegeräten gewünscht, so können diese, wie schon gesagt, in Parallelschaltung mit dem Selbstschreiber an ein-
und dieselben Thermoelemente angeschlossen werden. Es
dürfen dann jedoch nur Anzeigeinstrumente in Präzisions-
ausführung Verwendung finden, auch wenn Eisen-Konstantan-
Thermoelemente in Frage kommen. Als einzige Ausnahme kann
der an ein Eisen-Konstantan-Thermoelement angeschlossene

Einfachschreiber bei nicht zu kleinem Meßbereich und nicht zu großer Leitungslänge mit einem normalen Betriebsinstrument parallel geschaltet werden[1]).

Bei stationär verlegter Fernleitung verwendet man gewöhnlich Gummiader- oder auch Hackethaldrähte. Der Kupferquerschnitt beträgt je nach Art der Thermoelemente und Länge der Leitungen 1,5—2,5 mm².

Abb. 93. Präzisions-Anzeigegerät. Bauart „Eckardt", mit senkrechter Zeigerachse.

Abb. 94. Präzisions-Anzeigegerät, Bauart „Eckardt", mit wagerechter Zeigerachse.

So einfach das Prinzip des Pyrometers ist, so sind doch verschiedene Punkte sorgfältig zu berücksichtigen, wenn wirklich fehlerfreie Messungen ausgeführt werden sollen. Vor allem ist zu bedenken, daß das Instrument den Temperaturunterschied zwischen der Lötstelle und den freien Drahtenden anzeigt. Für genaue Messungen empfiehlt es sich deshalb, die Enden des Thermoelementes nicht unmittelbar mit dem Galvanometer zu verbinden, sondern sie mit Kupferzuleitungsdrähten zu verlöten; Klemmschrauben sind wegen der möglichen Übergangswiderstände zu vermeiden.

Ferner ist zu beachten, daß bei der Messung sehr kleiner Heizquellen bei dickeren Drähten die Wärmeableitung so groß sein kann, daß erhebliche Fehler entstehen. Hier hilft am besten die Verwendung dünnerer Drähte. Diese haben allerdings wieder den Nachteil, daß sie infolge ihres hohen Widerstandes bei direkter Ablesung mit einem Galvanometer zu niedrige Werte geben. Der von dem Galvanometer angezeigte Strom ist durch die Formel gegeben:

$$J = \frac{E}{W + w}.$$

wobei E die thermoelektrische Kraft, W der Widerstand des

[1]) Näheres über Schreibgeräte s. Teil I, Abschnitt 6.

Galvanometers (ca. 1000 Ohm) und w der des äußeren Strom-
kreises ist. Die Messung ist genau, wenn w gegenüber W vernachlässigt werden kann. Ist das bei der Verwendung dünnerer
Drähte nicht der Fall, so erhält man genaue Werte: 1. durch
Verwendung einer Kompensationsmethode, wie z. B. der von
Lindeck, wobei der Widerstand aus der Messung wegfällt,
2. durch Messung des Widerstandes w. Für die meisten Fälle
wird es genügen, ihn für zwei Temperaturen zu bestimmen und
die Zwischenwerte zu interpolieren. Um den Korrektions-
faktor klein zu machen, empfiehlt es sich, dünne Drähte nur
für die Strecke des stärksten Temperaturabfalls zu verwenden
und sie mit dickeren Drähten zu verschmelzen. Z. B. hat ein
Thermoelement von 1 m Schenkellänge, das von der Lötstelle
aus auf eine Strecke von 2 cm aus 0,1 mm Draht, im übrigen
aus 0,6 mm besteht, einen Widerstand von 2,5 Ohm, während
ein gleich langes Element aus 0,1 mm Draht 46 Ohm hat.
Zahlentafel 4 zeigt die thermoelektrischen Kräfte der verschiedenen Thermoelemente „Bauart Heraeus" in Millivolt.

Z a h l e n t a f e l 4.

**Thermokraft verschiedener Thermoelemente (Bauart Heraeus)
in Millivolt.**

Tem-pera-tur	Platin-Platin-Rhod.	Platin-Ersatz	Chrom-nickel	Kon-stantan-Chrom-nickel	Kon-stantan-Eisen	Kon-stantan-Silber	Kon-stantan-Kupfer
20	0,00	0,00	0,00	0,00	0,00	0,00	0,00
100	0,53		3,30	4,50	4,16	3,29	3,27
200	1,31		7,50	11,00	9,46	8,01	7,97
300	2,19	2,50	11,60	18,00	14,76	13,27	13,27
400	3,12	3,42	15,70	25,40	20,16	18,94	19,07
500	4,09	4,38	20,00	33,10	25,56	24,96	25,47
600	5,10	5,30	24,20	40,90	31,06	31,32	—
700	6,14	6,28	28,30	49,00	—	—	—
800	7,21	7,35	32,40	56,90	—	—	—
900	8,32	8,42	36,50	64,70	—	—	—
1000	9,45	9,52	40,50	—	—	—	—
1100	10,61	—	—	—	—	—	—
1200	11,78	—	—	—	—	—	—
1300	12,96	—	—	—	—	—	—
1400	14,15	—	—	—	—	—	—
1500	15,34	—	—	—	—	—	—
1600	16,52	—	—	—	—	—	—
	Ab-weichung ± 0,02 M.-V. bei 1000°	Ab-weichung ± 0,3 M.-V. bei 1000°	Ab-weichung ± 0,5 M.-V. bei 1000°				

Die Lebensdauer der Prozellanrohre und der Thermoelemente hängt wesentlich von dem Einbau der Montierungen ab. Sie sollen möglichst senkrecht eingeführt werden,
weil bei wagerechter Anordnung leicht ein Verbiegen stattfindet, das zum Bruch der Porzellanrohre führen kann. Dies
hat zur Folge, daß schädliche Gase oder Dämpfe zu dem
Thermoelement gelangen und es zerstören. Ist die wagerechte
Einführung des Pyrometers nicht zu umgehen, dann muß es
an den Stellen, wo ein Durchbiegen stattfinden kann, durch den
Einbau von feuerfesten Schamotterohren oder dickwandigen
Eisengußrohren gestützt werden. Zugleich stellt dieser Einbau
einen wirksamen Schutz gegen Stichflammen, Flugasche und
dgl. dar. Der Einbau des Pyrometer an Stellen, welche der
Stichflamme ausgesetzt sind, muß vermieden werden, schon
weil die Stichflamme, wenn sie sich in der Nähe der Lötstelle
des Thermoelementes befindet, die Temperatur beeinflussen
kann.

Wird das Ofeninnere durch schwere Gegenstände voll be-
schickt, so daß ein Anstoßen der Montierungen zu ihrer Beschädigung führen kann, so ist die innere Ofenwand mit einer
Ausbuchtung zu versehen, in welche die Montierung derart
eingelegt wird, daß ihre Spitze mit der Ofenwand abschneidet.
Sollte die Befürchtung bestehen, daß die Temperatur in dieser
Einbuchtung eine andere ist als an der Stelle, die eigentlich
gemessen werden soll, so ist zunächst durch eine Probemessung
der Temperaturunterschied festzustellen und dann die entsprechend niedrigere Temperatur dauernd einzuhalten.

Handelt es sich um sehr hohe Temperaturen, die beobachtet
werden sollen, dann ist es im Interesse längerer Haltbarkeit des
Pyrometers überhaupt empfehlenswert, Stellen in den Öfen zu
suchen, welche eine proportional niedrigere Temperatur haben
als der eigentliche Heizraum und hier das Pyrometer einzuführen.

Montierungen, welche höherer Temperatur, Metalldämpfen
oder zerstörenden Gasen und Flüssigkeiten ausgesetzt sind,
müssen ab und zu nachgesehen werden. Es soll nicht zugewartet
werden, bis sie derart zerstört sind, daß auch die Thermoelemente Not gelitten haben und den Dienst versagen. Aus-
wechslung eines Metallrohres oder sonst rechtzeitig ausgeführte

geringfügige Instandhaltungsarbeiten schützen vor größeren Unterhaltungskosten und unangenehmen Betriebsstörungen. Abb. 95 zeigt schematisch einige Montierungsmöglichkeiten.

Die Schutzhüllen der Thermoelemente bilden einen sehr wichtigen Abschnitt in der Pyrometrie. Von ihrer Wahl hängt die Lebensdauer der Thermoelemente und die Genauigkeit der Messungen in hohem Grade ab. Leider sind infolge mangelhafter

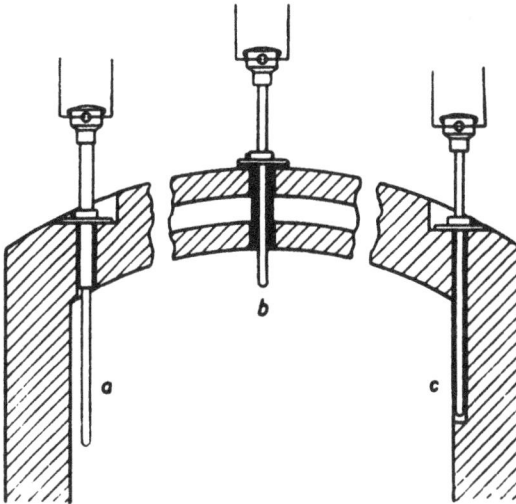

Abb. 95. Darstellung von Montierungsmöglichkeiten für Pyrometer.

a die Porzellanrohrmontierung ohne besonderen Schutz in die Ecke eines Muffelofens eingebaut. *b* die Metallrohrmontierung in einem Muffelofen. Sie kann durch einen Stellring in beliebiger Höhe festgehalten werden. Der Teil, welcher den Flammengasen oder der Flugasche ausgesetzt ist, ist durch ein eingebautes, dickwandiges Schamotterohr geschützt. *c* die Metallrohrmontierung in eine Mauereinbuchtung eingeführt. Sämtliche Montierungen können auch horizontal eingebaut werden, doch ist stets darauf zu achten, daß der im Ofen liegende Teil sich nicht durchbiegt.

Kenntnis der örtlichen und der Betriebsverhältnisse oder infolge falscher Annahme der betreffenden Höchsttemperaturen schon in vielen Fällen, in bezug auf Bauart und Wahl des Baustoffes vollkommen ungeeignete und deshalb schon nach kurzer Betriebsdauer unbrauchbar gewordene Schutzhüllen benutzt worden, wodurch das thermoelektrische Pyrometer ungerechterweise in Verruf geraten ist. In solchen Fällen hätte bei sachgemäßem Einbau des Thermoelements und bei Verwendung eines zweckentsprechenden Baustoffes für die Schutzhülle das Pyrometer lange Zeit sicher allen Anforderungen entsprochen.

Als hauptsächliche Schutzhüllen der Thermoelemente kommen in Frage: Rohre aus Stahl, Flußeisen, alitiertem Flußeisen, Nickel, Chromnickel, Quarz, Markquardtscher Masse, Porzellan, Schamotte, Graphit und Silit. Wegen der reduzierenden Gasschicht, die sich im Innern der beiden letzten Arten von Rohren bildet und die eine Gefahr für die Elementdrähte darstellt, dürfen diese Rohre nicht als unmittelbare Schutzhüllen verwendet werden, sondern nur als Überwurf über das aus Quarz oder Markquardtscher Masse bestehende Innenrohr. Silit verträgt ohne Nachteil stärkeren Temperaturwechsel bis etwa 1200⁰ C; es bleibt auch in höheren Temperaturen gasdicht und seine mechanische Festigkeit ist im Vergleich zu anderen erdigen Stoffen verhältnismäßig groß.

Nach den bisherigen Erfahrungen sind die nachstehend aufgeführten Schutzrohre unter Verwendung entsprechender Thermoelemente am besten geeignet:

1. Für vorübergehende oder dauernde Messung der Temperatur erhitzter Luft bis höchstens 900⁰ C in Glüh- oder Härteöfen:

    Außenrohr aus Mannesmannstahl, Innenrohr aus Quarz.

2. Für vorübergehende oder dauernde Messung der Temperatur erhitzter Luft bis etwa 1000⁰ C, in Glüh- und Temperöfen, Winderhitzern usw.:

    Außenrohr aus alitiertem Flußeisen, Innenrohr aus Quarz oder Markquardtscher Masse oder aus Porzellan.

3. Für vorübergehende oder dauernde Messung der Temperatur erhitzer Luft in Einsatz- und Härteöfen bis etwa 1200⁰ C:

    Außenrohr aus Silit, Innenrohr aus Markquardtscher Masse.

4. Für vorübergehende oder dauernde Messung der Temperatur erhitzter Luft in Glasschmelz- und keramischen Öfen, Verbrennungsöfen usw. bis etwa 1500⁰ C:

    Außenrohr aus feuerfester Schamotte, Innenrohr aus Markquardtscher Masse.

5. In Metall- oder Emailleschmelzen bis etwa 1200° C:
Für vorübergehende Messungen: Außenrohr aus
Graphit oder auch Flußeisen, Innenrohr aus Quarz.
Für Dauermessungen: Außenrohr aus Flußeisen,
Innenrohr aus Quarz.

6. Für vorübergehende oder dauernde Messung der Temperatur in Härte-Salzbädern bis etwa 1200° C:
Außenrohr aus Flußeisen (deren Verschleiß bei
dauernder Benutzung allerdings ziemlich beträchtlich
ist) oder besser aus Chromnickel; Innenrohr aus
Quarz.

Da vorstehende Vorschläge nur ganz allgemeine Gültigkeit
haben können, so muß bei der Auswahl der Schutzhüllen stets
auf die für jeden Ofen, Kessel usw. besonders in Frage kommenden betrieblichen Verhältnisse Rücksicht genommen werden.
Es ist naturgemäß nicht immer ganz leicht, diese Verhältnisse
vorher zu erkennen und man wird deshalb öfters genötigt sein,
durch Versuche mit verschiedenen Schutzhüllen die Zweckmäßigkeit der letzteren festzustellen.

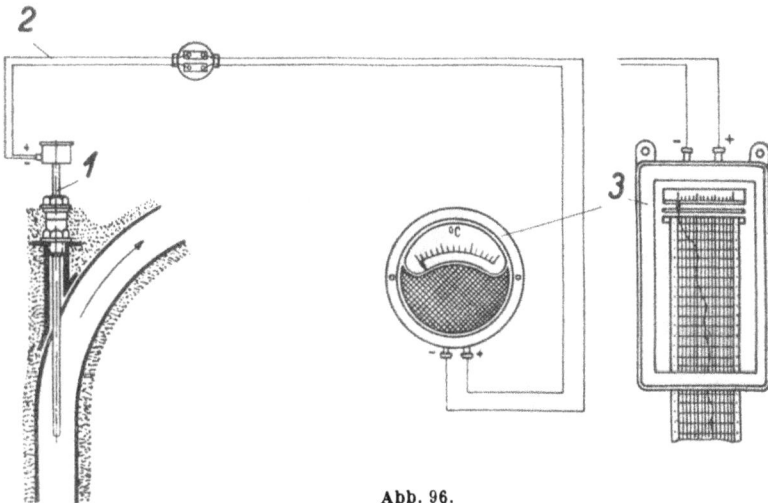

Abb. 96.
Pyrometermeßanlage mit Fernanzeiger und Selbstschreiber (nach Abb. 90).
1 Thermoelement, 2 Ausgleichsleitungen mit Anschlußdose für die Fernleitungen, 3 elektrisches Fern-Anzeigeinstrument und elektrischer Fernschreiber.

Wie schon erwähnt, entsteht an den Verbindungsklemmen ein neuer Thermostrom, wenn diese warm werden. Übersteigt die Temperatur an den Klemmen 20⁰ wesentlich, so ist die Hälfte des überschießenden Temperaturunterschiedes zu den Angaben des Galvanometers hinzuzuzählen. Weit einfacher ist aber in diesem Fall die Verwendung der schon er-

Abb. 97. Ausführungsform einer Pyrometermeßstation, Bauart „Heraeus".

wähnten Kompensationsdrähte. Diese bestehen aus Legierungen von solcher Zusammensetzung, daß sie bei einer Erwärmung der Klemmen bis etwa 200⁰ gegen die Elemente gleiche Thermokraft haben und deshalb keine Fehlerquellen entstehen. Die Verwendung dieser Drähte hat ferner noch den Vorteil, daß der Verschlußkopf der Montierung nicht, wie oben erwähnt, an der Einbaustelle überzustehen braucht, sondern direkt auf der Ofenwand aufsitzen kann, vorausgesetzt,

daß die Temperatur an dieser Stelle nicht mehr als 200° be-
trägt. Die Kompensationsleitung wird genau wie gewöhnlicher
Leitungsdraht zweckmäßig auf Isolierrollen verlegt und von
den Klemmen ab bis zu einer Stelle geführt, an der normale
Temperatur herrscht; von da aus wird dann die Leitung in
Kupferdraht verlegt. Wird das Galvanometer in nächster Nähe
vom Thermoelement aufgestellt, so empfiehlt es sich, die
Kompensationsdrähte direkt bis zum Galvanometer zu verlegen.

Der Anschluß mehrerer Thermoelemente an ein Galvanometer oder Schreibgerät kann mit Hilfe eines Umschalters
erfolgen[1]). Es ist also möglich, mehrere Öfen mit je einem

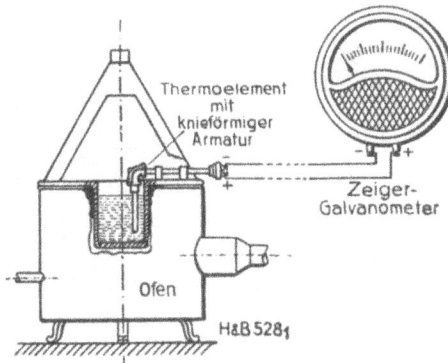

Abb. 98.
Pyrometeranlage mit knieförmiger Schutzhülle für Salz- oder Bleibadöfen.

eingebauten Thermoelement an ein einziges Galvanometer
oder Registrierinstrument anzuschließen. Die Umschaltung
bei letzterem geschieht selbsttätig, so daß die Angaben abwechselnd aufgezeichnet werden[2]).

Der Anschluß mehrerer Meßgeräte in Parallelschaltung
an das gleiche Thermoelement ist infolge der hohen Widerstände der Galvanometer gestattet. Es kann also auch
die Temperatur eines Ofens an mehreren Orten gleichzeitig
abgelesen werden. Dadurch ergibt sich eine für die Betriebsüberwachung sehr vorteilhafte Anordnung; ein für die Arbeiter
bestimmtes Galvanometer befindet sich neben dem Ofen, ein

---

[1]) s. Abb. 91 und 92.
[2]) s. Teil I, Abschnitt 6.

zweites — in der Regel ist dies zwecks dauernder Betriebsüberwachung ein Schreibgalvanometer — im Zimmer des überwachenden Beamten. Das Schema Abb. 92 zeigt eine solche

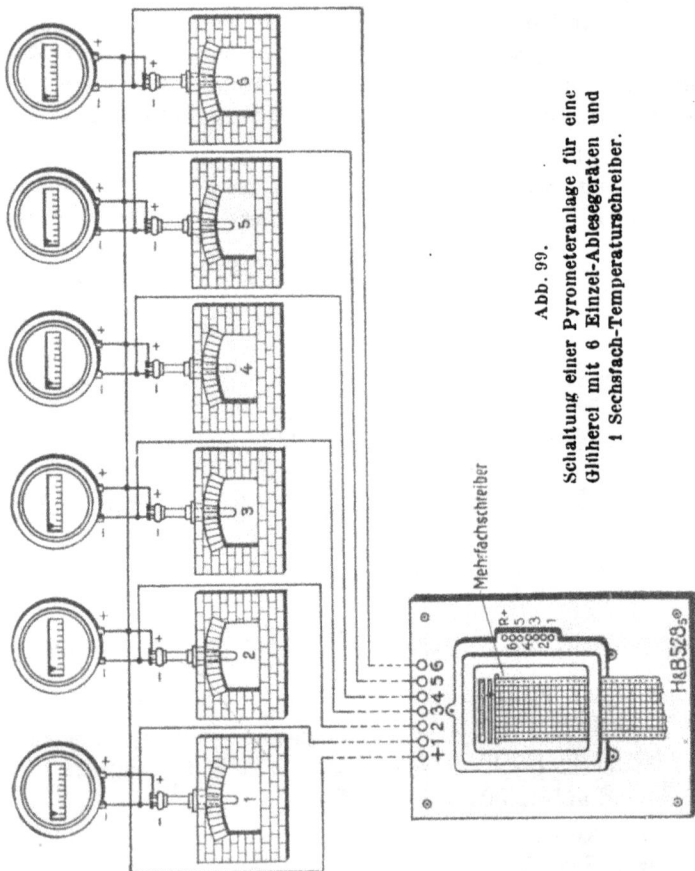

Abb. 99.

Schaltung einer Pyrometeranlage für eine
Glüherei mit 6 Einzel-Ablesegeräten und
1 Sechsfach-Temperaturschreiber.

Einrichtung, während Abb. 97 eine Ausführungsform der
Heraeuswerke in Hanau a. M. wiedergibt.

Abb. 98 zeigt die Schaltung einer einfachen Pyrometeranlage, bei der die knieförmige Schutzhülle in einem Salz- oder
Bleibadofen fest eingebaut ist, um die Temperatur des Bades
zu ermitteln.

Abb. 99 zeigt eine Schaltung von thermoelektrischen Pyrometern für eine Glüherei. Außer dem Mehrfachschreiber[1]) für
die Kurvenaufzeichnung der Temperaturen ist unmittelbar
neben jedem Ofen noch ein Einzel-Ablesegerät vorgesehen, das
unabhängig von der gemeinsamen Schreibvorrichtung dem
betreffenden Arbeiter jederzeit die Ablesung der jeweiligen
Glühtemperatur ermöglicht. Anstatt der 6 Einzel-Ablesegeräte
kann auch, wie bereits dargelegt, ein gemeinsames Ablesegerät
vorgesehen sein, auf welches man mit einem entsprechenden

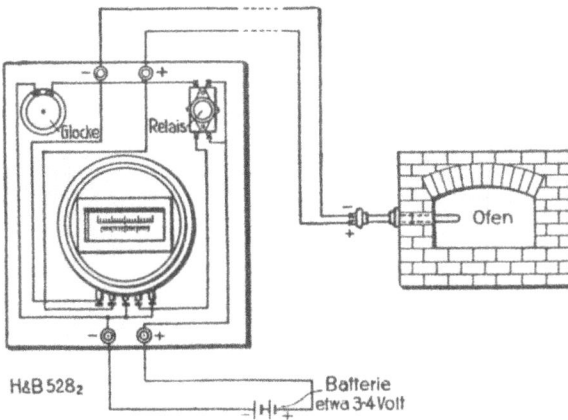

Abb. 100. Schaltung eines Pyrometers und eines Ablesegerätes mit Höchst-
und Niedrigstkontakt, sowie mit Relais und Glocke.

Umschalter (Linienwähler) die Thermoelemente der 6 Öfen nach
Belieben umschaltet (nach Schaltung Abb. 92, s. a. Abb. 97).

Abb. 100 zeigt die Schaltung einer Temperaturmeßeinrichtung mit Höchst- und Niedrigstkontakt sowie mit Relais
und Glocke zur Zeichengebung bei Über- oder Unterschreitung
gewisser Temperaturwerte.

Abb. 101 bringt das Schaltbild einer größeren Fernmeßanlage mit 6 Rauchgasprüfern und 6 thermoelektrischen Pyrometern, die an einen gemeinsamen Zwölffachschreiber angeschlossen sind[1]).

Abb. 102 zeigt die Ausführung einer mit optischen und
akustischen Signaleinrichtungen ausgestatteten Pyrometer-

---

[1]) Mehrfachschreiber s. Teil I, Abschnitt 6.

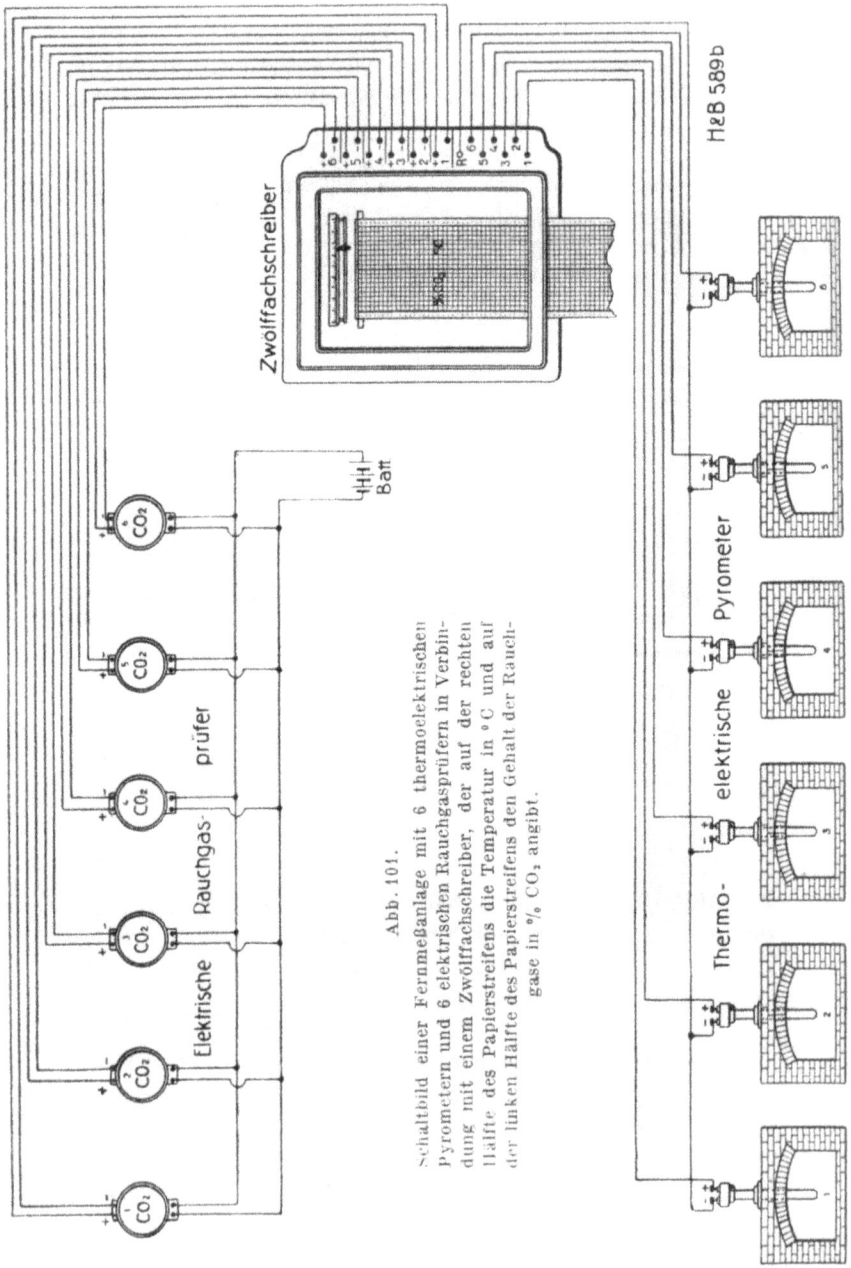

Abb. 101.

Schaltbild einer Fernmeßanlage mit 6 thermoelektrischen Pyrometern und 6 elektrischen Rauchgasprüfern in Verbindung mit einem Zwölffachschreiber, der auf der rechten Hälfte des Papierstreifens die Temperatur in °C und auf der linken Hälfte des Papierstreifens den Gehalt der Rauchgase in % CO_2 angibt.

Abb. 102. Signaleinrichtung für Pyrometeranlagen.
Lampenkästen, Fallbügel-Meßinstrument und Schaltkasten mit Sternschau-
zeichen für eine Signaleinrichtung mit 6 Anschlüssen.

meßanlage, mit deren Hilfe es möglich ist, den Arbeitern
dauernd den jeweiligen Temperaturstand einer Wärmestelle
durch Lichtsignale vor Augen zu führen und durch akustische
Signale auf eine Gefahr aufmerksam zu machen.

Zur Messung von Temperaturen bis zu 2000° C dienen
die nach dem optisch-thermoelektrischen Prinzip arbeitenden
Strahlungspyrometer. Sie gelangen dort zur Verwendung,
wo durch zu hohe Temperaturen oder durch besondere Beschaffenheit des Materials dessen Temperatur gemessen werden
soll, normale Thermoelemente rasch zerstört werden würden.
Hierzu kommt noch, daß es oft undurchführbar ist mit der
Elementlötstelle bis an die Meßstelle vorzudringen.

Die Strahlungspyrometer dienen beim Siemens-Martin-
prozeß zur Überwachung des namentlich gegen Ende der Charge

wichtigen rechtzeitigen Wechsels der Regeneration, um das
Anbrennen der Ofenköpfe zu vermeiden; oder zur Überwachung
der hohen Feuerraumtemperaturen bei Kohlenstaubfeuerungen,
um durch richtige Einstellung des Luftüberschusses eine Beschädigung des Mauerwerkes zu verhüten; ferner als Temperaturmesser bei den verschiedenen Arten von Gasfeuerungen der
keramischen und Glasindustrie, bei den Muffel- und Flammöfen
der Glühereien, zur Dauermessung der Temperatur des flüs-
sigen Eisens im Schmelzofen, der Quarzschmelze in den
Wannenöfen usw.

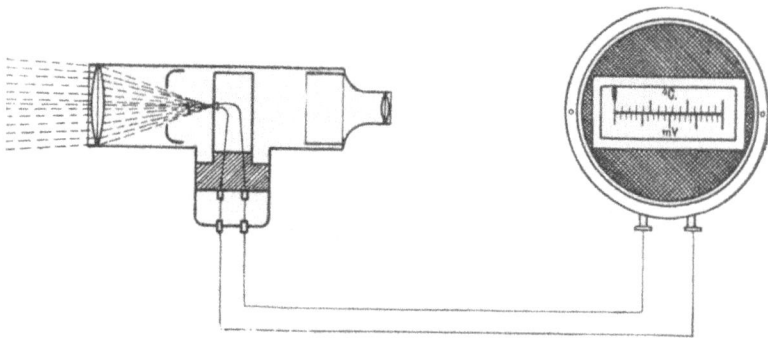

Abb. 103. Schematische Darstellung des Meßvorganges beim Strahlungspyrometer.

Wie die Thermoelemente, so bedürfen auch die Strahlungspyrometer keiner Hilfsstromquelle. Da kein Teil der Meßeinrichtung der hohen Temperatur unmittelbar ausgesetzt ist
und diese somit auch keinem Verschleiß unterliegen kann,
besitzen die optisch-thermoelektrischen Instrumente den weiteren Vorzug großer Lebensdauer und Betriebssicherheit.

Abb. 103—105 zeigen das Gesamtstrahlungspyrometer der
Firma Eckardt, Stuttgart. Wie aus der schematischen Darstellung des Meßvorganges in Abb. 103 zu ersehen ist, wird die
von dem erhitzten, glühenden Körper ausgehende Strahlung
durch die Objektivlinse des fernrohrartig ausgebildeten Aufnahmerohres auf die Lötstellen einer kleinen Thermoelement-
batterie geleitet. Die durch die Erwärmung entstehende
thermo-elektrische Kraft ist ein Maß für die Temperatur
des Strahlers, welche auf der in Temperaturgraden ein-

geteilten Skala des anzeigenden oder selbstschreibenden Galvanometers abgelesen werden kann. Letzteres steht durch die Fernleitungen mit den im Aufnahmerohr befindlichen Thermoelementen in Verbindung. Durch die Hintereinanderschaltung mehrerer Thermoelemente zu einer Batterie und durch die auf diese Weise erhaltene starke Vergrößerung der Thermokraft wird die Anzeigegenauigkeit des Galvanometers wesentlich erhöht und die Empfindlichkeit seines Meßsystems so gesteigert, daß es allen Änderungen der zu messenden Temperaturen rasch und sicher folgt.

Strahlungspyrometer dienen vorwiegend zur Ermittlung von Temperaturen in geschlossenen Räumen, wo keine wesentliche Beeinflussung der Meßgenauigkeit durch nicht schwarze Strahlung erfolgen kann. Mit dem an der Außenwand des Ofens montierten Aufnahmerohr wird durch eine Öffnung im Mauerwerk das glühende Ofeninnere anvisiert und auf diese Weise die richtige Stellung der Lötstellen der Thermoelemente in der als kleine helle Fläche erkenntlichen Vereinigungsstelle der Strahlen überwacht. In den meisten Fällen genügt es nun nicht, das Aufnahmerohr ohne jeden Schutz in der erforderlichen geringen Entfernung hinter der Ofenöffnung anzubringen, da es durch herausschlagende Stichflammen beschädigt werden könnte. Solche Beschädigungen sind namentlich dann zu befürchten, wenn im Ofen ein geringer Überdruck herrscht.

Wo nun Druckluft zum Betrieb der Öfen, z. B. bei allen Gasfeuerungen, ohnehin Verwendung finden muß, kann das Herausschlagen von Stichflammen durch das Visierrohr von Eckardt, Stuttgart, verhütet werden. Dieses besteht wie die Schnittzeichnung Abb. 104 darstellt, aus den beiden konzentrisch angeordneten Rohren d und f, die auf der Schaulochseite des Schutzkastens c aufgesetzt sind, in welchem wiederum das Aufnahmerohr b sich befindet. Das Gerät wird durch einen Flansch an der Öffnung im Mauerwerk befestigt, so daß durch das Schauloch im Kasten nnd das Rohr d das Anvisieren des Ofeninnern möglich ist. Durch den Anschluß h wird Luft in tangentialer Richtung in den Ringraum eingeblasen. Die in wirbelnde Bewegung versetzte Luft überwindet den Überdruck im Ofen und erzeugt in dem zylindrischen Rohr d eine geringe nach dem Ofeninnern gerichtete Luftströmung. Durch diese werden Stichflammen und Flugasche zurückgehalten, und das Aufnahmerohr vor starker Erwärmung geschützt. Das Maß für die richtige Einstellung der Windmenge ist ein Unterdruck von ca. 1 mm W.-S. im Schutzgehäuse, welcher leicht durch ein Wassermanometer ermittelt werden kann.

Bei abgestelltem Ventilatorwind wird die Schauöffnung im Kasten selbsttätig durch die herabfallende Klappe *i* geschlossen und so das Aufnahmerohr vor Rückstrahlung geschützt. Die Klappe *i* steht durch die Stange *k* mit dem kleinen

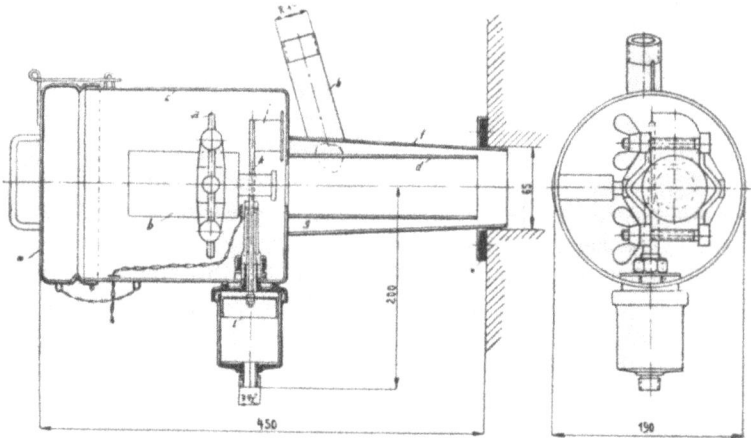

Abb. 104. Gesamtstrahlungspyrometer, Bauart „Eckardt", mit Visierrohr.

Luftdruckkolben *l* in Verbindung. Für geübtes Personal genügt gegebenenfalls eine von Hand zu betätigende Klappe.

Da das Visierrohr die Strahlung unmittelbar auf das Abnahmerohr überträgt, paßt sich die Anzeige des Galvanometers allen Änderungen der Temperatur im Ofen selbst sofort an. Namentlich für Regenerativfeuerungen, z. B. für Siemens-Martinöfen, bei denen es schnell wechselnde, periodisch verlaufende Temperaturen zu überwachen gilt, ist das Visierrohr von großem Wert.

In den wenigen Ausnahmefällen, in denen keine Druckluft zur Verfügung steht, ist man auf das ältere indirekte Meßverfahren angewiesen. Die Ofenöffnung wird in diesem Falle, wie in Abb. 105 dargestellt, durch ein einseitig geschlossenes,

feuerfestes Schamotterohr verschlossen, welches in den Ofen
hineinragt und glühend wird. Die Einstellung des Aufnahme-
rohrs erfolgt durch Anvisieren des glühenden Rohrbodens.
Schamotterohre halten allerdings im Dauerbetrieb nur Temperaturen bis zu max. 1700⁰ C aus.

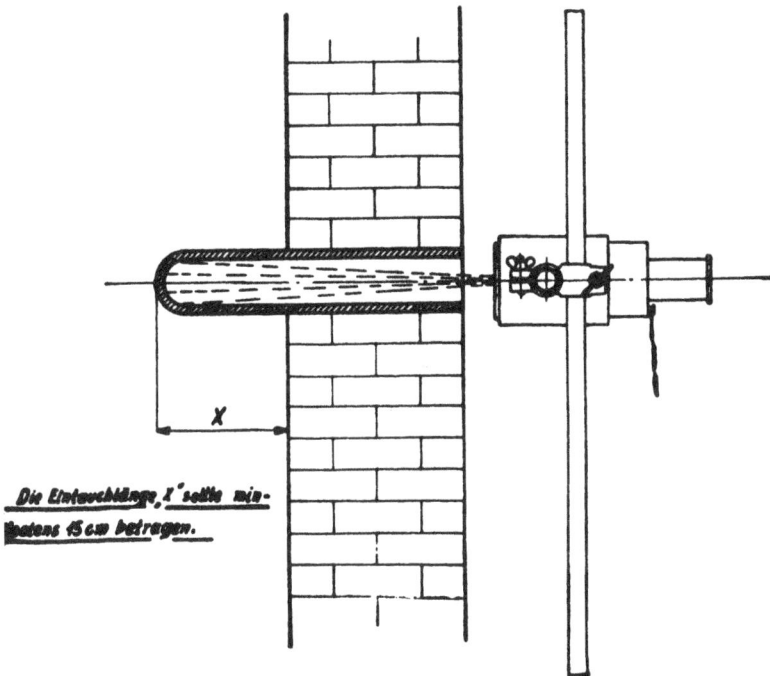

Abb. 105. Älteres indirektes Meßverfahren mit Hilfe eines Schamotterohres.

Durch eine besondere Schaltung der Thermoelement-
batterie im Aufnahmerohr wird erreicht, daß selbst eine stärkere Erwärmung der Anschlußstellen, wie sie z. B. bei einer
Messung mittels Schamotterohres möglich ist, auf die Meßgenauigkeit ohne Einfluß ist. Aufnahmerohre brauchen also
nicht an Ausgleichsleitungen angeschlossen zu werden.

Die Fernleitungen bestehen bei stationärer Verlegung aus
Gummiader- oder Hackethaldrähten, deren Kupferquerschnitt,
je nach der zu verlegenden Leitungslänge 1,5—2,5 mm² beträgt.

8*

Zu einer Strahlungspyrometeranlage sind demnach die folgenden in Abb. 106 angedeuteten Geräte erforderlich:

1. Das Aufnahmerohr.

2. Das Visierrohr, falls Druckluft zur Verfügung steht, oder an Stelle des Visierrohrs:
   ein Schamotterohr und eine Befestigungsschelle, sofern keine Druckluft vorhanden ist.

   Schamotterohre sind aber nur verwendbar für Temperaturen bis max. 1700°. Visierrohr oder Schamotterohr sind immer erforderlich, wenn die Gefahr einer Beschädigung des Aufnahmerohres durch aus dem Ofen schlagende Stichflammen besteht.

3. Das Fernmeßgerät als elektrisches Fernanzeige- oder Schreibinstrument, welches in beliebiger Entfernung von der Meßstelle aufgehängt werden kann.

4. Ein Umschalter (Linienwähler), wenn notwendig, zum wahlweisen Anschließen mehrerer Aufnahmerohre an ein gemeinsames Fernanzeigegerät.

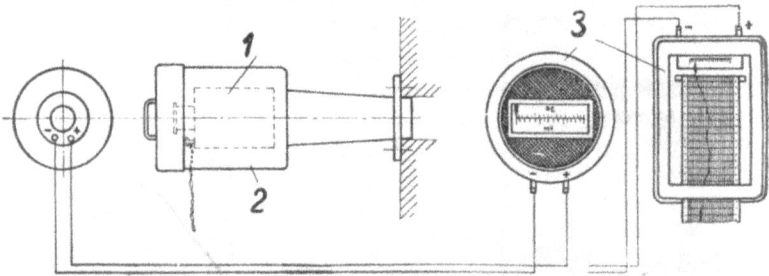

Abb. 106. Strahlungspyrometeranlage.
1 Aufnahmerohr, 2 Visierrohr, 3 elektrisches Fern-Anzeigeinstrument und elektrischer Fernschreiber.

Abb. 107 zeigt das auf demselben Prinzip beruhende Pyrradio von Hartmann & Braun und Abb. 108 eine Ausführungsform des Pyrowerkes, Hannover.

Es gibt eine ganze Reihe von industriellen Maschinen und Apparaten, bei welchen die zu verarbeitenden Materialien mit elektrisch- oder dampfgeheizten Metallflächen in Berührung gebracht werden, und wo es wichtig ist, die Temperaturen dieser Metallflächen sorgfältig zu überwachen. Hierzu gehören u. a. die verschiedenartigsten Pressen und Walzen der Gummi-, Textil- und Lederindustrie. Aber auch ganz allgemein wird oft die Messung von Oberflächentemperaturen erforderlich, z. B. bei Zentralheizungskörpern und ähnlichen Vorrichtungen, sowie die Feststellung unerwünschter Erwärmungen, z. B. bei wärmetechnischen Untersuchungen über die Verluste und Wärmeableitungen der verschiedensten Art.

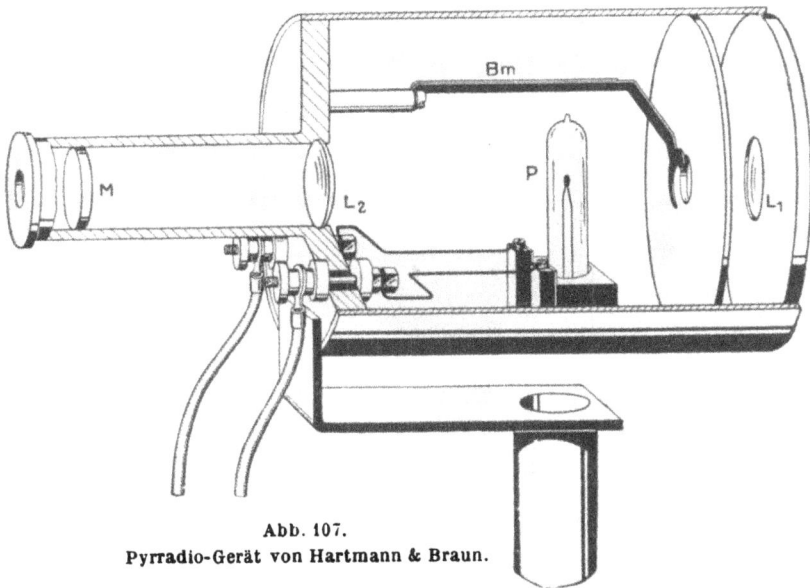

Abb. 107.
Pyrradio-Gerät von Hartmann & Braun.

Da sich in den seltensten Fällen ein nachträglicher Einbau von Meßapparaten in die zu messende Heizfläche durchführen läßt, wurde die Ausbildung eines tragbaren Gerätes erforderlich, welches innerhalb weniger Sekunden nach dem Auflegen eine zuverlässige Messung liefert. Im folgenden sind die wichtigsten Gesichtspunkte dargelegt, welche zur Konstruktion eines solchen „Flächenpyrometers" geführt haben.

Auf den ersten Blick erscheint die Messung der Temperatur einer erhitzten Fläche sehr einfach durch Auflegen eines geeignet geformten Temperaturmeßgerätes durchführbar. Es ist aber zu berücksichtigen, daß die Heizfläche eine Grenzschicht

118

darstellt, innerhalb deren die Temperatur sehr steil auf die der umgebenden Luft abfällt, und daß jeder auf die Heizfläche gelegte Körper eine Störung dieses Temperaturfeldes hervorrufen muß. Hierbei hängt es von den näheren Bedingungen ab, ob er der Heizfläche Wärme entzieht oder deren Abfluß verhindert, also wärmestauend wirkt. Enthält der aufgelegte Körper an seiner Berührungsfläche mit der Heizplatte die Meßvorrichtung, z. B. die Lötstelle eines Thermoelementes, so muß

Abb. 108. Strahlungspyrometer des Pyrowerkes Hannover.

sich in beiden Fällen eine Fehlmessung einstellen, weil das eine Mal ein zu hoher, das andere Mal ein zu niedriger Wert für die Oberflächentemperatur sich ergibt. Es wäre nur eine einwandfreie Messung denkbar, wenn

1. die Masse des aufgelegten Körpers so klein ist, daß sie keine merkliche Störung des Temperaturverlaufs hervorruft, und

2. wenn seine physikalischen Eigenschaften so bemessen sind, daß er von der bedeckten Heizfläche dieselbe Wärmemenge in der Zeiteinheit abführt, wie es vor seinem Auflegen die berührende Luft durch Leitung und Konvektion bewirkt hat.

Abb. 109 und 110 erläutern das soeben Gesagte: *O* sei die Oberfläche der im Schnitt dargestellten Heizplatte *H*. Die Linien gleicher Temperaturen, die sog. Isothermen *J*, werden zunächst parallel der Oberfläche verlaufen, und da die Richtung des Wärmeflusses senkrecht zu den Isothermen verläuft, wird die Wärme aus dem Innern der Heizplatte senkrecht auf die Oberfläche zuströmen. Wird jetzt ein Metallklotz *M* auf die Oberfläche gelegt (Abb. 109), so bietet dieser wegen seiner guten

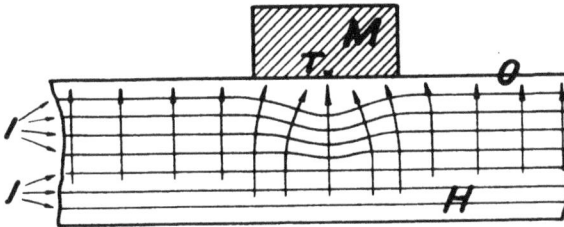

Abb. 109. Temperaturverlauf bei Auflegen eines guten Wärmeleiters auf eine heiße Metallfläche.

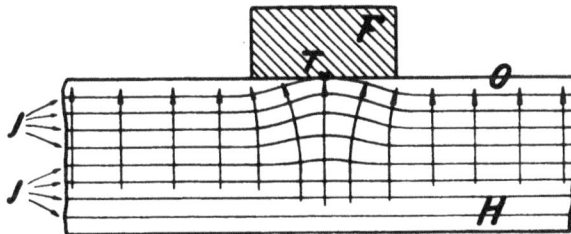

Abb. 110. Temperaturverlauf bei Auflegen eines schlechten Wärmeleiters auf eine heiße Metallfläche.

Wärmeleitfähigkeit der Wärme naturgemäß einen besseren Abfluß als die umgebende Luft. Die Wärme wird also aus dem Innern des Heizkörpers von allen Seiten, entsprechend den eingetragenen Pfeilrichtungen, auf die Berührungsfläche zufließen. Da die Isothermen senkrecht auf diesen stehen müssen, bedingt das Auflegen von *M* eine Ausbauchung der Isothermen in dem Sinne, daß die Linien gleicher Temperatur in der Nähe der Berührungsstellen von der Oberfläche abrücken. Dadurch kommt aber die Oberfläche selbst in ein Gebiet niedrigerer Temperatur und das an der Unterseite von *M* zu denkende Thermoelement *T* liefert einen zu kleinen Wert.

Wird dagegen als Material für den Auflagekörper ein
schlechter Wärmeleiter F (s. Abb. 110), z. B. Filz gewählt,
dessen Auflegen außerdem noch die Strahlung verringert, so
wird der Wärmeabfluß an der Berührungsfläche stark vermindert. Infolgedessen fließt die Wärme seitlich ab und die
Strömungspfeile laufen in diesem Falle von der bedeckten
Stelle der Heizfläche fort. Dadurch bekommen die senkrecht
zu den Strömungspfeilen gezogenen Isothermen eine Ausbuchtung in Richtung auf die Oberfläche, d. h., die Schichten
gleicher Temperatur rücken auf die Meßstelle zu. Diese selbst
kommt damit in ein Gebiet höherer Temperatur und das
Thermoelement liefert einen zu hohen Meßwert.

Aus diesen Betrachtungen ergibt sich, daß die Verbiegung
der Isothermen durch ein aufgelegtes Meßinstrument um so
geringer sein wird, je mehr die an der Auflagestelle hervorge-
rufene Wärmeableitung derjenigen entspricht, die durch die
normale Luftabkühlung hervorgerufen wird. Läßt sich dies
auch nicht in allen Fällen erreichen, so kann der störende Einfluß doch durch eine möglichst kleine Berührungsfläche außerordentlich verringert werden: denn je schmaler der Körper M
gewählt wird, um so weniger werden sich die Temperaturlinien
durchbiegen. Andererseits wird eine dann noch verbleibende
Verzerrung der Isothermen um so schwächer werden, je größer
die Wärmeleitfähigkeit der zu messenden Platte ist, da in diesem Falle der Wärmeverlust an der Berührungsstelle sofort
wieder ausgeglichen wird.

Es erscheint also unbedenklich, die Oberflächentemperatur
durch ein aufgelegtes Meßgerät zu bestimmen, wenn dieses eine
möglichst kleine Berührungsfläche besitzt, und wenn man die
Messungen auf gute Wärmeleiter, d. h. Metalle, beschränkt.

Das auf Grund vorstehender Erwägungen und eingehender
Versuche gebaute Kontaktpyrometer (Abb. 111) des Pyrowerkes Hannover besteht aus dem Meßkörper und dem mit
diesem durch Kabel verbundenen Ableseinstrument. Ersteres
wird durch einen Bleikörper gebildet, welcher, mit einem
Aluminiumstiel versehen, mit seinen drei Füßen auf die zu
messende Fläche aufgesetzt wird. Zwei derselben bestehen aus
scharfen Stahlspitzen (Abb. 111), während der dritte Fuß durch
einen kleinen Korkzylinder gebildet wird, in dessen nur wenige

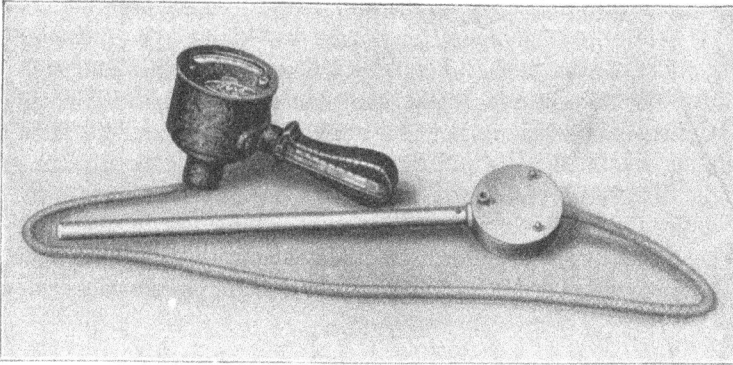

Abb. 111. Kontaktpyrometer des Pyrowerkes Hannover.

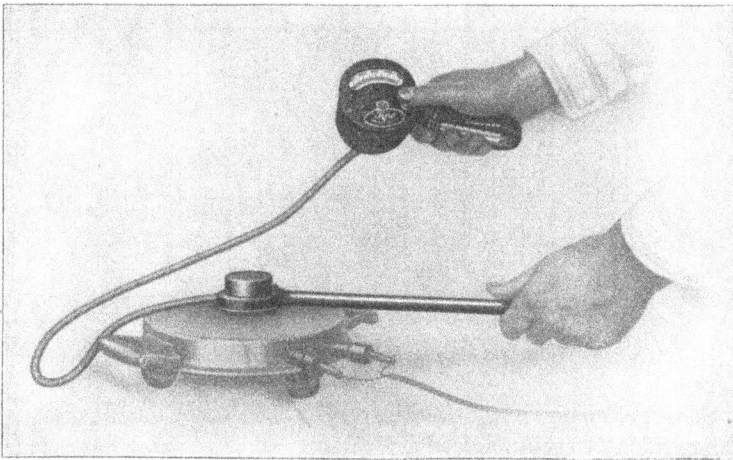

Abb. 112. Messung einer elektr. Heizplatte mittels Kontaktpyrometer.

Quadratmillimeter große Unterfläche die Lötstellen von drei
winzigen Thermoelementen liegen, die als Haardrähte durch
den Kork nach oben und durch das sechsadrige Asbestkabel
in das Galvanometer laufen. Der Bleikörper gibt dem Ganzen
eine große Stabilität, bewirkt aber auch gleichzeitig einen gleichbleibenden Druck des Korkes gegen die Meßfläche, was besonders bei nicht polierten Oberflächen wichtig ist. Um die
thermo-elektrische Messung von der schwankenden Raum-

122

temperatur unabhängig zu machen, sind die Enden der Thermoelemente im Galvanometergehäuse zu einem Thermometer
geführt, dessen Skala im Handgriff liegt und welches unmittelbar die Korrekturen angibt, die man zu den Ablesungen am
Galvanometer hinzufügen oder abziehen muß. Durch die Trennung von Meßkörper und Anzeigeinstrument wird die Ablesung
der Meßwerte erleichtert. Der Zeiger des Meßinstrumentes ist
außer Gebrauch stets arretiert und somit vor Erschütterungen
geschützt. Bei Ausführung der Messung wird das Pyrometer
in der aus Abb. 112 ersichtlichen Weise auf die zu messende

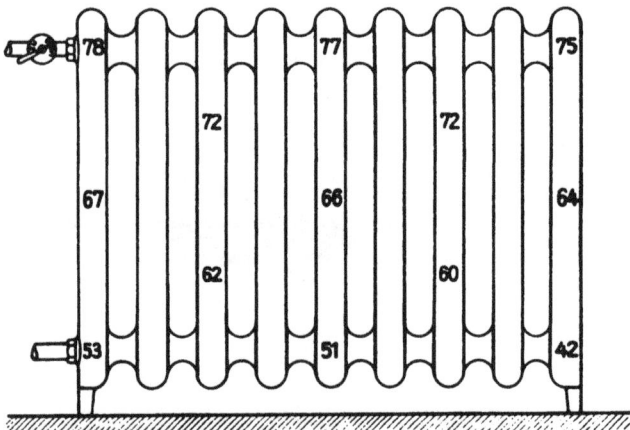

Abb. 113. Temperaturverteilung an einem Heizkörper, gemessen mit
Kontaktpyrometer.

Stelle gelegt und durch Niederdrücken eines unter dem Daumen
liegenden Druckknopfes der Zeiger freigegeben. Letzterer
springt sofort an und erreicht in etwa 5 Sekunden seinenHöchst-
stand. Durch Loslassen des Druckkontaktes wird der Zeiger
nun wieder festgehalten und die Ablesung kann in aller Ruhe
erfolgen, wobei der Meßkörper von der Heizplatte abgehoben
werden kann. Nach Belieben kann der Zeiger in seiner Aus-
schlagslage bleiben oder durch kurzen Druck auf den Knopf
in die Nullstellung gebracht werden. Die Eichung des Gerätes
erfolgt derartig, daß die gefundenen Werte für Metalle streng
gültig sind, während nach dem eingangs Gesagten die Temperaturwerte für andere Stoffe, insbesondere für Wärme-

isolatoren, korrigiert werden müssen. Zum Beweis dafür, daß
das Instrument auch für nicht ganz ebene Flächen Verwendung
finden kann, wurde die Temperaturverteilung an einem Warm-
wasserheizkörper gemessen und in Abb. 113 die gefundenen
Zahlenwerte an den einzelnen Meßstellen vermerkt. Wie ersichtlich, liegt die niedrigste Temperatur nicht etwa am Wasser-
ablauf, sondern unten rechts in dem von der Strömung wenig
berührten toten Winkel.

Abb. 114 zeigt als weitere Ausführungsform des Ober-
flächenpyrometers ein Walzenpyrometer, welches besonders

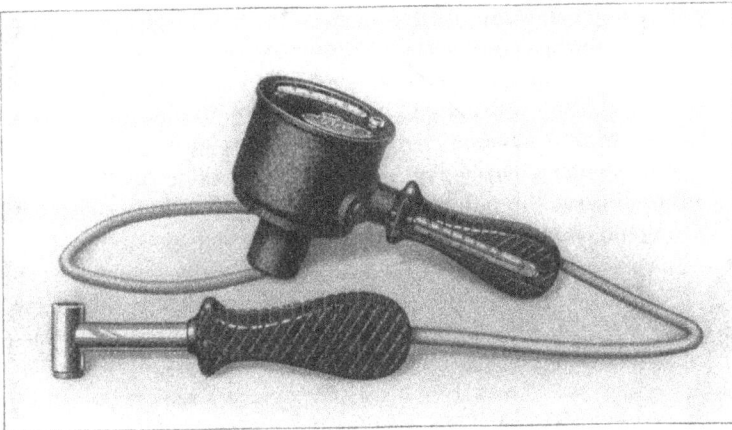

Abb. 114. Walzenpyrometer des Pyrowerkes Hannover.

zur Temperaturmessung auf umlaufenden Walzen dient. Das
Thermoelement liegt hier in Form einer kleinen Silberplatte
in einem Wärmeisolator eingebettet und wird mittels Handgriff
gegen die umlaufende Walze gedrückt. Das Ablesegerät
ist in gleicher Weise wie vorher mit Druckkontakt und Be-
richtigungsthermometer versehen und durch Kabel mit dem
Thermoelement verbunden. Infolge der größeren Masse des
Thermoelementes erfolgt die Einstellung etwas langsamer als bei
dem Plattenmeßgerät. Zwar wird der Meßstelle wegen der größeren Auflagefläche auch mehr Wärme entzogen, welcher Umstand nach den obigen Überlegungen eine Störung des Temperaturfeldes zur Folge haben müßte, es ist aber zu berücksichtigen,

daß bei der Messung an umlaufenden Körpern ständig neue Heizflächen gleicher Temperatur mit dem Thermoelement in Berührung treten, wodurch das Temperaturfeld unter dem Thermoelement von selbst konstant gehalten wird. Trotzdem ist mit diesem Gerät nicht die gleiche Genauigkeit zu erreichen wie mit dem in Abb. 111 dargestellten Kontaktpyrometer, da entsprechend der Rauhigkeit der Walzenoberfläche und der Umlaufsgeschwindigkeit, die Reibungswärme auf das Meßergebnis von wechselndem Einfluß sein kann. Es dient daher in erster Linie zu relativen Messungen, kann aber auch auf Absolutwerte geeicht werden, wenn man bei stillstehender Walze mit dem Kontaktpyrometer eine Kontrollmessung ausführt und den gegen das Walzenpyrometer gefundenen Meßwertunterschied ermittelt. Es findet vor allem Anwendung bei den Kalandern und Mischmaschinen der Gummiindustrie. Bei Walzen von kleinerem Durchmesser als 30 cm werden die Thermoelemente vorher auf den entsprechenden Krümmungsradius eingeschliffen und können, falls nach längerem Gebrauch Abnutzungen eintreten sollten, ersetzt werden.

Die Feuchtigkeitsmessung.

Die Messung der Luftfeuchtigkeit ist bei Herstellung vieler Waren von fabrikatorischer und wärmewirtschaftlicher Bedeutung. Dies trifft namentlich für die mit Dampf beheizten Trockeneinrichtungen der chemischen und Textilindustrie zu. Beim periodischen Trockenprozeß ist es wesentlich, den Abschluß der Trocknung ohne Öffnen des Schrankes zu erkennen, denn beim Probeöffnen verliert man Dampf und Zeit. Beim fortlaufenden Vorgang, z. B. in den Trockenmaschinen der Textilindustrie, gilt es, jenen günstigsten Feuchtigkeitsgehalt ständig einzuhalten, der eine Dampfverschwendung ausschließt und die Güte des Erzeugnisses gewährleistet. Aus Mangel an geeigneten Apparaten wurden die Trockeneinrichtungen vielfach ohne jede wirtschaftliche Kontrolle betrieben. Hier reichen die gewöhnlichen Feuchtigkeitsmesser, wie Haarhygrometer u. dgl. nur für die einfachsten Fälle und für Einzelmessungen aus. Wenn es sich aber um die Überwachung gewerblicher Betriebe oder um Dauermessungen handelt, so ist auch hier die Anwendung elektrischer Fernmeßeinrichtungen unerläßlich.

Die gewöhnlichen Feuchtigkeitsmesser, die sog. Haarhygrometer, haben für größere Anlagen gleichgeartete Nachteile wie die Quecksilberthermometer. Zu ihrer Ablesung muß der feuchte Raum betreten werden, wodurch einerseits die Genauigkeit der Feuchtigkeitsmessung leidet, andererseits aber auch ein Teil der Feuchtigkeit verloren geht. Es muß also auch bei der Ablesung von Feuchtigkeitswerten auf die elektrische Fernmessung übergegangen werden. Allerdings eignet sich das Haarhygrometer als Primärinstrument für Fernmessungen nicht, weil die Kräfte solcher Geräte zu gering sind, um eine zuverlässige Fernübertragung zu gewährleisten. Das in An-

wendung zu bringende Feuchtigkeits-Fernmeßverfahren beruht
entweder auf dem thermo-elektrischen Prinzip und gestattet
die Ablesung bzw. Aufzeichnung der Feuchtigkeit in den Grenzen von 0—100⁰ von beliebig vielen Meßstellen an einer gemeinsamen Überwachungsstelle oder auf der Arbeitsweise
der Gaswaage (AEG-Ranarex-Feuchtigkeitsmesser), welche
ebenfalls eine sparsame Betriebsführung und bei Trocknungs-

Abb. 115.
Prinzip eines thermo-
elektrischen Feuchtig-
keitsmessers.

anlagen ein gleichmäßig gutes Erzeugnis, also
eine Herabsetzung der Ausschußziffer ermöglichen.

Der in Abb. 115 dargestellte Feuchtigkeitsmesser beruht auf dem Augustschen Verfahren,
welches bekanntlich ein trocknes und ein feuch-
tes Thermometer benötigt. An Stelle zweier
Quecksilberthermometer wird eine hochempfind-
liche Thermobatterie B benutzt, deren eine Lötstellenreihe A der Raumtemperatur (Trocken-
temperatur) ausgesetzt ist, während die andere
Lötstellenreihe F mit einem Saugstrumpf S überzogen ist,
der in das mit destilliertem Wasser gefüllte Gefäß G (Geber)
eintaucht. Durch die bei F einsetzende Verdunstung entsteht zwischen den Lötstellenreihen A und F ein Temperaturunterschied, die sog. psychrometrische Differenz. Die Thermobatterie liefert infolgedessen einen Thermostrom, welcher mit
dem mit der Thermobatterie verbundenen Galvanometer M
gemessen wird. Die Größe dieses Thermostromes ist ein Maß

für die psychrometrische Differenz und infolgedessen für die in der Luft vorhandene Feuchtigkeit.

Abb. 116 zeigt einen Geber für Feuchtigkeitsmesser von Hartmann & Braun. Er besteht aus einem rechteckigen Winkeleisengestell, in das unten ein Behälter für das destillierte Wasser gesetzt ist. In dem links sichtbaren schmalen Spalt dieses Wasserbehälters taucht der Saugstrumpf ein, der die eine Lötstellenreihe der Thermobatterie *B* (Abb. 115) überdeckt, während die andere Lötstellenreihe freibleibt. Neben dieser Thermobatterie ist, soweit nötig, entweder ein Quecksilberkontaktthermometer, oder ein Widerstandsthermometer zur Messung der Raumtemperatur anzubringen.

Während nun bei dem gewöhnlichen Augustschen Verdunstungsfeuchtigkeitsmesser die Feuchtigkeit berechnet oder mit Hilfe der bekannten Jelinekschen Feuchtigkeitstafeln bestimmt werden muß, werden die thermoelektrischen Feuchtigkeits-Fernmeßeinrichtungen so ausgebaut, daß die zugehörigen Ablesegeräte den Feuchtigkeitsgrad einfach abzulesen gestatten. Für die Ausbildung der Meßskala ist aber der gewählte Meßbereich, d. h. die Grenzen, zwischen

Abb. 116. Thermo-elektrischer Geber für Feuchtigkeitsmesser nach Hartmann & Braun.

welchen die Raumtemperatur schwanken kann, maßgebend. Hierbei sind die folgenden drei Fälle zu unterscheiden:

1. Fall. Schwankt die Raumtemperatur nur in engen Grenzen, etwa um $\pm 2^0$, so genügt die Einrichtung nach Abb. 115 zur Ermittlung der relativen Luftfeuchtigkeit. Das Ablesegerät wird unmittelbar in Prozenten relativer Luftfeuchtigkeit geeicht.

2. Fall. Schwankt die Raumtemperatur dagegen in weiteren Grenzen, etwa um $\pm 10^0$, dann wird die Anordnung nach Abb. 117 gewählt, d. h. es wird neben der Thermobatterie ein Quecksilber-Kontaktthermometer angebracht, welches durch entsprechendes Zu- bzw. Abschalten von Widerständen den Einfluß der schwankenden Raumtemperatur beseitigt.

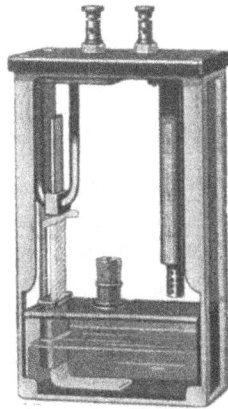

128

Auch hierfür wird das Ablesegerät unmittelbar in Prozenten relativer Feuchtigkeit geeicht. Abb. 118 zeigt einen solchen Feuchtigkeitsmesser. Bauart „Hartmann & Braun".

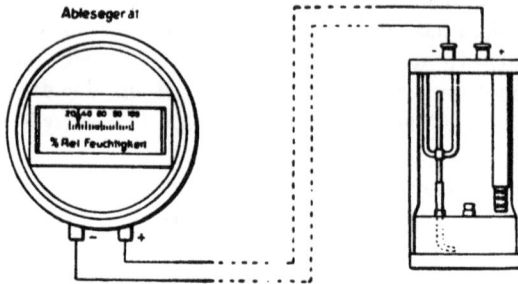

Abb. 117. Das thermo-elektrische Meßverfahren mit Kontaktthermometer.

Die beiden Anordnungen nach Abb. 115 und 117 lassen sich auch verwenden, wenn eine dauernde Aufzeichnung der Luftfeuchtigkeit gewünscht wird. Hierfür wird jedoch das Galvanometer anstatt als gewöhnliches Ablesegerät als Feuch-

Abb. 118. Feuchtigkeitsmesser für gering schwankende Raumtemperaturen nach Hartmann & Braun.

tigkeitsschreiber, und zwar entweder als Einfachschreiber oder als Mehrfachschreiber ausgeführt mit selbsttätigem Umschalter zur gleichzeitigen Aufzeichnung der Feuchtigkeit mehrerer Meßstellen[1]).

3. Fall. Schwankt die Raumtemperatur in sehr weiten Grenzen (in welchen Fällen auch vielfach eine Messung der Temperatur außer der der Luftfeuchtigkeit erwünscht ist, so wird, wie Abb. 119 zeigt, neben der zur Messung der Luftfeuchtigkeit dienenden Thermobatterie ein elektrisches Widerstandsthermometer zur Messung der Raumtemperatur angeordnet. In diesem Falle wird als Ablesegerät ein Doppelgerät verwendet, das im oberen Teil ein Millivoltmeter zur Ablesung

---

[1]) s. Teil I, Abschnitt 6, Mehrfachschreiber.

der Feuchtigkeitswerte, und im unteren Teil einen Kreuzspul-Widerstandsmesser nach Bruger[1]) zur Ablesung der Raumtemperatur enthält. Die Skala des Millivoltmeters ist als Kurvenskala ausgebildet, über die ein langer, messerförmiger Zeiger spielt.

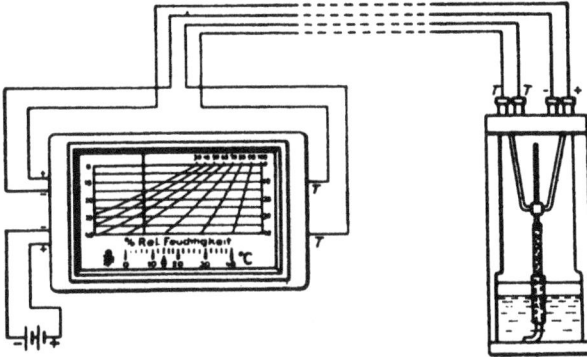

Abb. 119. Schaltung eines Hartmann & Braun-Feuchtigkeitsmessers für stark schwankende Raumtemperaturen.

Dieses in Abb. 119 und Abb. 120 dargestellte Ablesegerät hat unten eine Grad-Celsius-Skala, auf welcher die Temperatur des feuchten Raumes abgelesen wird und oben eine Kurvenskala, deren wagerechte in Wirklichkeit rot ausgeführte Linien ebenfalls den vorkommenden Temperaturen des feuchten Raumes entsprechen. Die schwarz ausgezogenen Kurven entsprechen dagegen den Prozenten relativer Feuchtigkeit. Die Ablesung an diesem Doppelgerät erfolgt derart, daß zunächst auf der unteren

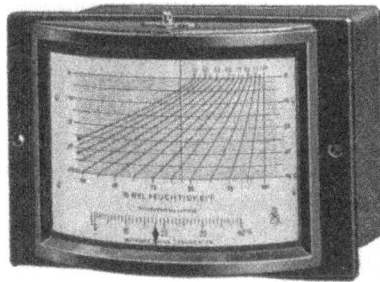

Abb. 120. Hartmann & Braun-Feuchtigkeitsmesser für stark schwankende Raumtemperaturen.

Skala die Temperatur des feuchten Raumes (bei der Zeigerstellung nach Abb. 120, also 18⁰) abgelesen wird. Darauf muß

---

[1]) Widerstandsmesser nach Bruger s. S. 96.

Balcke, Wärmeüberwachung. 9

130

auf der dieser Temperatur (von 18⁰) entsprechenden wagerechten roten Linie der oberen Kurvenskala bis zu der Stelle,
wo der lange senkrechte Zeiger die betreffende Temperatur-
linie kreuzt, entlang gefahren werden. Dort sind auf der
Kurvenschar die Prozente relativer Feuchtigkeit abzulesen
(z. B. in Abb. 120: 60 vH relative Feuchtigkeit).

Die Temperaturskala des Doppelablesegerätes kann auch
mit einer Nebenskala vereinigt werden, die den, den Tempera-
turwerten entsprechenden Wassergehalt der gesättigten Luft
angibt. Außerdem kann die Kurvenskala so ausgeführt werden,

Abb. 121. AEG-Ranarex-Feuchtigkeitsmesser am
Trockenschrank einer Textilfabrik.

daß sie statt der relativen, die absolute Luftfeuchtigkeit, d. h.
den Wassergehalt in g/m^3, oder auch die Volumenprozente unmittelbar anzeigt. Hierdurch ist es möglich, alle physikalischen
Eigenschaften der Luft, welche z. B. für Trocknungs- und Ent-
nebelungsverfahren usw. in Frage kommen, leicht zu bestimmen, und zwar die Raumtemperatur, die relative und absolute
Luftfeuchtigkeit, den Sättigungsfehlbetrag und den Taupunkt.

Der AEG-Ranarex-Feuchtigkeitsmesser, der den Wasserdampfgehalt der Luft fortlaufend anzeigt und mit Hilfe einer
Schreibvorrichtung registriert, ermöglicht eine dauernde wirtschaftliche Überwachung des Trockenvorganges auch unter
schwierigen Betriebsverhältnissen.

Das Meßsystem des Ranarex-Feuchtigkeitsmessers ist eine Gaswaage, welche in Teil I, Abschnitt 5, näher beschrieben ist[1]). Feuchte Luft ist ein Wasserdampf-Luftgemisch, dessen vom jeweiligen Mischungsverhältnis abhängige Dichte unmittelbar auf der in Volumenprozent Wasserdampf (in Luft) eingeteilten Skala angezeigt wird. Reiner Wasserdampf ist 0,62mal so leicht wie Luft. Die Luft wird also durch Beimengung von je einem Volumenprozent Wasserdampf, der in überhitztem Zustande als ideales Gas aufgefaßt werden kann, um einen ganz bestimmten Betrag ihres Gewichtes leichter. Der Apparat ist mit Doppelskala ausgerüstet, und zwar für 0—15 vH absolute Feuchtigkeit, sowie mit den dazugehörigen Taupunkt-Temperaturen, mit denen die relativen Feuchtigkeitsgehalte leicht zu bestimmen sind.

Um den Feuchtigkeitsgehalt der Luft durch die Dichtemessung feststellen zu können, muß dafür gesorgt werden, daß die Feuchtigkeit auch tatsächlich in Dampfform in die Meßkammer kommt, d. h. daß sich weder in der Zuleitung noch in der Meßkammer Wasser niederschlägt. Zu diesem Zweck sind beide Meßkammern elektrisch auf etwa 55° Übertemperatur gegen die Außenluft beheizt, ebenso der Verbindungsschlauch zwischen Entnahmestelle und Apparat.

Meist genügt bei der Messung die Feststellung der Feuchtigkeitszunahme der aus der Trockeneinrichtung austretenden Luft gegenüber der in sie eintretenden. Es wird dann die Eintrittsluft in die untere Meßkammer des Ranarex gesaugt. Interessiert der wirkliche Feuchtigkeitsgehalt, dann wird die Vergleichsluft getrocknet, indem sie über Chlorkalzium geleitet wird.

---

[1]) s. Ranarex-Rauchgasprüfer S. 151.

Die Rauchgasprüfung.

Die Rauchgasprüfer dienen zur dauernden selbsttätigen Überwachung industrieller Feuerungsanlagen zwecks Erzielung einer möglichst hohen Ausnutzung des verfeuerten Brennstoffes.

Wo keine ständige Überwachung der Feuerungsgase vorgenommen wird, wird zumeist mit einem viel zu hohen Luftüberschuß gearbeitet. Die Folge hiervon ist eine unvollkommene Verbrennung des Heizmaterials und somit ein bedeutender Mehrverbrauch an Brennstoff. Es ist praktisch natürlich nicht möglich, eine theoretisch richtige Verbrennung zu erzielen. aber jeder muß zu seinem eigenen Vorteil bestrebt sein, dieser möglichst nahe zu kommen[1]). Zu diesem Zweck wird die fortlaufende und selbsttätige Prüfung der abziehenden Rauchgase auf ihren Kohlensäuregehalt notwendig. Je höher der Kohlensäuregehalt (CO_2) bei normaler Abgastemperatur ist, desto günstiger ist die Verbrennung und desto geringer der Kohlenverbrauch. Bei einer theoretisch vollkommenen Verbrennung würden die Rauchgase 21 vH Kohlensäure enthalten, der praktisch leicht erreichbare Gehalt an CO_2 kann bis 15 vH bei einem 1,3fachen Luftüberschuß betragen. Die Ausnutzung des Heizwertes des Brennstoffes würde in diesem Falle etwa 88 vH erreichen. Wie schnell aber dieser Prozentsatz bei größerer Luftzufuhr sinkt, geht aus der Zahlentafel 5 hervor, welcher eine mittelgute Steinkohle und eine Abgastemperatur von 270° zugrunde gelegt worden ist.

---

[1]) Über den Verbrennungsvorgang s. Abwärmetechnik, Band I des Verf., S. 26 u. f. Verlag R. Oldenbourg, München-Berlin, 1928.

Zahlentafel 5.

Bei 15 14 13 12 11 10 9 8 7 6 5 4 3 2 vH.
Kohlensäuregehalt der Rauchgase ist der Luftüberschuß
1,3 1,4 1,5 1,6 1,7 1,9 2,1 2,4 2,7 3,2 3,8 4,7 6,3 9,5 mal
so groß als theoretisch notwendig. Der Kohlenverlust beträgt
12   13   14   15   16   18   20 23 26 30 36 45 60 90 vH.

In den meisten Betrieben, in denen die Bestimmung der
Luftzufuhr dem Gefühl des Heizers überlassen bleibt, dürfte
der Kohlensäuregehalt der Abgase wohl kaum 4—5 vH überschreiten, was einem Kohlenverlust von 45—36 vH entsprechen
würde. Hier Wandel zu schaffen ist eine Notwendigkeit für
einen jeden Besitzer einer Feuerungsanlage.

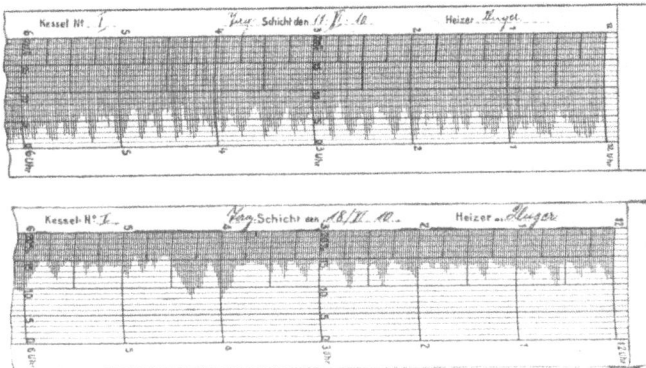

Abb. 122 und 123. Diagramme eines selbsttätigen Rauchgasprüfers bei
Inbetriebnahme (Abb. 122) und einige Tage später (Abb. 123).

Welch große Ersparnisse tatsächlich mit einem selbsttätigen
Rauchgasprüfer erzielt werden können, zeigen die Diagramme
der Abb. 122 und 123. Abb. 122 zeigt z. B. die Aufzeichnungen
eines Rauchgasprüfers vom ersten Tage, an dem der Apparat
in einem Betrieb arbeitet, in dem der Heizer bisher nach seinem
Gefühl die Luftzufuhr bestimmt hat.

Der mittlere Kohlensäuregehalt beträgt hiernach 4 vH, die
Anlage arbeitet also mit einem absoluten Kohlenverlust von
etwa 45 vH. Die Aufzeichnungen nach Abb. 123, die einige
Tage später, nachdem sich der Heizer mit dem Apparat bereits
vertraut gemacht hatte, abgenommen wurden, zeigen dagegen
schon einen mittleren Kohlensäuregehalt von 12 vH, was einem

absoluten Kohlenverlust von nur 15 vH entspricht. Der Kohlenverbrauch ist somit nach Aufstellung des Rauchgasprüfers um 30 vH geringer geworden!

Man hat brauchbare Apparate gebaut, die die Rauchgasuntersuchung selbsttätig ausführen und das Ergebnis der Analyse fortlaufend in Gestalt einer Schaulinie (Diagramm) auf einem Papierstreifen aufzeichnen, der auf einer durch ein Uhrwerk bewegten Trommel befestigt ist, und dessen Linieneinteilung gewissermaßen das Zifferblatt einer Uhr darstellt. Mit Hilfe dieser Linieneinteilung kann man an der aufgezeichneten Schaulinie erkennen, wie hoch zu einer bestimmten Zeit der Kohlensäuregehalt der Rauchgase war[1]).

Im übrigen werden heute selbstaufschreibende Rauch-gasprüfer auf drei verschiedenen Grundlagen gebaut, und zwar unterscheidet man zwischen chemischen, elektrischen und mechanischen Rauchgasprüfern, welche im nachfolgenden an Hand von Ausführungsbeispielen besprochen werden sollen:

Die Untersuchung der Rauchgase kann auf chemischem Wege, unter Benutzung von Kalilauge, wie beim Orsatapparat, durchgeführt werden. Das Ansaugen des Rauchgases wird durch den Schornsteinzug oder durch Wasserstrahl-Luftpumpen oder dgl. bewirkt.

Der Orsatapparat (Abb. 124) besteht im wesentlichen aus einer 100teiligen Meßröhre M, welche an ihrem unteren Ende durch Sperrwasser abgeschlossen wird. Meßröhre und Sperr-wasserflasche F sind kommunizierende Gefäße. An das obere Ende der Meßröhre schließt sich ein Hahnrohr R an, das am äußersten Ende durch einen Dreiwegehahn D verschließbar ist. Seitlich von der Hahnröhre zweigen zwei, ebenfalls mit Hähnen verschließbare Röhrchen ab, welche zu zwei Doppelgefäßen A_1 und A_2 — sog. Adsorptionsgefäßen — führen, in welchen Kalilauge bzw. Pyrogallussäure enthalten ist.

Die Kalilauge hat die Eigenschaft, gierig Kohlensäure aufzunehmen, die Pyrogallussäure dagegen nimmt begierig Sauerstoff auf.

Eine Rauchgasanalyse wird in folgender Weise und Reihenfolge ausgeführt[2]).

[1]) s. Abb. 122 u. 123.
[2]) s. Spitznas, Unterrichtsblätter für Heizerschulen.

Der Dreiwegehahn D wird so gestellt, daß die Hahnröhre R mit der äußeren Luft in Verbindung steht. Durch Heben der Sperrwasserflasche F steigt das Sperrwasser der Meß- und Hahnröhre M und R und treibt durch den Dreiwegehahn D die Luft heraus.

Nachdem alle Luft in der Meß- und Hahnröhre durch das Sperrwasser verdrängt worden ist, wird der Dreiwegehahn D in eine solche Stellung gebracht, daß er die Hahnröhre verschließt und gleichzeitig den Rauchkanal mit dem am Dreiwegehahn befindlichen Knautschball P oder Gummisaugepumpe verbunden. Mit dem Knautschball P wird etwa vorhandene Luft aus der Schlauchleitung, welche zum Rauchkanal führt, herausgedrückt, bis dem Ventil des Knautschballes Rauchgas entströmt. Durch den Dreiwegehahn wird nunmehr der Rauchkanal mit der Meßröhre M in Verbindung

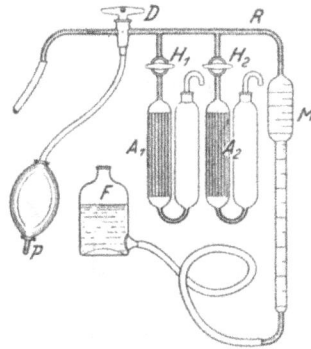

Abb. 124. Orsatapparat.

gesetzt und gleichzeitig die Sperrwasserflasche P gesenkt, wodurch das Sperrwasser in dem Gefäß sinkt und Rauchgas angesaugt wird.

Sobald das Sperrwasser bis zum Nullstrich in M gefallen ist wird R durch D wieder verschlossen. Dann befinden sich zwischen dem Dreiwegehahn und dem Sperrwasserspiegel in M genau 100 cm³ Rauchgas.

Nun wird zuerst der Hahn H_1 geöffnet, welcher zur Kalilauge führt, und gleichzeitig die Sperrwasserflasche gehoben. Dann strömt das Rauchgas aus M zur Kalilauge über, und diese nimmt aus demselben die Kohlensäure auf. Die Sperrwasserflasche wird mehrere Male gehoben und gesenkt, damit auch sicher alle Kohlensäure von der Kalilauge aufgenommen wird. Die Kalilauge läßt man dann vorsichtig wieder auf ihre ursprüngliche Marke steigen, indem man die Sperrwasserflasche senkt. Es wird alsdann H_1 geschlossen.

Da nunmehr an den angesaugten 100 cm³ Rauchgase die Kohlensäure fehlt, so nimmt jetzt deren Raum das Sperrwasser ein. Man liest die Höhe der Sperrwassersäule in dem Meßgefäß M ab, indem man den Wasserspiegel in der Sperrwasserflasche F in gleiche Höhe mit demjenigen in M bringt. (Wenn in kommunizierenden Gefäßen Flüssigkeitsspiegel gleich hoch stehen, herrscht über denselben gleicher Druck.) Die abgelesene Zahl gibt den Kohlensäuregehalt des Rauchgases unmittelbar in Prozenten an, weil die Meßflasche M hundertteilig ist.

Der Hahn zur Pyrogallussäure H_2 wird jetzt geöffnet und die Sperrwasserflasche F gehoben. Dadurch strömt der Rauchgasrest zur Pyrogallussäure über und diese nimmt aus ihm den noch vorhandenen Sauerstoff (welcher von dem Luftüberschuß herrührt) heraus. Nach mehrmaligem Heben und Senken der Sperrwasserflasche wird die Pyrogallussäure allen Sauerstoff aus dem Rauchgas in sich aufgenommen haben. Die Pyrogallussäure wird langsam durch Senken und Heben der Sperrwasserflasche F wieder auf die ursprüngliche Marke eingestellt und der Hahn des Pyrogallussäuregefäßes geschlossen.

Das Sperrwasser in der Meßflasche M ist jetzt nochmals gestiegen, denn es nimmt jetzt noch den Raum des von der Pyrogallussäure aufgenommenen Sauerstoffes ein. Man liest wieder an M die Höhe der Sperrwassersäule ab, indem man den Wasserspiegel in der Sperrwasserflasche in gleiche Höhe mit demjenigen der Sperrwassersäule in M bringt. Die Höhe der Sperrwassersäule gibt den Kohlensäure- und Sauerstoffgehalt der Rauchgase zusammen an. Wenn die Analyse richtig war, muß diese Summe dem höchstmöglichen Kohlensäuregehalt des verfeuerten Brennstoffes entsprechen.

Der Gasrest wird aus 79 cm Stickstoff bestehen, der in der Verbrennungsluft enthalten war, vermehrt um den Stickstoff, welchen der Brennstoff selbst schon enthielt. (Der Teil des Sauerstoffs, welcher zur Verbrennung von Wasserstoff und Schwefel verbraucht wird, kann durch die einfache Rauchgasanalyse nicht bestimmt werden.) Den überschüssigen Sauerstoffgehalt erhält man, indem man den zuerst ermittelten Kohlensäuregehalt von dem nunmehrigen Stand der Sperrwassersäule abzieht.

Es könnte in dem Gasrest aber auch noch Kohlenoxydgas enthalten sein. Soll der Orsatapparat auch Verwendung finden, um dieses zu bestimmen (kommt bei Dampfkesselfeuerungen nur selten vor), so muß er noch mit einem dritten Gefäß versehen sein, welches mit der Hahnröhre in der gleichen Weise in Verbindung steht wie das Kalilauge- und das Pyrogallussäuregefäß. In diesem dritten Gefäß befindet sich eine gesättigte Lösung von salzsaurem Kupferchlorür, welche das Kohlenoxydgas in sich aufnimmt, wenn nach ausgeführter Kohlensäure- und Sauerstoffanalyse der Gasrest aus der Meßflasche *M* durch Heben der Sperrflasche zum Kupferchlorür getrieben wird.

Als Aufnahmeflüssigkeiten (Absorptionsflüssigkeiten) zum Füllen der drei Gefäße des Orsatapparates verwendet man also:

1. Zur Kohlensäurebestimmung: Kalilauge vom spezifischen Gewicht 1,26.

Kalilauge verliert nach etwa 80—100 ausgeführten Analysen ihre Aufnahmefähigkeit, was auch daran zu erkennen ist, daß sie trübe wird. Dann muß sie erneuert werden.

2. Zur Sauerstoffbestimmung folgende Lösung: Man löst 30 g Pyrogallussäure in 60 g heißem Wasser auf und setzt 160 g Kalilauge vom spezifischen Gewicht 1,26 zu.

Pyrogallussäure verliert ihre Aufnahmefähigkeit schneller als Kalilauge. Deshalb muß sie häufiger erneuert werden.

Anstatt Pyrogallussäure können auch gelbe Phosphorstangen in Wasser im Absorptionsgefäß zur Sauerstoffbestimmung benutzt werden.

3. Zur Kohlenoxydbestimmung folgende Lösung: Man löst Kupferchlorür in Salzsäure vom spezifischen Gewicht 1,10 auf und gibt noch einige Kupferspäne in die Lösung. Diese muß mindestens 24 Stunden vor dem Gebrauch in gut verschlossener Flasche angesetzt werden. Sie kann nicht vorrätig gehalten werden, da sie sehr bald zur Analyse unbrauchbar wird.

Die Unvollkommenheit des ursprünglichen Orsatapparates liegt darin, daß alle Vorgänge von Hand eingeleitet und durchgeführt werden müssen. Man ging deshalb sehr bald dazu über, selbständig arbeitende Apparate unter Beibehaltung des Meßprinzipes zu bauen.

Abb. 125—128 zeigen einen selbsttätig aufschreibenden chemischen Rauchgasprüfer „Bauart Eckardt", Stuttgart. In die Gaspumpe *H* (Abb. 125) fließt aus einer Leitung *W* durch den Hahn *1* und durch den Schlauch *2* Wasser von gewöhnlicher

Temperatur und Reinheit. Mit der Rauchgasleitung R ist das Gasansaugerohr 3 der Pumpe durch den Hahn 4 und durch den Schlauch 5 verbunden. Das die Pumpe durchströmende Wasser saugt ununterbrochen Gase aus dem Rauchkanal (Fuchs) der zu untersuchenden Feuerung an und läßt sie zusammen mit dem abfließenden Wasser durch das Ablaufrohr 6 ins Freie entweichen. Von diesem gleichmäßigen Gasstrom saugt der Rauchgasprüfer — und zwar vor der Pumpe — selbsttätig für jede Untersuchung eine bestimmte Gasmenge

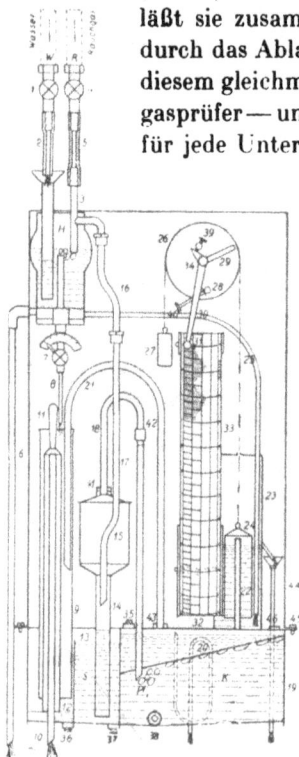

Abb. 125.
Selbsttätiger CO$_2$-Messer.
Bauart „Eckardt“.

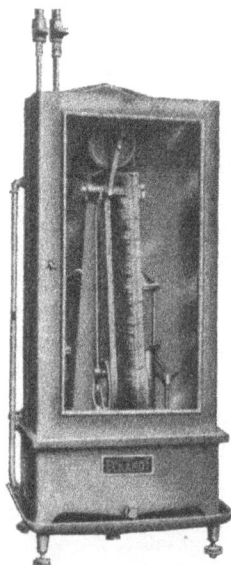

Abb. 126.
Selbsttätiger chemischer Rauchgasprüfer,
Bauart „Eckardt“, Stuttgart.

ab, so daß der Rauchgasprüfer immer die Verbrennung anzeigt, die unmittelbar vorher in der Feuerung stattgefunden hat.

Aus der Gaspumpe fließt abzweigend durch den Hahn 7 und durch das Einlaufrohr 8 fortwährend ein Teil des zur Ansaugung der Gase benutzten Wassers in das Steigrohr 9, worin es bis zum Scheitel des Überlaufrohres 10 steigt. Über das Überlaufrohr 10 ist ein etwas weiteres, oben geschlossenes

Rohr *11* lose übergeschoben. Die Rohre *10* und *11* wirken zusammen als Saugheber, der das Steigrohr *9* schnell entleert,
sobald das Wasser in Rohr *10* überzulaufen beginnt.

Der Heber arbeitet solange, bis der sinkende Wasserspiegel
die untere Öffnung des Rohres *11* freigibt, infolgedessen reißt
die Wassersäule ab und der Wasserspiegel beginnt wieder
zu steigen. Auf diese Weise wird ein abwechselndes Steigen
und Fallen des Wasserspiegels in gleichmäßigen Zwischen-
räumen erreicht, wobei die Geschwindigkeit durch Einstellung
des Wasserzuflusses in gewissen Grenzen durch den Hahn *7*
verändert werden kann. Das Steigrohr *9* führt in die Kammer *12*. Durch das Ansteigen des Wassers wird die in der
Kammer *12* befindliche Luft in die danebenliegende Kammer *13*
verdrängt, die bis zur Oberkante der Scheidewand zwischen
den Kammern mit reinem Wasser oder mit einer Mischung von
Wasser und Glyzerin im Verhältnis 4:1 gefüllt ist. Die nach
Kammer *13* herübergetriebene Luft verdrängt aus dieser eine
entsprechende Menge der Sperrflüssigkeit *S* durch das Rohr *14*
in das Meßgefäß *15*. Sobald der Wasserspiegel in der Kammer *12*
wieder sinkt, fließt auch die Sperrflüssigkeit *S* aus dem Meßgefäß *15* und dem Rohr *14* wieder in die Kammer *13* zurück.
Infolge der Saugwirkung der aus dem Meßgefäß *15* zurück-
fließenden Flüssigkeit *S* füllt sich das mit der Gasquelle
durch das Rohr *16* verbundene Rohr *17* mit den zu untersuchenden Gasen an. Sobald die Sperrflüssigkeit *S* jetzt wieder
ansteigt, schiebt sie die Gase vor sich her, und zwar zunächst
bis die Mündung des Rohres *17* von der Flüssigkeit *S* erreicht
und abgesperrt wird. Die nunmehr in dem Meßgefäß *15* ein-
geschlossene Gasmenge wird durch die weiter steigende Flüssigkeit *S* durch das Rohr *18* in den die Kalilaugenlösung *K* ent-
haltenden Behälter *19* geschoben, wobei die Gase aus dem
Rohr *18* in kleinen Perlen *P* unter der Kalilauge austreten und
an den geneigten Flächen *20* entlang gleitend ihren Weg durch
diese Lösung *K* nehmen müssen. Durch das Rohr *21*, welches
in das Steigrohr *9* eintaucht, steht das Kalilaugengefäß *19*
zunächst noch in Verbindung mit der freien Luft, so daß der
erste Teil der in dasselbe eintretenden Gase durch das Rohr *21*
entweichen kann, und zwar solange, bis das in das Steigerohr *9*
fließende Wasser auch die Mündung des Rohres *21* absperrt.

Dies erfolgt in dem Augenblick, in welchem im Meßgefäß *15* noch eine ganz bestimmte Gasmenge (100 cm) enthalten ist, welche nun weiter in das Kalilaugengefäß *19* übergeführt wird. Bei dem Durchtritt der Gase durch die Kalilaugenlösung *K* wird die Kohlensäure chemisch gebunden, während der übrig bleibende Rest der Gase durch das Rohr *22* unter die im Gefäß *23* im Wasser hängende Tauchglocke *24* gelangt. Die mittels Faden *25* an der drehbaren Rolle *26* befestigte und durch das Gegengewicht *27* ausgeglichene Tauchglocke *24* hebt sich daher um ein der jeweils darunter tretenden Gasmenge entsprechendes Stück. Diese Bewegung der Tauchglocke *24* wird durch einen Anschlagstift *28* an der Rolle *26* auf den konzentrisch mit der Rolle *26* sich drehenden Hebel *29* übertragen, wobei der auf der Welle dieses Hebels befestigte Schreibhebel *30* mit der Schreibfeder *31* auf einem durch ein Uhrwerk *32* bewegten Schreibstreifen *33* den von der Tauchglocke *24* zurückgelegten Weg aufzeichnet. Der Schreibstreifen *33* ist mit einer Einteilung versehen, auf welcher die von der Tauchglocke gemessene Gasmenge bzw. der von der Kalilaugenlösung *K* aufgenommene Teil in Prozenten abgelesen werden kann.

Sobald alle Gase aus dem Meßgefäß *15* verdrängt sind, setzt der Saugheber *10* und *11* ein. Das Wasser im Steigrohr *9* und damit auch die Sperrflüssigkeit *S* im Meßgefäß *15* beginnt wieder zu sinken, wodurch eine neue Gasprobe durch das Rohr *17* angesaugt wird, während gleichzeitig die untersuchten Gase aus der Tauchglocke *24* in das Gefäß *19* zurücktreten und aus diesem durch das Rohr *21* in die freie Luft entweichen, sobald der sinkende Wasserspiegel in dem Rohr *9* die Mündung des Rohres *21* wieder freigibt.

Der Schreibhebel *30* ist durch ein Gewicht in allen Lagen ausgeglichen und mit einem Rückzugsgegengewicht versehen. Außerdem ist an der Rolle *26* ein Ausgleichgewicht angebracht, welches das Übergewicht der Glocke *24* ausgleicht und somit eine genaue Anzeige des CO_2-Gehaltes gewährleistet.

Der an der Gasquelle herrschende, schwankende Unterdruck hat bei dieser Bauart keinen Einfluß auf die Meßgenauigkeit, da der jeweilige Unterdruck nach Absperrung des Gaszuführungsrohres *17* durch die steigende Sperrflüssigkeit *S* im Meßgefäß *15* vor Beginn der eigentlichen Untersuchung

zunächst beseitigt, bzw. in einen geringen, der in der Kalilauge K vorhandenen Eintauchtiefe des Rohres *18* entsprechenden Überdruck umgewandelt wird, der dauernd gleich bleibt, so
daß alle Untersuchungen unter der gleichen Gasdichte erfolgen.
Damit die Tauchglocke *24* nach beendeter Aufzeichnung von
selbst wieder in ihre Ruhelage zurücksinken kann, muß sie ein
geringes Übergewicht haben, wodurch dann die Gase während
der Abmessung unter einem bestimmten geringen Überdruck
stehen. Durch entsprechenden Gewichtsausgleich mittels des
Gegengewichts *27* der Tauchglocke *24* wird erreicht, daß der
in ihr herrschende Überdruck stets genau dem im Meßgefäß *15*
während der Abmessung und der Überführung der Gase herrschenden Druck entspricht.

Die wichtigste Grundbedingung einer einwandfreien Gas-
untersuchung: Abmessen der Gase vor und nach der Untersuchung unter genau gleichem Druck und gleicher Temperatur,
wird also bei diesem Rauchgasprüfer erfüllt.

Die zur Betätigung der Gaspumpe *H* und des Apparates
benötigte sehr kleine Wassermenge kann aus einer Wasserleitung oder sonst aus einem Behälter frei und ohne Druck zufließen; das Wasser bleibt vollkommen rein und kann nachher
für jeden beliebigen Zweck verwendet werden. Abb. 126
zeigt eine Ausführung des soeben an Hand von Abb. 125
besprochenen Eckardt-Rauchgasprüfers.

Soll ein Rauchgasprüfer zur Untersuchung mehrerer
Feuerungen dienen, so ist in jeden Fuchs ein Gasabsaugerohr
einzuführen und jede Zweigleitung mit einem Flüssigkeits-
absperrventil und möglichst auch mit einem Rauchgasfilter
zu versehen, so daß nach Belieben jeder Kessel für sich geprüft
werden kann (s. a. Abb. 101).

Mangelhafte Hähne, Ventile oder Schieber dürfen in die
Rauchleitung nicht eingebaut werden, weil sie auf die Dauer
nicht zuverlässig dicht halten, und dadurch die Anzeige des
Rauchgasprüfers ungünstig beeinflussen.

Der an der Meßstelle aufgestellte Rauchgasprüfer (Primär-
apparat) kann, wie Abb. 127 zeigt, mit einem Fernsender ausgestattet werden, an welchen das elektrische Fernanzeigegerät
(Sekundärinstrument) angeschlossen ist. Der Fernsender besteht im wesentlichen aus einer vom elektrischen Strom

(ca. 4 V) durchflossenen Spule, deren Widerstand vom jeweiligen Endausschlag der Schreibfeder, also vom gemessenen CO_2-Gehalt abhängig ist. Durch eine besondere Schaltung wird die periodische Anzeige des Primärapparates in eine fortlaufende des Sekundärinstrumentes verwandelt. Das Sekundärgerät ist ein Widerstandsmesser, dessen Skala unmittelbar in Prozenten CO_2 geeicht ist.

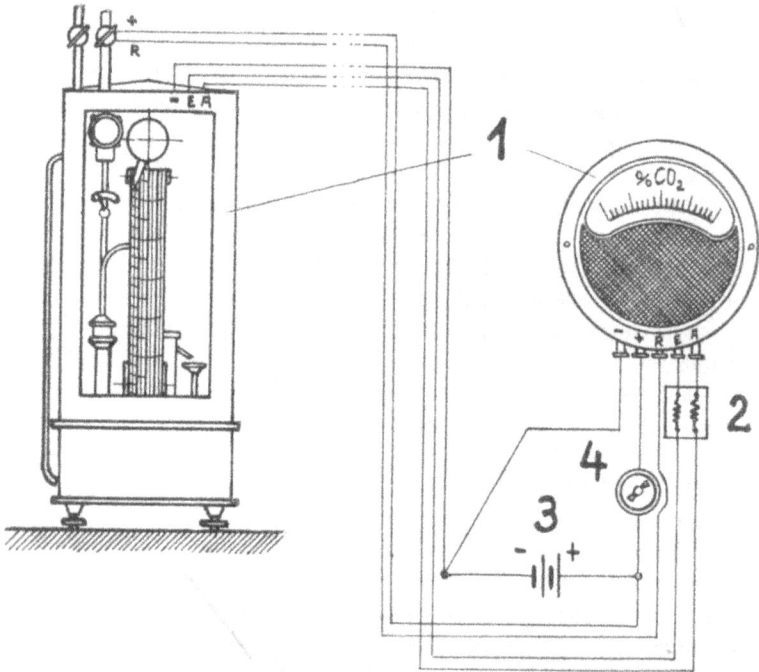

Abb. 127. Rauchgasprüfer mit Ferngeber und Fernmesser.

1 Rauchgasprüfer mit zugehörigem Fern-Anzeigeinstrument. 2 Ausgleich-Widerstand, 3 Akkumulator, 4 Drehschalter.

Der Rauchgashahn des Primärapparates steht durch eine elektrische Zweigleitung mit dem Rücksteller des Fernanzeigegerätes in Verbindung. Dieser bringt nach Schließen des Rauchgashahnes auch den Zeiger des Fernanzeigeinstrumentes in die Nullstellung zurück.

Die Aufstellung des Primärapparates erfolgt nahe der Gasentnahmestelle und unabhängig von dem Ablesegerät. Der Einbau an der Gasentnahmestelle ermöglicht auf schnellem Wege die augenblicklich im Fuchs abziehenden Rauchgase zu analysieren und das Ergebnis elektrisch auf jede beliebige Entfernung anzuzeigen.

Der Rauchgasprüfer mit elektrischer Fernanzeige stellt ein gasanalytisches Meßgerät dar, wie es das neuzeitige Kesselhaus und die heutigen Gesichtspunkte der Meßtechnik verlangen;

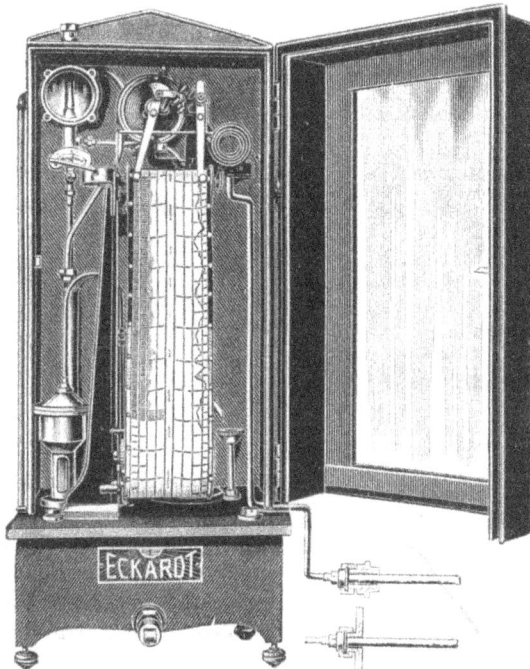

Abb. 128. Selbsttätiger Rauchgasprüfer und Temperaturschreiber, Bauart „Eckardt".

denn an Hand der Aufzeichnungen des Schreibapparates kann ein Heizer dem Betriebsleiter täglich nachweisen, daß mit größtmöglicher Wirtschaftlichkeit gearbeitet wird.

Nur fortlaufende, graphisch festgelegte Untersuchungen decken Mängel auf, weisen auf Verbesserungen hin und lassen die Auswirkung der getroffenen Maßnahmen erkennen und weiter verfolgen.

Andererseits kann sich der Betriebsleiter durch die Fernanzeige des Sekundärinstrumentes auch jederzeit von seinem
Schreibtisch aus über die Feuerführung seiner Kesselanlage
unterrichten.

Es wird aber zweckmäßig sein, in diesem Sinne noch
einen Schritt weiter zu gehen und die Temperatur der abziehenden Rauchgase gleich mit aufzeichnen bzw. fernmelden zu
lassen; denn neben den Verlusten durch unvollständige Verbrennung sind es — abgesehen von den Verlusten durch Rück-
stände in der Asche und durch Leitung und Strahlung — noch
die Verluste an fühlbarer Wärme, welche möglichst gering zu
halten sind. Dies geschieht durch Tiefhalten der Abgastemperatur.

Der Einfluß der Temperatur ist so ohne weiteres nicht nach-
zuweisen, er läßt sich aber nach der bekannten Siegertschen
Formel:

$$V_S \text{ (in vH)} = \frac{k\,(t_1 - t_L)\,^1)}{S}$$

leicht bestimmen.

In dieser Formel ist:

$k = 0,65$ für Steinkohle und $= 0,75$ für Braunkohle,

t_1 — die Temperatur der Abgase,

t_L — die Temperatur der Verbrennungsluft $(=$ der Kessel-
haustemperatur, wenn keine Vorwärmung vorhanden).

S — der Kohlensäuregehalt der Rauchgase in Vol.-Prozent.

Es ist daher notwendig, den selbstschreibenden Rauchgasprüfer mit einem selbsttätig registrierenden Temperaturmesser
parallel zu schalten und beide Geräte mit Fernmeldung auszustatten.

Der Rauchgasprüfer, der mit dem Abgastemperatur-
schreiber ein Ganzes bildet, wird in gewohnter Weise eingebaut,
während der Thermometerschaft dem Strom der Abgase nach
dem Ekonomiser ausgesetzt wird. Bei besonders langen Kapillarrohrleitungen kann das Temperaturgerät auch mit Kom-
pensation ausgerüstet werden. Abb. 128 zeigt einen solchen

---

[1]) Näheres s. Abwärmetechnik, Band I des Verf., Seite 37.
Verlag R. Oldenbourg, München-Berlin, 1928.

zusammengebauten Rauchgasprüfer mit Temperaturschreiber und Abb. 129 einen ausgefüllten Schreibstreifen dieses kombinierten Apparates.

Die elektrischen Rauchgasprüfer beruhen auf der Widerstandsveränderung eines stromdurchflossenen Drahtes mit jeder Veränderung der Temperatur dieses Drahtes. Die Temperaturänderung wird hervorgerufen:

1. durch die katalytische Verbrennung von $CO + H_2$ an der Oberfläche dieses Drahtes ($CO + H_2$-Messung),

2. durch die Wärmeleitfähigkeit der diesen Draht umspülenden Gase (CO_2-Messung).

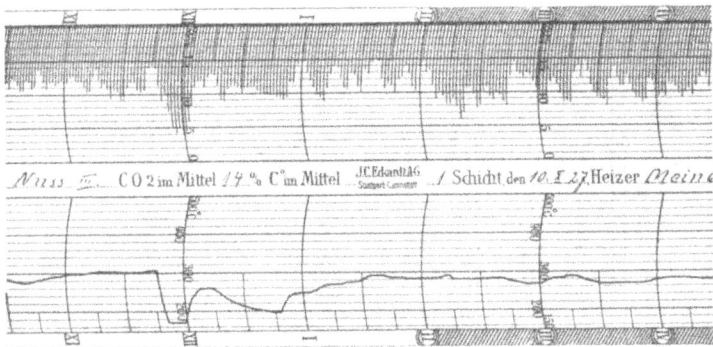

Abb. 129. Ausgefüllter Schreibstreifen des Apparates nach Abb. 128.

Durch die Messung der Widerstandsänderung kann also auch eine Änderung in der Zusammensetzung des zu messenden Gasgemisches festgestellt werden. Über die beiden Messungen wäre das Folgende zu sagen:

1. $CO + H_2$-Messung: Durch die Verbrennung von $CO + H_2$ an der Oberfläche von Meßdrähten (katalytische Verbrennung), die in einer geeigneten Gasmeßkammer untergebracht sind, tritt eine Temperaturerhöhung der Meßdrähte und hierdurch eine Widerstandsänderung ein, während die Temperatur — und damit der Widerstand — der in einer Vergleichsluftkammer angeordneten Meßdrähte unverändert bleibt. Der Temperaturunterschied bewirkt einen Widerstandsunterschied, der mit Hilfe einer besonderen Brückenschaltung gemessen wird.

146

2. CO₂-Messung: Die in einer geeigneten Gasmeßkammer untergebrachten Meßdrähte werden von dem zu prüfenden Gasgemisch umspült und ändern ihre Temperatur — und somit ihren elektrischen Widerstand — je nach der Wärmeleitfähigkeit des Gasgemisches. Vergleichsmeßdrähte in einer Vergleichsluftkammer werden von atmosphärischer Luft umspült,

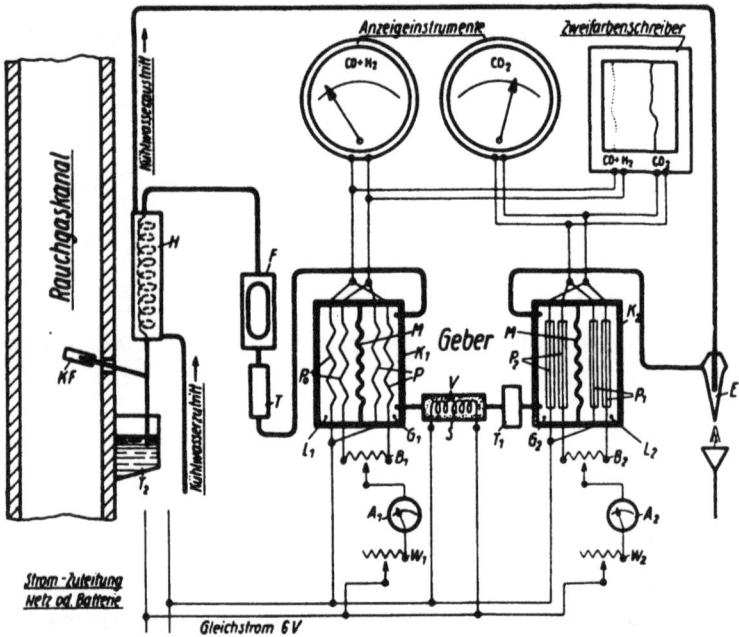

Abb. 130. Meßanordnung des elektrischen Böhme-Rauchgasprüfers
(CO $\div$ H₂ und CO₂-Messer).

welche eine feststehende Wärmeleitfähigkeit (100) besitzt. Enthält das die Gasmeßkammer durchströmende Gasgemisch CO_2 (Wärmeleitfähigkeit 59), so ist die Wärmeleitfähigkeit dieses Gasgemisches geringer als die der atmosphärischen Luft in der Vergleichsluftkammer. Die Meßdrähte in der Gasmeßkammer werden also bei Vorhandensein von CO_2 eine geringere Abkühlung erfahren als die Meßdrähte in der Vergleichsluftkammer. Der so entstandene Unterschied in der Temperatur der Meßdrähte bewirkt den Unterschied im elektrischen Widerstand der Meßdrähte, der wie bei der CO + H$_2$-Messung mit Hilfe einer besonderen Brückenschaltung gemessen wird.

Die mit Hilfe der Brücke bestimmten Widerstandsänderungen entsprechen dem Gehalt des geprüften Gasgemisches an CO + H$_2$ bzw. CO$_2$. Der Gehalt kann in Vol.-% von Anzeigeinstrumenten abgelesen oder durch einen Zweifarbenschreiber aufgezeichnet werden.

Der Meßvorgang ist an Hand der Abb. 130 der Folgende:

Mittels einer Wasserstrahlpumpe E werden die Gase aus dem Rauchgaskanal durch das keramische Vorfilter KF gesaugt und in dem Gaskühler H auf Raumtemperatur gebracht. Hierbei scheidet sich noch ein Teil der groben Feuchtigkeit und der etwa noch vorhandene Teer aus, soweit diese nicht bereits durch die Richtungsänderung des Gasstromes abgeschieden und in den Sammler T$_2$ abgeflossen sind. Von dem Gaskühler H gelangt das angesaugte Gasgemisch durch das Feinfilter F und die Trockenvorlage T — von jeder groben Feuchtigkeit befreit — in die Gasmeßkammer G$_1$. In der Gasmeßkammer G$_1$ findet die katalytische Verbrennung von CO und H$_2$ an der Oberfläche der Meßdrähte statt. Die hierbei in der Meßbrücke erzeugte Widerstandsänderung wird mit Anzeige- oder Schreibinstrumenten gemessen. Aus der Gasmeßkammer G$_1$ gelangt das Gasgemisch in die Verbrennungsvorlage V, in der das noch vorhandene und für den weiteren Meßvorgang (CO$_2$-Bestimmung) störende H$_2$ ausgeschieden wird. Durch die Trockenvorlage T$_1$ gelangt das Gasgemisch in die zweite Gasmeßkammer G$_2$, in der die Bestimmung des CO$_2$-Gehaltes auf Grund der Wärmeleitfähigkeit des Gasgemisches erfolgt. Die hierbei in der Meßbrücke erzeugte Widerstandsänderung wird mit Anzeige- oder Schreibgeräte gemessen. Aus der Gasmeßkammer G$_2$ wird das Gasgemisch durch die Wasserstrahlpumpe E fortgeleitet. Abb. 131 zeigt die Außenansicht und die beiden Skalen des besprochenen Böhme-Rauchgasprüfers.

Die Geschwindigkeit, mit der das Gasgemisch an den Meßdrähten vorbeistreicht, ist von großem Einfluß auf die Meßgenauigkeit, da mit der Geschwindigkeit der Gasbewegung auch eine Abkühlung des stromerwärmten Drahtes unmittelbar verbunden ist. Der Einfluß kann bei größerer Gasgeschwindigkeit so groß werden, daß das Meßergebnis nicht nur völlig aufgehoben, sondern in sein Gegenteil verkehrt wird. Um diese Fehler zu vermeiden, liegen die Meßdrähte bei dem Böhme-

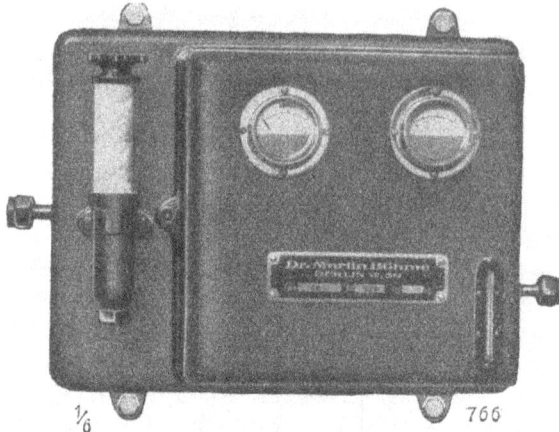

Abb. 131. Elektrischer Rauchgasprüfer, Bauart „Dr. Böhme".

Rauchgasprüfer z. B. in besonders ausgebildeten Patronen, die jede Beeinflussung der Meßgenauigkeit, die durch die Ver-

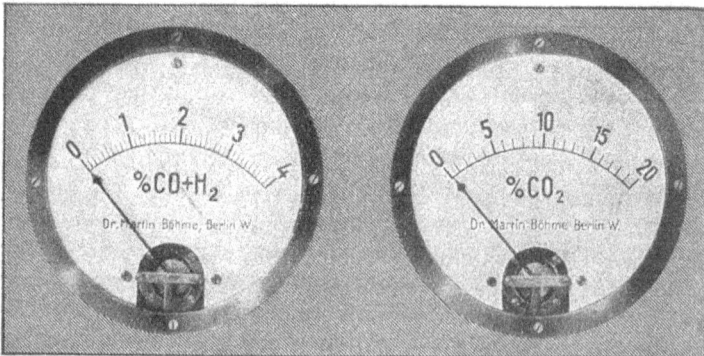

Abb. 131a. Die Meßskalen zu Abb. 131.

änderung der Geschwindigkeit der Gase eintreten könnte, ausschalten.

Der Böhme-Rauchgasprüfer ist also nicht von der Einstellung einer besonderen Geschwindigkeitsregulierung abhängig.

Die Geschwindigkeit kann jeweils so gewählt werden, daß eine Meßverzögerung ausgeschlossen ist.

Zu beachten ist noch, daß die Richtigkeit der CO_2-Messung davon abhängt, daß das Gasgemisch, dessen CO_2-Gehalt geprüft werden soll, frei von Wasserstoff ist. Die hohe Wärmeleitfähigkeit des Wasserstoffes (700) beeinflußt so wesentlich die Vergleichsmessung, die auf der geringeren Wärmeleitfähigkeit des CO_2 (59) gegenüber atmosphärischer Luft (100) beruht, daß geringste Mengen H_2 genügen, um die Messung von CO_2 irreführend, ja unmöglich zu machen. Jede Rauchgasprüfung auf CO_2, die von der Messung des elektrischen Widerstandes ausgeht, muß daher — wenn sie Anspruch auf Genauigkeit erheben will — den Wasserstoff vor der CO_2-Messung restlos ausscheiden. Das geschieht bei dem Böhme-Rauchgasprüfer durch Einschaltung einer besonderen Vorrichtung V zwischen der $CO + H_2$ und der CO_2-Messung, in der vorhandener Wasserstoff (H_2) beseitigt wird. Für den Betrieb des Rauchgasprüfers wird Gleichstrom von 6 V benötigt. Bei Vorhandensein von Strom höherer Spannung wird ein Vorschaltwiderstand — bei Wechselstrom ein Glimmgleichrichter — benötigt.

Zu der Gruppe der mechanisch betriebenen Rauchgasprüfer gehört der AEG-Ranarexapparat, welcher sich die Erfahrungen der Flugtechnik zunutze macht. Man hatte festgestellt, daß die Propellerleistung eines Flugmotors mit der Dichtigkeit der Luft zunimmt und umgekehrt. Hieraus hat man den logischen Rückschluß gezogen, daß umgekehrt aus der Propellerleistung auf die Dichtigkeit des Gases geschlossen werden kann, in welchem sich der Propeller bewegt. Bei dem AEG-Ranarexapparat wird diese Tatsache in einfacher Weise ausgewertet. Das Rauchgas durchströmt den Apparat fortgesetzt mit verhältnismäßig großer Geschwindigkeit und die Kohlensäureanzeige erfolgt ununterbrochen durch ein großes Zeigerwerk mit weithin sichtbarer Skala, an welcher der Heizer sofort den Erfolg seiner Tätigkeit wahrnehmen kann.

Der Ranarexapparat benutzt also die einfachste und klarste Eigenschaft der Rauchgase: ihr größeres spezifisches Gewicht gegenüber Luft, indem er den Unterschied zwischen den spezifischen Gewichten des Rauchgases und der Kesselhausluft fortlaufend anzeigt. Zur Erzielung großer Verstellkräfte werden die bei Gasen so geringen Gewichtsunterschiede (1 l Luft wiegt nur etwa 1,3 g) durch Zuhilfenahme motorischer Energie vervielfacht.

Das Meßprinzip besteht darin, daß dem Gase mittels eines durch einen kleinen Motor angetriebenen Schleuderrades eine hohe Geschwindigkeit erteilt wird, so daß alle aerodynamischen Kräfteerscheinungen sehr hohe Werte annehmen, weil sie dem Quadrat der Geschwindigkeit proportional sind. Die Anordnung ist derart getroffen, daß die aufgewendete motorische Kraft das Gas in kreisende Bewegung versetzt, wodurch ein aerodynamisches Drehfeld entsteht, dessen Energie von dem Meßsystem wieder aufgefangen und aufgezehrt wird.

In Abb. 132 ist die Ranarexmeßkammer schematisch dargestellt. Die gasdichte Kammer 8, in die das Gas bei 4 ein- und bei 5 austritt, enthält eine Scheibe, deren Welle 3 durch einen Motor angetrieben wird. Die Scheibe besitzt auf der einen Seite die als Saugventilator wirkenden Flügel 1, von denen das Gas in die Kammer gesaugt wird. Die Scheibe besitzt auf der anderen Seite radiale Treibflügel 2, von denen das Gas, nachdem es durch den ringförmigen Schlitz 9 in das Meßabteil der Kammer geströmt ist, in eine drehende Bewegung versetzt

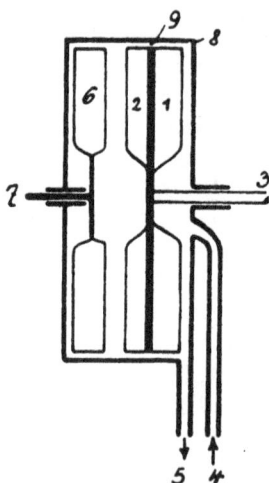

Abb. 132. Schematische Darstellung des AEG-Ranarex-Rauchgasprüfers.

wird. Die Ventilatorflügel bewirken einen dauernden Zustrom von frischem Gas, welches in dem Meßabteil der Kammer in die Flügel 6 eines gegenüber dem Treiber angeordneten Meßrades fällt und so dessen Achse 7 ein Drehmoment erteilt. Das Antriebsdrehmoment der Welle 3 wird demnach durch aerodynamische Kupplung auf die nicht umlaufende Meßradachse 7 übertragen. Die Kraftübertragung zwischen Treiber und Meßrad ist so gut, daß bei einer Antriebsenergie von etwa 25 Watt das vom Meßrad aufgefangene Drehmoment eine Größe von

etwa 350 cmg bei reiner Luft

„ 365 „ „ 10 vH CO_2 im Rauchgas

„ 380 „ „ 20 vH CO_2 „ „

besitzt; diese großen Meßkräfte werden durch die Multiplikation vermittels motorischer Energie erreicht. Man verwendet

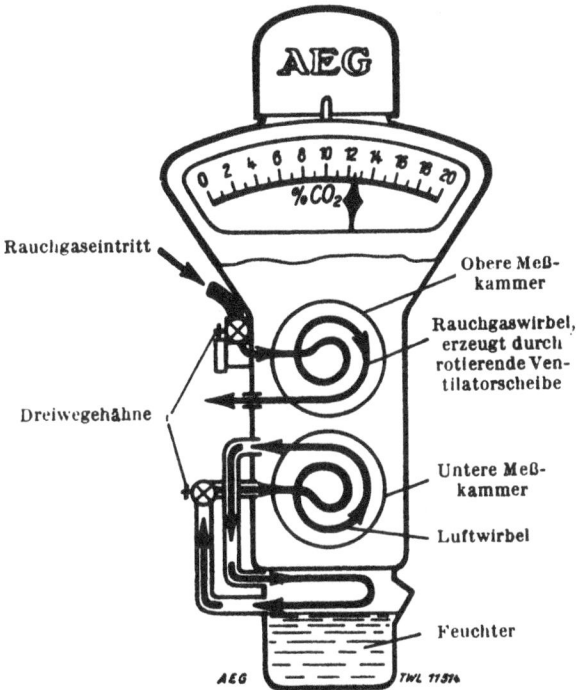

Abb. 133. AEG-Ranarex-Gaswaage.

zur Messung indessen nicht das absolute Gewicht des Rauchgases, sondern nur das relative, d. h. das Dichtigkeitsverhältnis zur umgebenden Luft. Die Messung muß unabhängig sein vom Barometerstand, von der Raumtemperatur und von Drehzahlschwankungen des Antriebsmotors. Diese Bedingungen werden beim Ranarex-Gasdichtemesser dadurch erfüllt, daß er eine zweite Meßkammer gleicher Art besitzt, in welcher atmosphärische Luft der gleichen jedoch in entgegengesetztem Drehsinn kreisenden Bewegung unterworfen wird. Infolgedessen ist das

Verhältnis der von den Treibrädern auf die Meßräder übertragenen Drehmomente gleich dem Verhältnis der Dichte des Rauchgases zur Dichte der Luft (s. Abb. 133).

Die Messung dieses Verhältnisses und die Anzeige seiner Größe auf einer Skala erfolgt durch die in Abb. 134 schematisch dargestellte Ranarexkupplung. Die beiden Meßradachsen e und f tragen gleichlange einarmige Hebel, deren freie Enden durch die etwas kürzer als der Achsabstand d ausgeführte Zugstange c gelenkig gekuppelt sind. Je nach der Lage, welche die beiden Meßräder zueinander einnehmen, sind daher die wirksamen Hebellängen (das sind die Abstände der Meßradachsen von der Kuppelstange bzw. deren Verlängerung) verschieden. Abb. 133 läßt dies deutlich erkennen, denn das eine Mal sind die wirksamen Hebellängen $e{-}o$ und $f{-}o$ einander gleich; das andere Mal nimmt die Ranarexkupplung die punktiert gezeichnete Stellung ein, bei welcher die wirksamen Hebellängen $e{-}1$ und $f{-}1$ verschieden sind und dem Verhältnis der beiden Gasdichten entsprechen müssen, damit das System sich im Gleichgewichtszustande befindet. Das Meßrädchen im dichteren Gas verstellt demnach das andere Meßrädchen so lange, bis

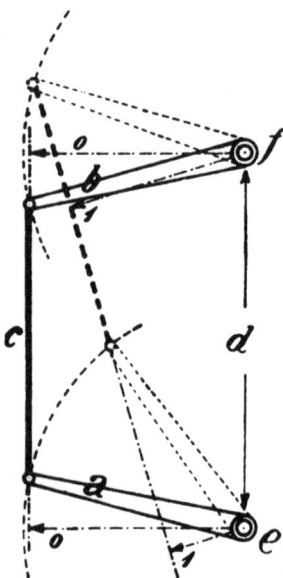

Abb. 134. Schema der Ranarex-Kupplung.

der Quotient der Drehmomente durch das Hebelverhältnis wieder ausgeglichen wird, das Meßsystem somit in die Gleichgewichtslage kommt und der auf der Meßradachse e angebrachte Zeiger an einer Skala die Gasdichte anzeigt.

Abb. 135 zeigt einen AEG-Ranarexapparat mit geöffneten Meßkammern und Abb. 136 mit geschlossenem Gehäuse und eingeschalteter Beleuchtung der Meßskala.

Wie Abb. 136 zeigt, kann neben der unmittelbaren Kohlensäureanzeige der Ranarexapparat für die Betriebsüberwachung

Abb. 135. Ranarex-Meßkammer
geöffnet.

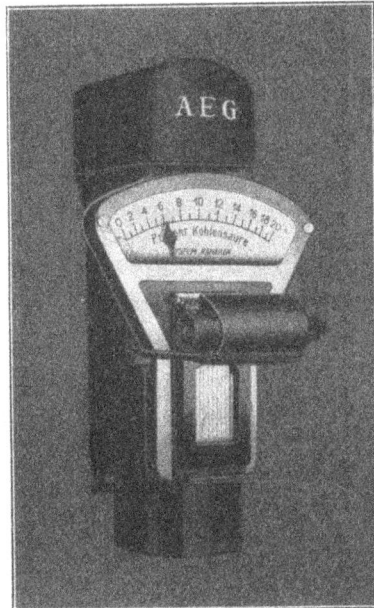

Abb. 136. Der AEG-Ranarex-Rauchgas-
prüfer im Betriebszustande.

registrierend eingerichtet werden, um statistische Unterlagen
zu liefern.[1])

[1]) Der Ranarex-Gasdichtemesser kann im übrigen in allen
Fällen verwendet werden, bei denen es sich um Messung von Gas-
gemischen handelt. Die Einzelbestandteile dieser Gasgemische
müssen ein verschieden großes spezifisches Gewicht haben und es
dürfen im allgemeinen die Volumenanteile von nicht mehr als
2 Gasen veränderlich sein. Größere Verbreitung hat der Ranarex-
Apparat daher in chemischen und diesen verwandten Betrieben
gefunden, in denen er als Betriebs-Überwachungsgerät dient. So
arbeiten eine Reihe von Apparaten als Wasserstoffmesser, als SO_2-
Messer in Schwefelsäurefabriken, als Ammoniakmesser, Schwefel-
äthermesser usw. und ermöglichen durch augenblickliche Anzeige und
fortlaufende Registrierung eine genaue und einfache Betriebskontrolle.

Die Arbeitsweise dieser Sonder-Apparate entspricht derjenigen
der normalen Ranarex-Rauchgasprüfer. Das Meßgas wird fortlaufend durch die obere Meßkammer gesaugt, gegen die Vergleichsluft der unteren Meßkammer ausgewogen und das Ergebnis durch
ein Meßsystem auf eine Skala übertragen.

Abschnitt 6.

Fernmesser und Fernmeßverfahren.

Es verbleibt nunmehr noch die Besprechung der Fernmeldeapparate, welche als Selbstschreiber oder Ablesegeräte

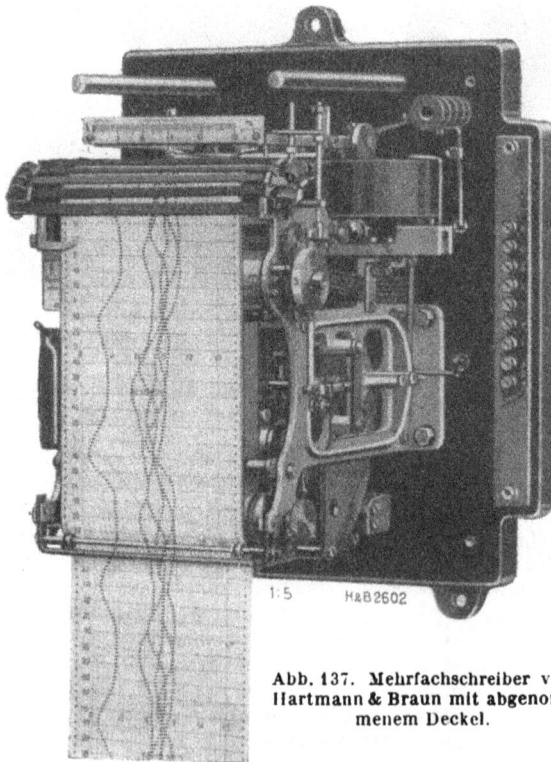

Abb. 137. Mehrfachschreiber von Hartmann & Braun mit abgenommenem Deckel.

ausgebaut sein können und von dem an der Meßstelle sich befindenden Gebergerät, z. B. Thermometer, Manometer, Rauchgasprüfer usw. angeregt werden. Die Ferngeber und Fernmeßgeräte sind an sich schon in den verschiedenen Abschnitten dieses Teiles erwähnt worden, eine ausführliche Beschreibung, besonders der Mehrfarbschreiber und einiger besonderer Schaltungen ist aber diesem Abschnitte vorbehalten worden. Ein besonders wichtiges Gerät ist der Mehrfarbenschreiber (Abb. 137) welcher mehrere (bis zu zwölf) Vorgänge in (bis zu sechs) verschiedenen Farben auf einem gemeinsamen Papierstreifen aufschreibt, wobei diese Vorgänge in beliebiger Entfernung von dem Mehrfarbenschreiber stattfinden können. Er findet beispielsweise Verwendung als Mehrfach-Temperaturfernschreiber für Anschluß an Widerstandsthermometer zur Aufzeichnung von Temperaturen bis 600° C, sowie für den Anschluß an Thermoelemente zur Aufzeichnung von Temperaturen bis 1600° C (s. a. das Diagramm eines Mehrfachtemperaturschreibers Abb. 138), ferner als Mehrfachdruck- oder Mengen- oder -Zeigerstandsfernschreiber für Anschluß an Gebergeräte mit an- und eingebautem Elektrofernsender zur Aufzeichnung von Drucken, Differenzdrucken, Luft-, Dampf- und Flüssigkeitsmengen, Wasserständen, Glockenständen von Gasbehältern u. dgl., und schließlich als Mehrfach-Feuchtigkeitsfernschreiber zur Aufzeichnung der relativen oder absoluten Luftfeuchtigkeit. Hierbei können die mit ein und demselben Mehrfachschreiber aufgezeichneten Meßgrößen gleich- und verschiedenartig sein, z. B. Temperatur und Druck oder Temperatur und Menge od. dgl.

Abb. 139 zeigt eine Kesselhauswarte mit 18 Siemens-Sechsfachschreibern zur Aufzeichnung der Temperaturen und des Kohlensäuregehaltes der Abgase an 16 Dampfkesseln.

Im allgemeinen werden die Mehrfachschreiber nur mit einem Meßwerk ausgerüstet, das nacheinander vom Uhrwerk auf die verschiedenen Meßstellen umgeschaltet wird. Auch ein Zwölffachschreiber benötigt dann ein Meßwerk, wenn alle zwölf Kurven Vorgänge gleicher Art, z. B. Temperaturen in Grad Celsius darstellen sollen. Selbst dann, wenn z. B. für die linke Kurvengruppe ein anderer Meßbereich vorgesehen ist als für die rechte Gruppe, z. B. links 20—700° C und rechts 20—1200° C, so ist im allgemeinen doch nur ein Meßwerk erforderlich; denn hierbei werden die verschiedenen Meßbereiche einfach dadurch erzielt, daß Vorschaltwiderstände jeweils von dem Uhrwerk mit umgeschaltet werden.

Handelt es sich dagegen um die Aufzeichnung verschiedener physikalischer Größen, so können Sechsfach- und Zwölf-

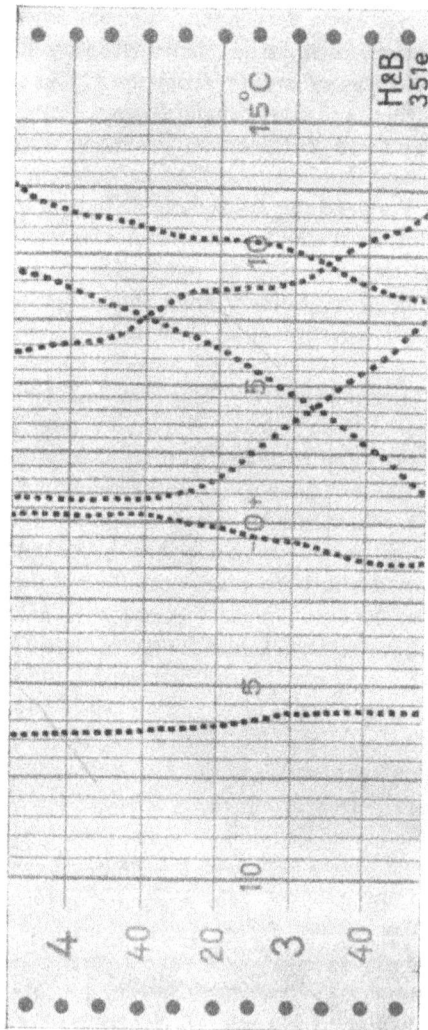

Abb. 138. Papierstreifenmuster eines Temperatur-Sechsfachschreibers in natürlicher Größe.

fachschreiber auch mit zwei verschiedenen Meßwerken ausgestattet werden, z. B. links mit einem Drehspulmeßwerk für

Pyrometer und rechts mit einem Kreuzspulmeßwerk für Widerstandsthermometer für niedere Temperaturen oder für Druckfernmesser usw. Es können aber auch andere physikalische
Größen aufgezeichnet werden, z. B. rechts die Temperatur

Abb. 139. Kesselhauswarte im Großkraftwerk Klingenberg mit 18 Siemens-
Sechsfarbenschreibern zur Aufzeichnung der Temperaturen und des Kohlensäuregehaltes an 16 Kesseln.

und links der CO_2-Gehalt der Rauchgase von Dampfkesseln (s. a. Diagrammstr. Abb. 129). In solchen Fällen erhalten die Kurven zusammengehöriger Vorgänge gleiche Farben, um eine möglichst große Übersichtlichkeit zu erreichen.

Die mehrfarbige Aufzeichnung hat ferner den Vorteil, daß
die einzelnen Kurven auch dann noch leicht auseinander ge-

158

halten werden können, wenn die Schaulinien nahe aneinander vorbeilaufen oder sich unter spitzem Winkel kreuzen.

Der Mehrfarbenschreiber von Hartmann & Braun besteht aus einem elektrischen und mechanischen Teil[1]).

Der in Abb. 140 nur teilweise dargestellte elektrische Teil besteht aus einem sehr kräftigen Stahlmagneten mit Polschuhen und Zwischenkern, in deren Luftspalt sich mit Hilfe einer reibungsfreien Spanndrahtaufhängung eine Meßspule Sp um ihre senkrechte Achse dreht. Diese Spule ist, je nach ihrem Verwendungszweck, entweder eine einfache Drehspule oder eine Kreuzspule.

Bei den als Mehrfachtemperaturschreiber zum Anschluß an Widerstandsthermometer ausgebildeten Mehrfarbenschreibern ist die Meßspule eine Kreuzspule nach Bruger. Diese mißt den Widerstandswert, den der Eisen- oder Platinwiderstand des Widerstandsthermometers infolge der Wärme an der Meßstelle hat. Die Skala und der Papierstreifen sind der Temperatur entsprechend in Grad Celsius unterteilt. In dieser Ausführung für den Anschluß an Widerstandsthermometer kommt der Mehrfarbenschreiber für die Aufzeichnung niederer und mittlerer Temperaturen, von etwa —200 bis +600° C in Betracht.

Bei dem als Mehrfachtemperaturschreiber für den Anschluß an Thermoelemente ausgebildeten Mehrfarbenschreibern ist die Meßspule eine einfache Drehspule. Diese mißt den elektrischen Strom, der durch die Temperatur an der Meßstelle von dem betreffenden Thermoelement erzeugt wird. Die Skala des Gerätes, sowie der dieser Skala entsprechende Aufdruck auf den Papierstreifen wird ebenfalls im allgemeinen in Grad Celsius eingeteilt. In dieser Ausführung für den Anschluß an Thermoelemente kommt der Mehrfarbenschreiber hauptsächlich für Aufzeichnung höherer Temperaturen, bis zu 1600° in Betracht.

Bei den Mehrfarbenschreibern, die als Druck- oder Differenzdruck- oder Mengenfernschreiber verwendet werden sollen, und die demnach zum Anschluß an entsprechende Gebergeräte, Manometer, Ringwaagemengenmesser u. dgl. mit an- oder eingebautem Fernsender dienen, ist die Meßspule wiederum eine Kreuzspule nach Bruger. Dieselbe mißt ein Widerstandsverhältnis, das sich durch die Achsendrehung des mit dem Geber-

---

[1]) Der Mehrfarbenschreiber von Siemens & Halske ist ähnlich gebaut.

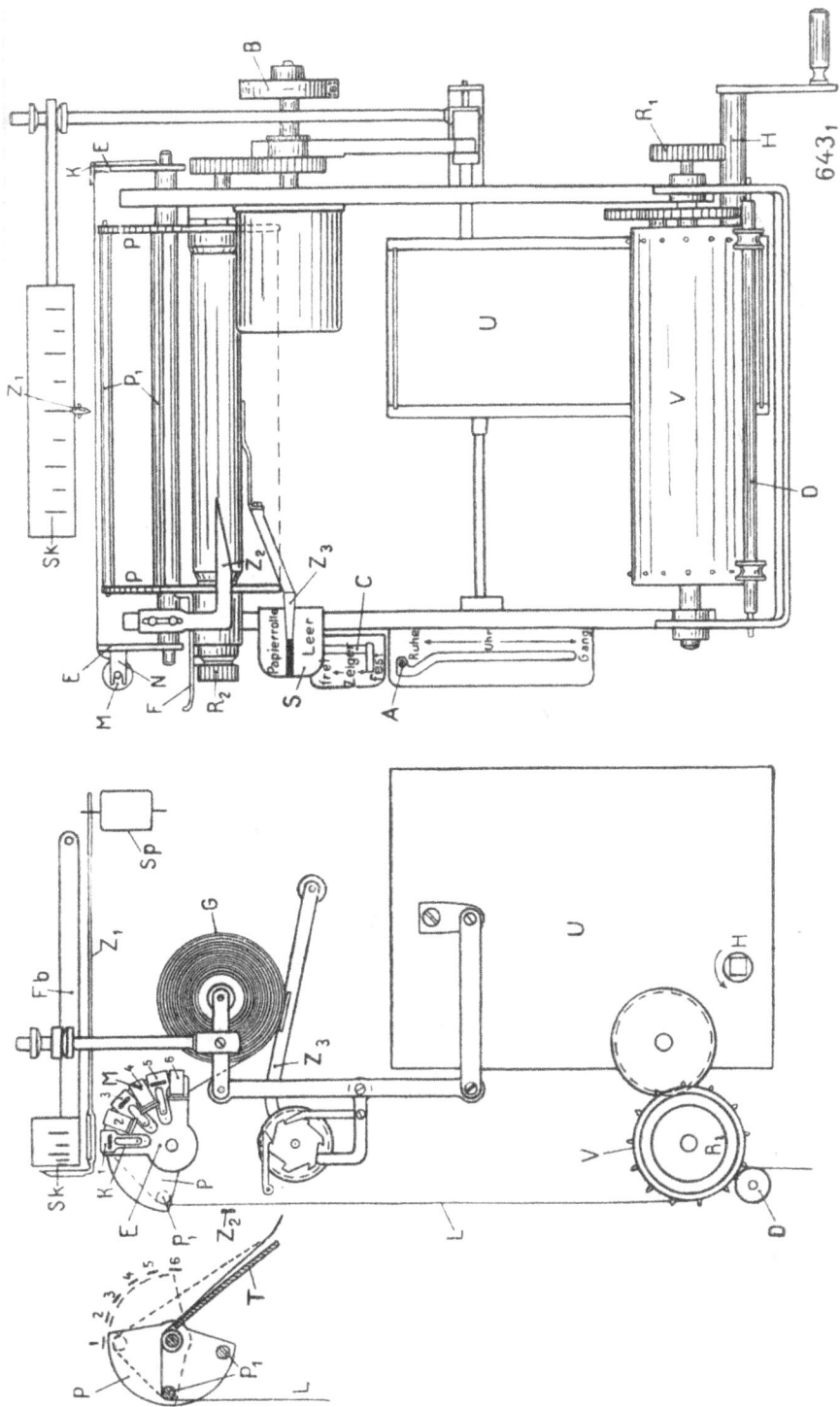

Abb. 140. Darstellung des elektrischen Teiles eines Mehrfarbenschreibers, Bauart „Hartmann & Braun".

6431

gerät gekuppelten Fernsenders ändert, und zwar derart, daß
der Zeiger der Kreuzspule genau die Zeigerstellung des Gebergerätes angibt. Dementsprechend ist die Skala und der Papierstreifen des Mehrfarbenschreibers in den gleichen Einheiten
wie das Gebergerät, also z. B. in kg/cm² oder in t/s geeicht.

Der mechanische Teil der Einrichtung ist, ohne Rücksicht
darauf, ob die Meßspule eine Drehspule oder eine Kreuzspule
ist, stets der gleiche.

Der mit der Meßspule fest verbundene Zeiger Z_1, Abb. 140,
ist in der Nähe der Spule federnd biegsam, kurz vor seinem auf-
gebogenen Ende dagegen messerförmig gestaltet. Das aufge-
bogene Ende spielt vor einer Skala Sk, die auf einem Fallbügel Fb befestigt ist. Dieser Fallbügel Fb wird vom Uhrwerk U in bestimmten, der Papiergeschwindigkeit entsprechenden Zeitabständen, z. B. alle 30 oder 60 Sekunden, auf eines
der sechs Farbbänder *1—6* niedergedrückt und danach sofort
wieder freigegeben. Dicht unter dem Farbband wird ein von
der ·Rolle G ablaufender Papierstreifen L über zwei dünne
Führungswalzen P_1 hinweggeführt, so daß der Papierstreifen
über die obere dieser Führungswalzen verhältnismäßig scharf
gebogen wird. Durch das Niederdrücken des Zeigers entsteht
auf dem Papier in der Farbe des gerade über der Papier-
krümmung befindlichen Farbbandes ein Punkt, der dem Kreu-
zungspunkt der Schneide des messerförmigen Zeigers und der
oberen Mantellinie der oberen Führungsrolle entspricht. Durch
diese Einrichtung wird erreicht, daß die Aufzeichnung im
geradlinig-rechtwinkeligen Netz (Koordinaten) erfolgt, ohne
daß irgendeine Geradführung zur Anwendung kommt.

Der Papierstreifen wird von der mit Stiftkranz versehenen
und vom Uhrwerk l angetriebenen Walze V mit gleichbleibender Geschwindigkeit nach unten gezogen.

Die sechs Farbbänder *1—6* und ihre Guttaperchaschutzbänder sind zwischen zwei viertelkreisförmigen Metall-
flügeln des Farbbandgestelles E ausgespannt, und zwar derart, daß das erste Band von seiner links sitzenden Rolle M
nach rechts, das zweite Band von seiner rechts sitzenden Rolle
nach links, das dritte Band wiederum von links nach rechts usw.
straff über den Papierstreifen gespannt ist. Durch die über
den Farbbändern liegenden Guttaperchaschutzbänder wird

verhindert, daß der nacheinander auf alle sechs Farbbänder niedergedrückte Zeiger die verschiedenen Farben auf die anderen Bänder überträgt. Jedesmal, nachdem ein Punkt aufgezeichnet ist, wird von dem Uhrwerk, durch Drehen der Metallflügel, das nächste und nach dem sechsten Farbband wieder das erste Farbband über den Papierstreifen gebracht.

Gleichzeitig mit der Umschaltung des Farbbandes und ebenfalls durch das Uhrwerk U erfolgt die Umschaltung der Meßspule auf die nächste Meßstelle. Auf diese Weise entsprechen die Punkte gleicher Farbe immer ein- und derselben Meßstelle, und reihen sich zu einer entsprechend-farbigen Linie zusammen. Alle sechs verschiedenfarbigen Linien zeigen dann die Schwankungen der betreffenden sechs Meßstellen an, wobei einerseits die sechs verschiedenen Farben ein Verwechseln der Linien ausschließen, andererseits aber die Aufzeichnung der sechs verschiedenfarbigen Linien auf einen gemeinsamen Streifen einen leichten Vergleich der aufgezeichneten Meßwerte aller sechs Meßstellen gewährleistet.

Mit Hilfe eines Steckschlüssels kann das Farbbandgestell E mit den sechs Farbbändern jederzeit ganz zurückgeklappt werden, so daß die Schaulinien auch während des Betriebes bis an ihre Entstehungspunkte sichtbar gemacht werden können.

Der stündliche Papiervorschub beträgt 20 oder 30 oder 60 mm. Der Papierstreifen ist 135 mm breit und etwa 45 m lang, so daß er bei einem stündlichen Vorschub von 20 mm etwa 90 Tage und bei einem solchen von 60 mm etwa 30 Tage ausreicht. Der Jahresbedarf ist demnach bei einem Papiervorschub von 20 mm/h etwa 4 Papierrollen und bei einem Papiervorschub von 60 mm/h etwa 12 Papierrollen.

Die Punktaufzeichnung erfolgt in Zeitabständen, die dem Papiervorschub angepaßt sind. Bei einem Vorschub von 20 mm/h werden die Punkte alle 30 Sekunden aufgezeichnet, so daß jede Meßstelle alle 6 · 30 Sekunden, d. h. alle 3 Minuten zur Aufzeichnung an die Reihe kommt. Bei einem Vorschub von 60 mm/h erfolgt die Punktaufzeichnung alle 20 Sekunden, so daß jede Meßstelle alle 6 · 20 = 120 Sekunden, also alle 2 Minuten an die Reihe kommt.

Die Gangdauer des Uhrwerks beträgt bei der Punktaufzeichnung in Zeitabständen von 30 Sekunden etwa 7 Tage, bei 20 Sekunden etwa 5 Tage.

Der Aufdruck auf dem Papierstreifen zeigt ein geradlinigrechtwinkeliges Netz (Koordinaten). Die untereinander stehenden wagerechten Linien sind die Zeitlinien, während die nebeneinander stehenden senkrechten Linien der Eichung des Gerätes entsprechen, also mit der Teilung der Skala *Sk* auf dem Fallbügel übereinstimmen.

Bei den mit einer Drehspule ausgestatteten Mehrfarbenschreibern, die an Thermoelemente angeschlossen und zur Messung höherer Temperaturen bestimmt sind, kommt eine besondere Betriebsstromquelle nicht zur Anwendung, da von den Thermoelementen durch die Wärmeschwankungen an den Meßstellen die Meßströme selbst erzeugt werden.

Dagegen ist bei dem mit einer Kreuzspule versehenen Mehrfarbenschreibern, die entweder an Widerstands-Fernthermometer oder an Ferngeber anzuschließen sind, eine besondere Stromquelle erforderlich. Als solche kommt ein kleiner Sammler (Akkumulator) von etwa 4 V in Betracht. In vielen Fällen wird man zwei Sammler aufstellen, so daß stets einer betriebsbereit ist, während der andere durch eine geeignete Ladevorrichtung aufgeladen wird.

Die Sammler haben bei einer sachgemäßen Behandlung eine verhältnismäßig lange Lebensdauer, sie bedürfen aber etwa alle Monate der Aufladung.

Der unmittelbare Anschluß des Kreuzspul-Mehrfarbenschreibers an eine Gleichstromlicht- oder Kraftspannung ist nicht zu empfehlen, da derartige Netze erfahrungsgemäß stets Isolationsfehler aufweisen, die fortwährend zu Störungen und fehlerhaften Messungen führen. Die Gleichstromspannung kann lediglich zum Aufladen des Sammlers benutzt werden.

Bei den mit einer Drehspule ausgestatteten Mehrfarbenschreibern, also bei solchen, die an Thermoelemente zur Messung höherer Temperaturen angeschlossen sind, kommen Abgleichwiderstände in Fortfall, so daß bei diesen ein Abgleichen der Fernleitungen wegfällt.

Dagegen müssen bei allen mit einer Kreuzspule ausgestatteten Mehrfarbenschreibern, die entweder an Widerstands-

Fernthermometer oder an Ferngeber angeschlossen werden,
die Abgleichwiderstände, je nachdem ob der Anschluß an
Widerstandsthermometer oder Ferngeber erfolgt, nach den
folgenden Richtlinien abgeglichen werden:

1. Bei dem Anschluß an Widerstands-Fernthermometer
wird das Uhrwerk des Mehrfarbenschreibers durch Umlegen
des roten Hebels A (Abb. 140) auf „Gang" solange laufen
gelassen, bis das Nummernrad B diejenige der farbigen Zahlen
1—6 vorn zeigt, welche der abzugleichenden Fernleitung bzw.
dem dazugehörigen Widerstandsthermometer entspricht. Alsdann wird das Uhrwerk wieder abgestellt. Da der betreffende
Abgleichwiderstand noch ungekürzt, der Gesamtwiderstand
der Fernleitung + Abgleichwiderstand also zu groß ist, wird
der Zeiger des Mehrfarbenschreibers jetzt sicher eine größere
Temperatur anzeigen, als ein genaues Vergleichs-Quecksilber-
thermometer, das dicht neben das betreffende elektrische
Widerstandsthermometer aufgehängt wird. Nun wird der betreffende Abgleichwiderstand vorsichtig durch Abkneifen kleiner Stückchen so lange gekürzt bis die Temperaturangaben des
Mehrfarbenschreibers und des an der Meßstelle aufgehängten
Vergleichs-Quecksilberthermometers übereinstimmen. Alsdann
zeigt der Mehrfarbenschreiber die Temperatur der Meßstelle an.
Danach wird durch abermaliges Einschalten des Uhrwerkes
das Nummernrad um eine Nummer weiter laufen gelassen
und der Abgleichwiderstand der nächsten Meßstelle genau
wie zuvor abgeglichen und so fort für alle anzuschließenden
Meßstellen.

2. Bei dem Anschluß an Ferngeber brauchen nur die zwei
zu jeder Meßstelle führenden Fernleitungen unter sich gleichen
Widerstand zu haben, dagegen brauchen nicht bei allen Meßstellen die Fernleitungspaare einander widerstandsgleich zu
sein. Um ein Leitungspaar abzugleichen, wird wieder durch
Einschalten des Uhrwerkes das Nummernrad bis auf die betreffende Nummer laufen gelassen. Sind für beide Leitungen
gleich dicke und gleich lange Drähte verwendet, so ist eine
Abgleichung im allgemeinen nicht erforderlich, da dann fast
immer der Zeiger des Mehrfarbenschreibers so anzeigt, wie der
Geberapparat. Nur wenn — z. B. bei Verwendung verschieden
dicker Fernleitungen — eine Abweichung der Anzeige vorhan-

den ist, müssen die Leitungen durch stückweises Kürzen des
einen oder anderen Abgleichwiderstandes, so lange abgeglichen
werden, bis der Zeiger des Mehrfarbenschreibers genau so
anzeigt, wie der mit dem Ferngeber ausgerüstete Meßapparat
an der Meßstelle.

Zu Zwecken der Betriebsüberwachung technischer Einrichtungen ist es oft wichtig, die Summe mehrerer betriebs-
wichtiger Meßgrößen, deren jede nur einzeln durch unmittelbare Messungen erfaßt werden kann, zu kennen, wobei zumeist
sogar die Summe mehrerer Meßgrößen weit mehr Interesse
besitzt als die einzelnen Summanden. Das ist beispielsweise bei
neuzeitigen Großkesseln der Fall, die mit zwei oder sogar drei

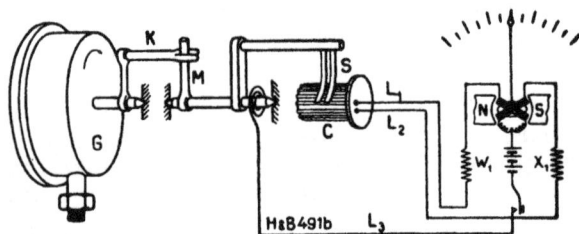

Abb. 141. Schaltung eines Elektro-Fernsenders mit einem als Fern-Ablesegerät
dienenden Kreuzspulmeßgerät.

selbständigen Überhitzern ausgerüstet sind und aus diesen
durch getrennte Abführungsrohre den Dampf in die Sammelleitung abgeben. Man kann sich also garnicht anders helfen, als
daß man einen Dampfmesser in jedes der selbständigen Abführungsrohre einbaut und dort die zwei oder drei Teilströme
mißt, obwohl in der Regel allein die gesamte Dampfmenge
interessiert.

Ganz ähnlich ist die Aufgabe der Luftmengenbestim-
mungen, wenn ein Dampfkessel mit zwei getrennten Luftvorwärmern oder mit Unterwindzuführungen ausgerüstet ist. Auch
hier ist die Gesamtmenge von Belang, welche aber nur durch
die Messung der Teilmengen an den beiden Seiten des symme-
trisch gebauten Kessels erfaßt werden kann.

Mitunter ist die Summe verschiedener Messungen von
Wichtigkeit, ohne daß jedoch die gleichzeitige Beobachtung
der einzelnen Summanden demgegenüber bedeutungslos wird.
Dies ist z. B. in der Verteilungszentrale ausgedehnter oder stark

verzweigter Gas-, Dampf- und Wasserleitungsnetze der Fall,
wo es beispielsweise darauf ankommt, die Summe der Entnahme einer Gruppe von Spitzenverbrauchern der Summe einer
konstanten Verbrauchergruppe gegenüberzustellen, oder die
Summe des augenblicklichen Spitzenverbrauches zur Summe
der Spitzenerzeugung oder die Summe von Grundlast und
Spitzenverbrauch zur Gesamterzeugung jederzeit in Beziehung

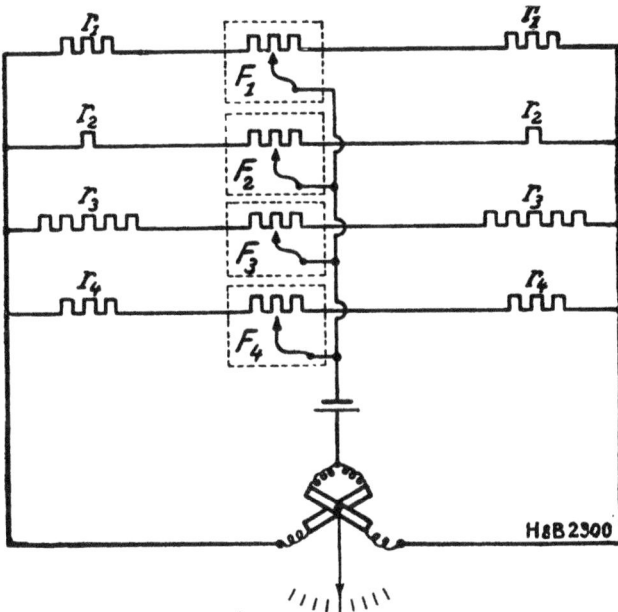

Abb. 142. Summenschaltung von 4 Teilgrößen.

setzen zu können. Auch ist es oft wünschenswert, daß in gekuppelten Netzen, deren einzelne Erzeuger als Spitzen- und
Grundlastlieferer unterschieden werden, die Summe der
Spitzenerzeugung der Summe des Spitzenverbrauches und die
Grundlastlieferung dem entsprechenden Verbrauch in ganz
wenigen Geräten, wenn möglich, in nicht mehr als zwei Doppel-
instrumenten gegenüber gestellt wird.

Zunächst wurde die elektrische Summierung zweier Meßgrößen durch Hintereinanderschalten von Schleifwiderständen
versucht.

Neuerdings aber ist es durch Ersatz der sonst meist
benutzten Drehspulgeräte durch Kreuzspulinstrumente gelungen, eine auf anderer physikalischer Basis aufgebaute einwandfreie Summenmessung zu erzielen. Zur Erläuterung ist
in Abb. 141 die Schaltung eines Elektroferngebers einer Einzel-
meßstelle mit dem zugehörigen Kreuzspulinstrument gezeichnet. Abb. 142 stellt die Summenschaltung für ein Beispiel
von vier einzelnen Teilgrößen, etwa vier Dampfmengen dar.

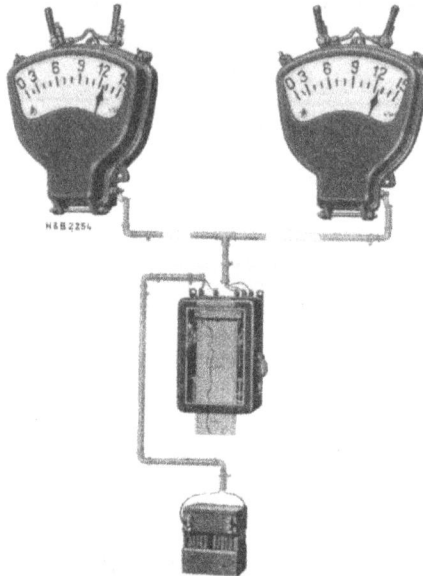

Abb. 143. Summenschaltung zweier Dampfmesser.

Jede der vier Einzelmeßstellen muß mit einer Stauvorrichtung
und einem mit Elektroferngeber versehenen Dampfmesser ausgerüstet werden. Die eigentlichen Geber sind in Abb. 142 mit
den Buchstaben F_1 bis F_4 bezeichnet. Abb. 143 zeigt zwei
derartige Dampfmesser in Verbindung mit einem die Summe
beider aufzeichnenden Fernschreiber. Abb. 144 zeigt schließlich das Innere eines Gebergerätes für Luft- und Gasmengen-
fernmessung. Der vorn angebaute Elektroferngeber besteht
aus einer Walze, welche mit dicht nebeneinanderliegenden
Lamellen eines sehr dünnen Widerstandsmaterials bedeckt

ist und von einer Schleifbürste überstrichen wird. Abb. 145 zeigt einige Gebergeräte von Hartmann & Braun an einer Bunkersäule im E.-W. Dresden zur Messung des Saugzuges, des Zuges unter dem Rost und des Zuges in der Brennkammer sowie der Luftmenge für einen Kessel.

Abb. 142 läßt erkennen, daß es sich bei der Summierung von Meßgrößen im Grunde um eine Parallelschaltung der einzelnen Ferngeber handelt.

Wichtig ist nun, daß bei der Summenschaltung nach Abb. 142 die Meßgenauigkeit eines jeden Summanden prozentual die gleiche ist; denn das Größenverhältnis der einzelnen Summanden wird nicht nur durch eine Veränderung der Walzenwiderstände, sondern, da es sich um eine Parallelschaltung handelt, durch die davor angeordneten sog. Ballastwiderstände (vgl. r_2 und r_3 in Abb. 142) berücksichtigt. Von welcher Bedeutung diese anteilige Gleichheit der Meßgenauigkeit ist, ergibt sich sofort bei der Annahme,

Abb. 144. Ringwaage mit Elektroferngeber mit abgenommener Verschalung.

daß die größte Dampfleitung ganz abgestellt werde, so daß die Summe nur noch aus den Teilmengen der drei kleineren Dampfleitungen gebildet wird. Die Summenschaltung mißt auch in solchem Falle die Summe der kleinen Teilmengen mit der gleichen Genauigkeit wie den größten Summanden allein.

Diese Eigenschaft ermöglicht es in bestimmten Fällen sogar, den allen Differenzdruck- und Stauverfahren anhafteten Mangel der Ungenauigkeit in der Nullnähe zu umgehen. Es wird dann eine Stromverzweigung hergestellt und die Summe der Teilströme a und b (Abb. 146) gemessen. Wird die Teilmenge a sehr klein, so wird der Schieber c geschlossen und die Messung erfolgt weiterhin lediglich im Teilstrom b mit erhöhter Genauigkeit, jedoch ohne Änderung der Meßskala. Die Be-

tätigung des Schiebers kann auch selbsttätig durch einen Grenz-
kontakt im Meßgerät erfolgen.

Wohl alle bisher bekannt gewordenen Summenverfahren
haben den Nachteil, daß der Übergangswiderstand an der Kon-
taktstelle in seiner ganzen Größe als Meßfehler in die Summenbildung mit eingeht. Je mehr Größen zu summieren sind, um

Abb. 144 a. Elektroferngeber mit Schutzkappe.

so mehr addieren sich diese Fehler, wodurch das Verfahren
praktisch die Verwendung nur einiger weniger Summanden
zuläßt. Das Kreuzspulmeßwerk hat an sich schon die bekannte
Eigenschaft, daß es seiner Natur nach von dem Übergangswiderstand an der Bürste des Fernsenders unabhängig ist. Diese
Eigenschaft behält es auch bei der neuen Summenschaltung
bei, da es sich hierbei um eine Parallelanordnung handelt. Darüber hinausgehend zeigt sich jedoch, daß das Verfahren bei

der Summierung von nur zwei Gliedern mit einem theoretischen Fehler behaftet ist, der in der Größenordnung von ungefähr 1 vH liegt, daß aber dieser theoretische Fehler um so kleiner wird, je mehr Glieder zur Summenbildung herangezogen werden.

Das Kreuzspulmeßwerk ist bekanntlich seinem Wesen nach ein Quotientenmesser, welcher auf das Verhältnis der

Abb. 145. Gebergeräte an einer Bunkersäule für Zug- und Luftmengenmessung.

Stromstärken in den beiden Spulen anspricht und infolgedessen von deren absoluter Höhe und damit von der Antriebsspannung unabhängig ist. Abb. 142 zeigt, daß auch diese Eigenschaft von der Summenschaltung unberührt bleibt. Auch geschieht die Berücksichtigung des Größenunterschiedes der einzelnen Summanden lediglich durch die den Ferngebern vorgeschalteten Justierwiderstände. Die Fernsender selbst bedürfen in ihrer Form gegenüber der normalen Ausführung keiner Abänderung.

Deshalb kann nicht nur jedes beliebige Primärgerät im Bedarfsfalle unverändert an die Summenschaltung angeschlossen werden, sondern es kann auch dasselbe Primärgerät abwechselnd mittels Umschalter sowohl auf den Summenzeiger, wie auch auf ein nur der Einzelmessung dienendes Anzeigegerät geschaltet werden. Dieser Gesichtspunkt spielt namentlich für die nunmehr zu behandelnde Durchschnittsbildung eine Rolle, bei welcher zumeist auf dem gleichen Instrument nicht nur der Durchschnittswert mehrerer Meßstellen, sondern durch Umschaltung mittels Druckknopftasten auch die Einzelwerte der einzelnen Meßstellen abgelesen werden.

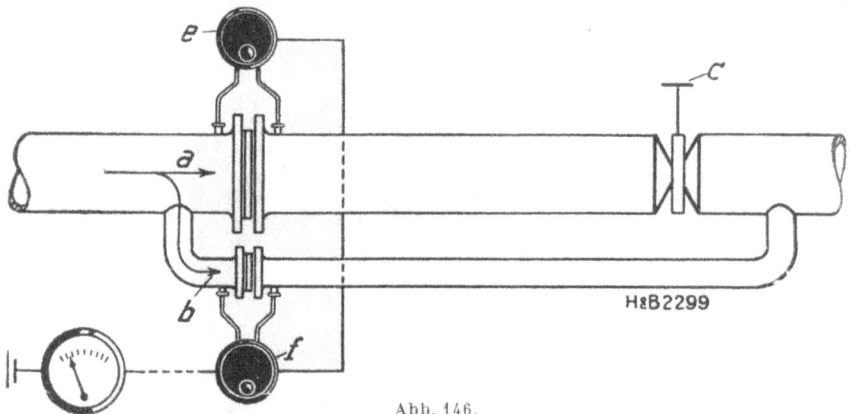

Abb. 146.

Stromverzweigung zur Umgehung der Meßungenauigkeit in der Nullnähe.

Der hauptsächliche Anwendungsbereich der Summenschaltung erstreckt sich auf das Gebiet der Mengenmessung bzw. Fernaufschreibung strömender Dämpfe, Flüssigkeiten und Gase. Durch geeignete Wahl des Meßbereiches des Anzeigeinstrumentes ist es jedoch auch möglich, auf diesem statt der Summe, das arithmetische Mittel der einzelnen Meßgrößen anzuzeigen. Die Schaltung selbst bleibt dabei unverändert.

Im Gegensatz zu den Mengenmessungen spielt die Mittelwertmessung für die Beobachtung von Drücken und Temperaturen eine besondere Rolle. Beispielsweise ist es in Kerntrockenöfen, die mit der üblichen Koksfeuerung geheizt werden, unmöglich, die Temperaturverteilung gleich, wie auch über eine Trocknungsperiode unverändert zu halten. Die Messung an einer einzelnen Meßstelle gibt infolgedessen ein völlig falsches Bild des Trockenvorganges. Soll die Verwendung zahlreicher Temperaturanzeiger vermieden werden, so könnten lediglich an verschiedenen Ofenstellen Temperaturmesser eingebaut und aus deren Messungen mit Hilfe der besprochenen Schaltung der Mittelwert gebildet werden, welcher auf einem Anzeigegerät abgelesen werden kann. Mittels eines Druckknopfumschalters ist es dann möglich, daneben an dem gleichen Gerät auch die Einzeltemperaturen abzulesen. Ebenso spielt die Ermittlung des Durchschnittswertes eine Rolle bei der Messung des Unter- oder Überdruckes in den Feuerräumen neuzeitiger sehr großer Dampfkessel. Die beträchtliche Bauhöhe solcher Kessel verursacht infolge des Auftriebes bemerkenswerte Unterschiede des Zuges in den oberen und unteren Zonen der Feuerräume, ebenso an den beiden Feuerungsseiten.

An Stelle der Summe ist es auch möglich, mit der in Abb. 142 dargestellten Schaltung den Unterschied mehrerer Meßgrößen zu bilden. Zu diesem Zweck werden lediglich die Anschlüsse des oder der Ferngeber vertauscht.

In allen Fällen ist außer der Summenanzeige auch deren Fernaufschreibung mit dem eingangs besprochenen Mehrfachschreiber möglich.

Es verbleibt schließlich noch die Notwendigkeit, auf die von den Firmen Siemens & Halske und Hartmann & Braun gebauten Großanzeigegeräte einzugehen.

In den meisten Betrieben, vor allem in Kraftwerken, ist man auf Grund langer Erfahrungen und statistischer Aufzeichnungen imstande, die zu erwartende Last und ihre Schwankungen, also die sogenannte Tageslast-Kurve, vorauszubestimmen. Für jeden Tag wird ein Lastverteilungsplan aufgestellt; dieser teilt jeder Maschinen- oder Kesseleinheit die zu schaffende Leistung zu. Jedem Wärter muß die nach dem Plan geforderte Einzelleistung ständig kenntlich gemacht werden. Ergeben die Betriebsverhältnisse die Notwendigkeit, vom Plan abzuweichen, dann muß es auch möglich sein, sofort die entsprechenden Maßnahmen den einzelnen Unterbetrieben bzw. Maschinengruppen zu befehlen. In unruhigen Betrieben, die keinen Fahrplan haben, ist es vor allem wichtig, immer die geforderten Einzelleistungen, die den Bedürfnissen

172

des Betriebes entsprechen, anzuzeigen. Am einfachsten liegt
der Fall bei neuzeitigen Großelektrizitätswerken, wie beispielsweise beim Großkraftwerk Neuhof, Hamburg oder bei
dem Klingenbergwerk, Berlin — Rummelsburg, welche die
Grundlast aufnehmen und die Spitzenbelastung älterer
Werken überlassen, also mit anderen Worten „blind" nach
einer täglich vorgeschriebenen Belastungskurve fahren. Ob

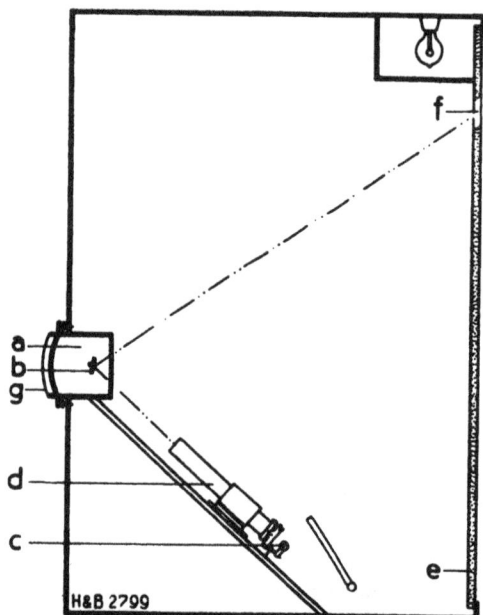

Abb. 147. Entstehung der Lichtanzeige beim Großanzeigegerät.

sich der Arbeitablauf nun gleichmäßig oder sprungweise ändert,
es muß jederzeit eindeutig vorgeschrieben werden, was sein soll.

Hierzu kommt, daß die Anzeige solcher Geräte von jeder
Stelle des Kesselhauses aus sichtbar sein muß. Dies ist
mit den bisher beschriebenen Geräten nur auf höchstens 20 m
möglich; denn bei weiterer Vergrößerung dieser Ablesegeräte
wird der mechanische Zeiger zu schwer, das Meßwerk demzufolge zu stark belastet und die Dämpfung ungünstig und
ungenau und somit die Messung selbst unzuverlässig.

Es mußten demzufolge neue Wege eingeschlagen werden, um das Ziel der weithin sichtbaren Großanzeige zu erreichen. Man ging zur Lichtanzeige über! Abb. 147 zeigt das Meß-verfahren des in Abb. 148 dargestellten Profilux von Hartmann & Braun.

An der Rückwand der Zeigerkammer ist ein normales Profilmeßgerät *a* angebracht, von dessen Achse der Spiegel *b* bewegt wird. Das Licht einer Schein-werferlampe *c* wird — ge-sammelt durch ein Linsen-system im Rohre *d* — auf den Spiegel *b* geworfen. Dieser wirft die Strahlen in Form eines helleuchten-den runden Flecks *f* auf die Rückseite der Lichtzeiger-bahn *e*. In den Lichtweg ist ein Schattengeber ein-gefügt, so daß im Licht-fleck ein schwarzer Quer-strich ausgespart bleibt: der eigentliche Zeiger. Je nachdem sich die Meßwerk-achse bei Veränderung der Meßgröße dreht, wandert die Lichtmarke auf der Lichtzeigerbahn auf und nieder und zeigt den ge-

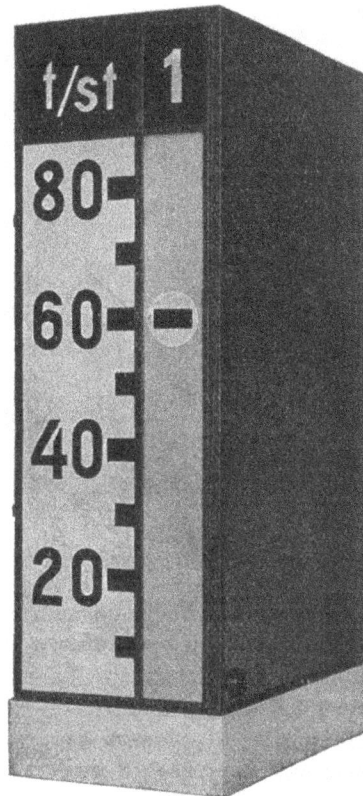

Abb. 148. Profilux-Einzelgerät von Hart-mann & Braun.

nauen Meßwert an. Das Spiel der Meßwerkachse ist außerordent-lich schnell, — gleich rasch in der Bewegung wie bei Schalttafel-Meßgeräten. Daher folgt auch der gewichtlose Lichtzeiger leisen Schwankungen und wilden Sprüngen der Meßgröße augenblicks.

Die Scheinwerferlampe erhält ihren Strom von einem Kleintransformator, der am Lichtnetz hängen kann. Die Schaltung erfolgt auf der Oberspannungsseite.

Das Meßwerk des Profilgerätes, dessen Achse den Spiegel bewegt, der den Lichtzeiger wirft, ist verschieden, je nachdem welche Meßgrößen anzuzeigen sind.

Für die Anzeige elektrischer Werte (z. B. Volt/Ampere/ Kilowatt/cos φ) erhält das Profilgerät das entsprechende elektrische Meßwerk (Drehspul-/ Ferraris- usw.).

Zur Anzeige von Temperaturen kommen entweder Kreuzspul-Meßwerke für Widerstandsthermometer oder Drehspul-Meßwerke für Thermo-Elemente zur Anwendung.

Sind andere wärmewirtschaftliche Größen (z. B. Dampfdruck oder Dampfmenge) oder sind Pegelstände, Gasometerglocken-Stellungen usw. mit Profilux anzuzeigen, so muß an die Gebergeräte ein Fernsender angeschlossen werden. Dieser arbeitet dann auf das Meßgerät des Profilux, das in diesem Falle mit einem Kreuzspulmeßwerk versehen wird. Ist ein Kreuzspulgerät als Meßgerät im Profilux eingebaut, dann kann auf dieses Empfangsgerät von verschiedenen Gebergeräten aus — in einer Summenschaltung — gleichzeitig übertragen werden. Die Summe der Meßgrößen mehrerer Einzelstellen wird auf diese Weise gebildet und weithin angezeigt.

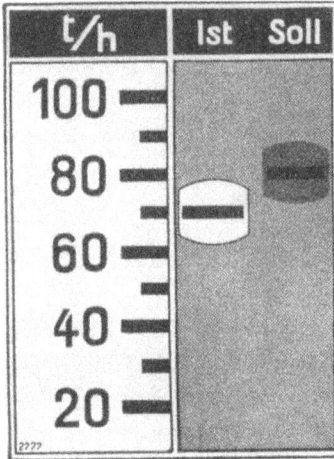

Abb. 149.
Profilux mit Ist- und Soll-Zeiger.

Neben der hellen Lichtmarke, die das Zeigerspiel gibt und den jeweiligen Stand der Anlage vor Augen führt, kann eine buntfarbige Lichtmarke eingestellt und beleuchtet werden: eine Befehlmarke, die anzeigt, was sein soll. (Abb. 149).

Die Steuerung dieser Sollmarke erfolgt vom Betriebsbüro aus durch ein von Hand betätigtes Gebergerät. Das Befehlgeber-Gerät ist in der äußeren Form wie ein normales Profilgerät gebaut. Ein drehbarer Knauf dient zum Stellen des Zeigers auf den gewünschten Sollwert; entsprechend wandert der rote Sollzeiger am Profilux-Gerät in der Halle. Bei Stellungsänderung des Sollzeigers vom Betriebsbüro aus ertönt in der Halle ein Lärmzeichen, wodurch die Bedienungsmannschaft auf die Sollwert-Änderung aufmerksam gemacht wird.

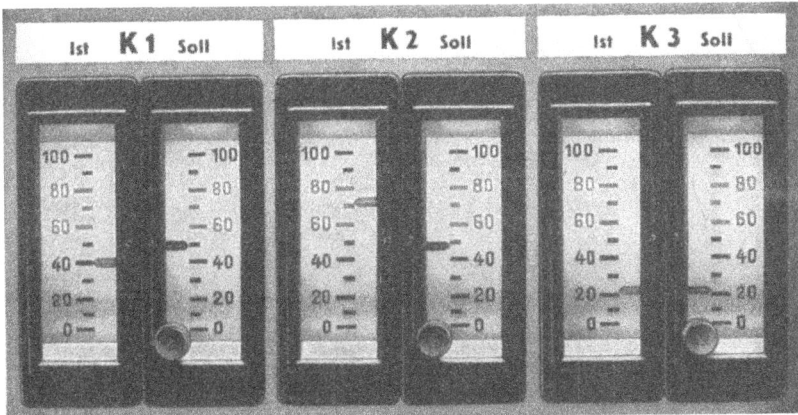

Abb. 150. Befehlgeber- und Rückmelde-Gerät.

Um nun im Betriebsbüro zu erkennen, ob der Befehl befolgt worden ist und welche Wirkung er gehabt hat, kann dort ein Rückmeldegerät vorgesehen werden, dessen Meßwerk mit dem Istzeiger-Meßwerk des Profilux zusammengeschaltet wird. Das Rückmeldegerät hat die Gestalt eines gewöhnlichen Profilgerätes. Da das Befehlgeber-Gerät die gleiche äußere Form hat, so ergibt sich durch Aneinanderreihen ein verkleinertes Abbild des Hallenschildes (Abb. 150), an dem der Betriebsingenieur seine Befehle gibt und woran er sieht, wie sie befolgt wurden.

Teil II.

Die Wärmeüberwachung in technischen Betrieben.

Abschnitt 1.

Die meßtechnische Wärmeüberwachung in kleineren Dampfkesselbetrieben.

Die wichtigste Betriebszahl eines Dampfkessels ist seine Verdampfungsziffer, welche angibt, wieviel kg Dampf mit 1 kg Kohle erzeugt werden. Sie kennzeichnet also den thermischen und wirtschaftlichen Wirkungsgrad des Dampfkessels. Ist die Verdampfungsziffer gut, so ist der Zustand und die Führung des Kessels sowie die Verbrennung in Ordnung. Ein Meßgerät, welches die Verdampfungsziffer zu beobachten gestattet, gibt daher unter allen am Dampfkessel zu beobachtenden Meßgrößen die wissenswerteste und umfassendste Auskunft. Aus diesem Grunde führt das Instrument den Namen „Dampfkesselhauptgerät".

Mißt man mittels eines Doppelprofilinstrumentes die jeweils erzeugte Dampfmenge und die gleichzeitig verbrannte Kohlenmenge, und zwar derart, daß die Skalen der beiden Meßwerke im Verhältnis der besterreichbaren Verdampfungsziffer aufeinander abgestimmt sind, so wird das Optimum des Kesselzustandes durch das Übereinanderstehen der beiden Zeiger gekennzeichnet. Abb. 151a veranschaulicht die Verhältnisse an einem Beispiel. Der Meßbereich der Dampferzeugung erstreckt sich von 0—15 t/h. Die zugrunde gelegte günstige Verdampfungsziffer sei 7,5. Dementsprechend hat die Skala der Kohlenmenge eine Ausdehnung von 0—2 t/h. Trotz verschiedener jeweiliger Dampfleistungen müssen die beiden Anzeigen im Verhältnis 1:7,5 zueinander stehen, also das Optimum kennzeichnen, sobald der Kohlenzeiger sich genau in der Verlängerung des Dampfmengenzeigers befindet.

Jegliche Unregelmäßigkeit an dem Kessel oder der Verbrennung wird eine Erhöhung des spezifischen Kohlenverbrauches zur Folge haben und sich infolgedessen dadurch kennt-

12*

lich machen, daß der Zeiger des Brennstoffverbrauches weiter als der der Dampfleistung ausschlägt.

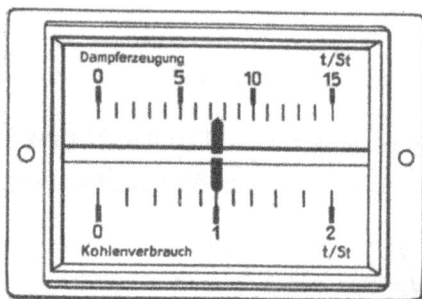

Abb. 151 a.

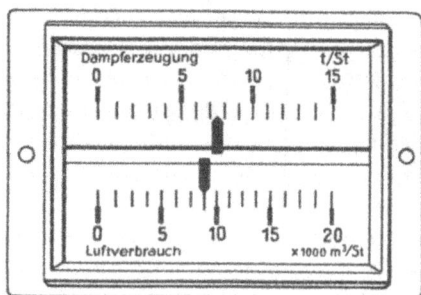

Abb. 151 b.

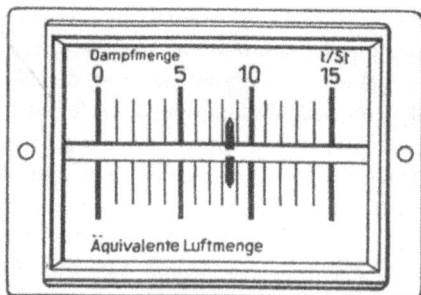

Abb. 151 c.

Abb. 151 a—c. Skalenentwicklung des Dampfkesselhauptgerätes.

Die Messung der Dampfmenge ist nun zwar mit Hilfe bekannter Verfahren leicht und einwandfrei durchführbar, der augenblickliche Brennstoffverbrauch dagegen ist in der Regel unmittelbar meßtechnisch nicht zu erfassen. Es muß vielmehr ein Kunstgriff angewendet werden:

Die Verbrennung entsteht unter Zusammenführen von Brennstoff und Luft bei Zündungstemperatur. Zur günstigsten Verbrennung von einer Gewichtseinheit Kohle gehört eine bestimmte und nur von den Eigenschaften der Kohle abhängige Luftmenge (z. B. 10 m³ Luft je kg Kohle). Infolgedessen ist es ohne weiteres möglich, die schwer durchführbare Messung der Kohlenmenge an Unterwindfeuerungen durch die meßtechnisch sehr leicht zu erfassende Luftmenge zu ersetzen. Bei einem beispielsweisen günstigsten Luftbedarf von 10 m³ Luft je kg Kohle würde demnach die in Abb. 151a dargestellte Brennstoffskala die Form von Abb. 151b annehmen und eine Teilung von 0 bis 10 · 2000 = 20000 m³/h erhalten. Auch in diesem Falle deutet die Übereinstimmung der beiden Zeiger nach wie vor eine 7,5 fache Verdampfungsziffer an.

Jede Abweichung der zugeführten Luftmenge von der günstigsten Luftüberschußzahl bedingt eine Verschlechterung der Verdampfungsziffer. Eine ungünstige Luftzugabe muß also auch sofort eine mangelnde Übereinstimmung der beiden Folgezeiger zur Folge haben. Das Dampfkesselhauptgerät läßt somit genau wie ein Rauchgasprüfer Mängel der Verbrennung erkennen. Andererseits ist es denkbar, daß die Verbrennung zwar in günstigster Weise eingestellt ist, daß jedoch sonstige Mängel des Kessels, wie undichtes Mauerwerk oder ein Kesselsteinbelag der Siederohre den Wirkungsgrad soweit beeinträchtigen, daß die Verdampfungsziffer absinkt. Derartige Mängel werden an dem Hauptgerät insofern eindeutig erkennbar sein, als es nicht möglich ist, den Brennstoff- (Luft-) Zeiger mit dem Dampfzeiger in Übereinstimmung zu bringen.

In Wirklichkeit ist nun mit Rücksicht auf die Einbauverhältnisse die zahlenmäßige Erfassung der Luftmenge in m³/h meist unmöglich. Die beschriebene Darstellungsform ist aber zur Benutzung des Verfahrens auch nicht erforderlich; denn es kommt lediglich auf die Relativbeziehung des Luftverbrauches zu der erzeugten Dampfmenge an, welche sich in der richtigen oder mangelnden Übereinstimmung der beiden Folgezeiger äußert. Es kann infolgedessen die Brennstoffskala überhaupt unterdrückt werden und der Luftmengenzeiger kann gleichfalls über der Dampfmengenskala spielen. Dadurch nimmt das Skalenbild die der wirklichen Ausführung von Hartmann & Braun entsprechende Form von Abb. 151c an.

Die genannte Relativbeziehung wird nach Einbau der Instrumente auf folgende einfache Weise ermittelt: Der Kessel wird einmal auf denjenigen Betriebszustand, bei welchem die Verdampfungsziffer erreicht wird, gebracht. Alsdann wird der Meßbereich des Luftmengenmessers soweit zusammengeschoben oder erweitert, daß sein Zeiger in der Verlängerung des Dampfmengenzeigers steht. Ist dann für diesen einen Fall und diese eine Belastung die Übereinstimmung der beiden Anzeigen hergestellt, so zeigt sie bei gleicher Kohlensorte auch in allen späteren Fällen und bei anderen Belastungen das Obwalten jener zugrunde gelegten günstigsten Verdampfungsziffer an.

Bei Feuerungen mit natürlichem oder mit Saugzug kommt man bei Einhaltung des obigen Gedankenganges ebenfalls zu einer zweckentsprechenden Lösung. Der günstigste Wirkungsgrad des Kessels erfordert je Gewichtseinheit Kohle eine ganz bestimmte Luftmenge. Diese so bestimmte Luftmenge ergibt weiterhin zusammen mit der Gewichtseinheit Kohle eine genau definierte Abgasmenge von bestimmter Temperatur, und somit ein eindeutig feststellbares Abgasvolumen. Jede Mengen- und Temperaturveränderung bewirkt eine Veränderung des Wirkungsgrades und der Verdampfungsziffer. Die Abgasmenge meßtechnisch darzustellen ist nun insofern nicht schwierig, als auch hier nur die Relativbeziehung zur Dampfmenge meßtechnisch erfaßt zu werden braucht.

Das vorbeschriebene Verfahren ist von der Firma Hartmann & Braun, Frankfurt a. M., entwickelt worden. Die Dampfmessung erfolgt mittels eines in die Dampfleitung hinter dem Überhitzer eingebauten, einen Differenzdruck erzeugenden Staurandes in Form des VDI-Normalstaurandes nach Abb. 21 (s. a. Teil I Abschnitt 1). Arbeiten mehrere Kessel auf eine gemeinsame Sammelleitung so ist der Staurand in die von der gesamten Dampfmenge des zu überwachenden Kessels durchströmte Zubringerleitung einzubauen.

Der so erzeugte Differenzdruck betätigt einen als hydrostatische Ringwaage gebauten Dampfmesser (s. Teil I Ab-

schnitt 1, S. 38, Abb. 35 u. 39). Derselbe wird mit einem Elektrofernsender ausgestattet und dient nur als Zwischengerät zur
elektrischen Fernübertragung der Dampfmessung auf das in
Folgezeigeranordnung ausgebildete Dampf-Luft-Hauptgerät.
Aus diesem Grunde ist es auch möglich, dieses Zwischengerät
an unsichtbarer oder verborgener Stelle hinter oder über dem

Abb. 152. Ferngeber, Bauart „Hartmann & Braun", an einer Bunkersäule zur
Messung des Saugzuges, des Zuges in der Brennkammer, des Zuges unter dem
Rost und der Luftmenge für einen Kessel.

Kessel anzubringen und die Skala und das Zeigerwerk fortzulassen. Einige derartige skalen- und zeigerlosen Ferngeber,
Bauart Hartmann & Braun, zeigt Abb. 152.

Auch für die weiterhin erforderliche Brennluft- oder Abgas-
mengenmessung bildet eine differenzdruckerzeugende Stauvorrichtung den primären Bestandteil der Mengenmessung.
Bei Unterwindfeuerungen wird in dem Unterwindkanal ein

184

Staurand in Form einer einfachen Blechscheibe eingebaut. Da
es sich nur um eine Relativmessung handelt, spielen annormale
Einbauverhältnisse (viereckiger Kanalquerschnitt, nahegelegene
Krümmer od. dgl.) keine Rolle.

Der von dem Staugerät erzeugte Differenzdruck wird auf
das Gebergerät für Mengenfernmessung übertragen. Diesem
Instrument liegt ebenfalls das Prinzip der hydrostatischen
Ringwaage zugrunde (s. Teil I Abschnitt 2, S. 68 u. Abb. 35).
Es dient ähnlich wie der besprochene Dampfmesser nur als
Zwischengerät, welches seine Messung auf das untere Zeigerwerk des erwähnten Hauptgerätes elektrisch überträgt. Aus
diesem Grunde besitzt es ebenfalls weder Skala noch Zeiger
und wird gleichfalls zweckmäßigerweise in der Nähe der Meßstelle ohne Rücksicht auf seine Sichtbarkeit, jedoch zum Zweck
der empirischen Abstimmung an zugänglichem Platze angeordnet (s. Abb. 152).

Die Abstimmung wird dann, nachdem der Kessel auf den
gewünschten oder günstigsten Betriebszustand gebracht ist,
dadurch hergestellt, daß man an dem Gebergerät soviel Ge-
wichte zufügt oder entnimmt, bis auf dem elektrischen Folgezeigergerät der Luftmengenzeiger genau unter dem Dampf-
mengenzeiger steht. Die Abstimmung erstreckt sich lediglich
auf die Brennstoffmengenmessung (Luft- oder Abgasmenge),
der Dampfmengenmesser wird nicht berührt.

Bei Feuerungen mit natürlichem oder mit Saugzug ist
der Einbau einer Stauvorrichtung innerhalb des Kessels zur
Messung der Abgasmengen nicht möglich. Eine solche ist
jedoch auch gar nicht erforderlich, weil es nach dem Gesagten
nur auf eine Relativmessung der Abgasmenge ankommt. Die
Formgebung der Stauvorrichtung spielt also, auch wenn sie
noch so ungewöhnlich ist, keine Rolle. Es ist somit auch
ein einen Differenzdruck erzeugender Strömungswiderstand
im Abgasweg als Ersatz für die künstliche Stauvorrichtung
geeignet. Einen solchen Strömungswiderstand stellen nun z. B.
die in den Weg der Abgase gestellten Siederohre und Um-
lenkungswände dar, welche eine Drosselung des Essenzuges
hervorrufen. Der entstehende Druckunterschied wird nun
für die Messung einerseits durch Anschluß eines Mengen-

messers an den Feuerraum über dem Rost, andererseits an dem
Austritt der Rauchgase vor dem Kaminschieber nutzbar gemacht. Bedingung für die Richtigkeit des Verfahrens ist natürlich, daß der zwischen den beiden Differenzzugmeßstellen befindliche Abgasweg in seiner Form unveränderlich ist. Es
dürfen zwischen den Zugentnahmestellen also keine Klappen
oder Schieber vorhanden sein, welche während des Betriebes
verstellt werden. Darauf ist insbesondere bei solchen Kesseln
zu achten, bei welchen der Überhitzer mittels eines Umgehungs-
weges ganz oder teilweise
aus dem Weg der Feuer-
gase ausgeschaltet werden
kann.

Der Abgasmengen-
messer selbst ist dem oben
beschriebenen, für Unter-
windfeuerungen benutz-
ten Gerät vollständig
gleichartig. Auch die Ab-
stimmung geschieht in
derselben Weise wie sie
dort erläutert wurde.

Abb. 153. Dampfkesselhauptgerät von
Hartmann & Braun.

Für Kohlenstaub gefeuerte Kessel wird das Verfahren in
gleicher Weise durch Nutzbarmachung des Differenzzuges
zwischen Brennkammer und Kesselende angewendet.

Die von dem Dampf- und dem Luft- oder Gasmengen-
messer aufgenommene Messung wird elektrisch auf das in
Abb. 153 dargestellte Folgezeigergerät fernübertragen. Dieses
selbst ist ein mit zwei Meßsystemen ausgerüstetes Doppel-
profilinstrument, welches versenkt auf einer kleinen Blechtafel
oder auf einem etwa vorhandenen Kesselschild [1]) untergebracht
wird. Man pflegt es an einem dem Heizer von allen Stellen aus
sichtbaren Platze an der Vorderseite des Kessels anzuordnen.

Das Gerät von **Hartmann & Braun** enthält zwei Kreuz-
spulmeßwerke (s. S. 95, Teil I, Abschnitt 6). Sie sind dadurch
gekennzeichnet, daß sie sowohl vom Übergangswiderstand in
dem Ferngeber, als auch von den Schwankungen der Antriebs-

---

[1]) s. Teil II, Abschnitt 2.

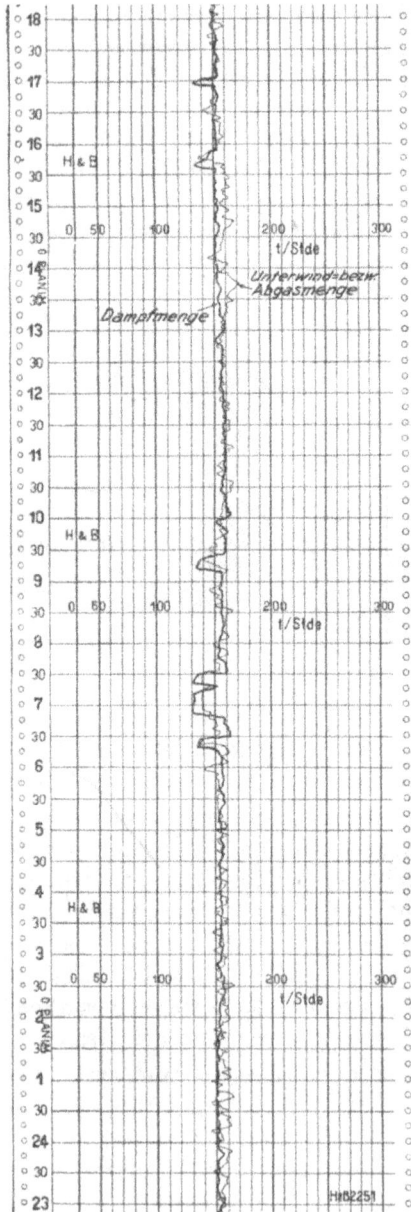

Abb. 154. Kontrollstreifen einer Überwachungsanlage für die Feuerführung.

spannung unabhängig sind. Diese Eigenschaften haben nicht nur eine stets gleiche und sehr zuverlässige Meßgenauigkeit zur Folge, sondern sie ermöglichen es auch, das Gerät bei Fehlen einer geeigneten niedrig gespannten Gleichstromquelle aus der Wechselstromlichtleitung über einen Glimmlichtgleichrichter zu speisen, ohne daß man dabei auf Spannungsschwankungen Rücksicht zu nehmen braucht.

Während für die Zwecke des Heizers das bisher beschriebene Folgezeigergerät genügt, ist es für die Belange des Betriebsleiters häufig wichtig, die stattgehabte Feuerführung durch ein Registriergerät aufnehmen zu lassen. Dazu dienen die in Teil I, Abschnitt 6 besprochenen Mehrfachschreiber, welche in der gleichen Weise wie das Folgezeigergerät an die beiden Ferngeber angeschlossen werden. Auch hier wird der Meßbereich des Brennstoffverbrauches auf den der Dampfmenge so abgestimmt, daß die Zeigerausschläge bei vorschriftsmäßigem Kesselwirkungsgrad gleich groß sind. Die richtige Kesselführung wird dann im Meßstreifen dadurch gekennzeichnet, daß die beiden Kurven zusammenfallen. Liegt dagegen die dem Brennstoffverbrauch entsprechende Kurve höher als die Dampfmengenlinie, so sind Mängel in der Feuerführung oder im Kesselzustand vorhanden. Ein solches dem Betrieb entnommenes Diagramm zeigt Abb. 154.

Somit dürfte jetzt die Geräteausrüstung der Überwachungsanlage eindeutig festliegen. Hierzu sind folgende Teile notwendig:

1. Ein Staurand zur Dampfmessung mit Absperrventilen und Ausgleichgefäßen (s. S. 35, Teil I, Abschnitt 1).

2. Zwei Kupferrohrleitungen 6×8 mm zur Verbindung von Staurand und Gebergerät für die Dampfmengenfernmessung.

3. Ein Gebergerät für die Dampfmengenfernmessung.

4. Ein Gebergerät für die Luft- oder Abgasmengenfernmessung mit Abstimmgewichten.

5. Als Kesselhauptgerät ein Folgezeigerinstrument mit zwei Abgleichwiderständen und Drehschalter.

6. Sofern eine Gleichstromquelle von niedriger Spannung nicht vorhanden ist. ein Akkumulator für 4 Volt.

7. Dazu kommt a) für Unterwindfeuerungen ein Staurand ähnlich Abb. 29 oder b) für Feuerungen ohne
Unterwind 2 Sonden zur Differenzdruckentnahme.

Abb. 155 veranschaulicht den Einbau einer Hauptgeräteanordnung in einen Kessel mit natürlichem Zug.

Gegenüber allen sonst gebräuchlichen Einzelmessungen
an der Feuerung, wie Temperatur, Zug und Rauchgasprüfung

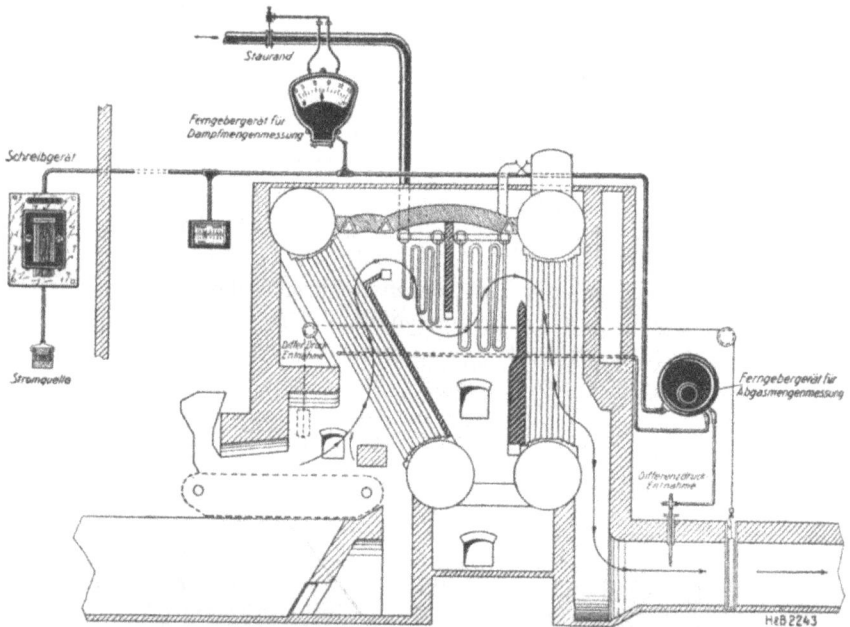

Abb. 155. Einbau einer Hauptgeräteanordnung in einen Kessel mit natürlichem Zug.

besitzt das Hauptgerät die Eigenschaft, daß es jegliche Un-
stimmigkeit sowohl in der Feuerführung wie im Kesselzustand anzeigt. Dadurch bildet das Hauptgerät die wichtigste
Überwachungsmaßnahme und ist, sofern nur beschränkte Mittel
für die Instrumentenausrüstung zur Verfügung stehen, das
einzige Gerät, welches die Gesamtheit der übrigen Meßapparate
zu ersetzen vermag. Es bildet somit das Grundelement einer
jeden Dampfkessel-Überwachungsanlage.

Insbesondere macht das Hauptgerät die zusätzliche Benutzung eines Rauchgasprüfers unnötig. Zeigt das Hauptgerät durch Nichtübereinstimmung der beiden Ausschläge einen Mangel in der Feuerführung an, so genügt dem erfahrenen Heizer der Augenschein, um festzustellen, ob der Fehler in der Richtung des Luftmangels oder des Luftüberschusses oder in einer unregelmäßigen Lagerung der Kohlenschicht (worauf ein Rauchgasprüfer nicht hinweist) zu suchen ist. Es hat jedoch darüber hinaus vor der Verwendung von Rauchgasprüfern noch besondere Vorzüge: Die am Kesselende entnommene Rauchgasprobe enthält nicht allein die der Beurteilung zu unterwerfenden Produkte der eigentlichen Verbrennung, sondern bei undichtem Kesselmauerwerk auch noch die eingesogene Falschluft. Auf diese Weise kann es nicht vorkommen, daß bei einer in Wirklichkeit bereits unter Luftmangel vor sich gehenden Verbrennung die Analyse einen scheinbar guten Luftüberschuß liefert und daß weiterhin der Heizer durch eine solche verfälschte Analyse sogar veranlaßt wird, die Luft noch weiter zu drosseln und damit unter unbewußter Benutzung der Falschluft den Verbrennungsvorgang zu verschleppen und bis in die Nähe des Kesselendes zu ziehen. Es liegt in der Natur des oben beschriebenen Folgezeigerverfahrens, daß das Hauptgerät solche verfälschte Anzeigen nicht bringen kann. Auch gibt weiter das Hauptgerät über die Belastung des Kessels Aufschluß. Es ersetzt somit gleichzeitig eine Dampfuhr.

Schließlich sei noch auf einige Besonderheiten des Vergleichsverfahrens mit Folgezeigeranordnung hingewiesen:

Die Übereinstimmung der Zeigerstellung zeigt an, daß die bei der Abstimmung des Gerätes zugrunde gelegte Verdampfungsziffer vorhanden ist. Da diese Tatsache über den ganzen Skalenbereich, also bei allen Belastungen gelten soll, setzt sie voraus, daß die Eigenschaften des Kessels durch eine wagerecht verlaufende Wirkungsgradkurve gekennzeichnet sind. Prüft man daraufhin die in Abb. 156 dargestellten durchschnittlichen Kennlinien, so sieht man, daß diese Voraussetzung für die Siederohr- und insbesondere für alle Hochleistungskessel annähernd zutrifft. Die Wirkungsgradkurve ist im Bereich der praktisch-wichtigen Belastungen so schwach gekrümmt, daß ihre Kurve mit guter Annäherung durch eine

190

wagerechte Gerade ersetzt werden kann. Dagegen zeigt das
Kurvenbild, daß bei Flammrohrkesseln die Verhältnisse insofern grundsätzlich anders gelagert sind, als hier die Verdampfungsziffer bei normaler Belastung einen deutlich aus-
gesprochenen Höchstwert erreicht. Für derartige Dampfkessel
macht das beschriebene Verfahren daher die Kenntnis der Wirkungsgradkurve nötig, deren Verlauf bei der Herstellung des
Gebergerätes in der Form einer Kurvenscheibe berücksichtigt

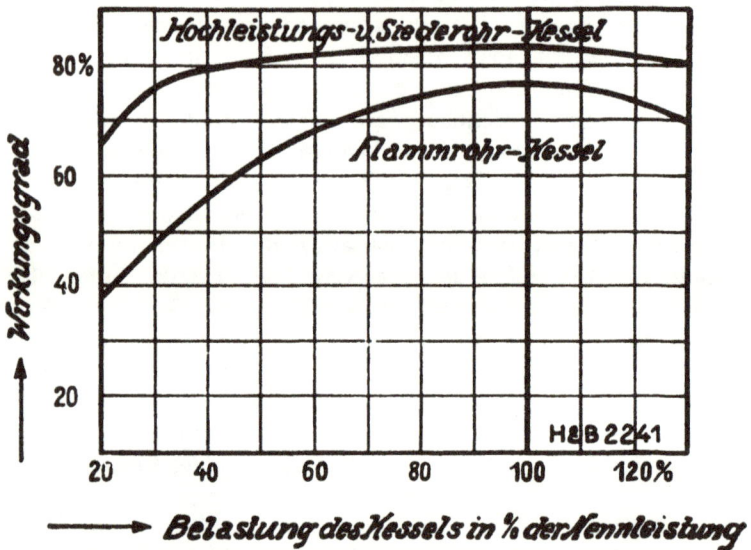

Abb. 156. Wirkungsgradkurven verschiedener Dampfkesselbauarten.

werden muß. In derselben Weise wird dem veränderlichen
Luftüberschuß wie er bei verschiedenen Feuerungen notwendig
ist, Rechnung getragen.

Alle bisherigen Darlegungen gelten für die dauernde Beibehaltung eines in seiner Beschaffenheit nicht wechselnden
Brennstoffes. Bekanntlich unterscheiden sich nun aber die
verschiedenen Kohlensorten dadurch, daß sich mit ihnen nicht
gleiche Verdampfungsziffern erreichen lassen, ganz abgesehen
davon, daß sie zu ihrer günstigsten Verbrennung je nach dem
Gas- und Aschengehalt auch verschiedene Luftmengen benötigen. Daraus folgt, daß ein Wechsel der Kohlensorte eine

neue Abstimmung des Folgezeigergerätes erfordert. Da diese durch einen einfachen Handgriff am Brennstoff- (Luft- oder Abgas-) Messer zu bewerkstelligen ist, macht die Abstimmung in meßtechnischer Beziehung keine besonderen Schwierigkeiten. Bei Verwendung einer neuen Kohlensorte müssen Heizer und Vorgesetzte sich erst einmal persönlich um die bestmöglichste Ausnutzung des neuen Brennstoffes bemühen. Diese Bemühung ist aber nur ein einziges Mal aufzuwenden. Das Hauptgerät hält alsdann das Ergebnis für den Betrieb fest und ist solange maßgeblich wie die neue Kohlensorte verfeuert wird.

Diese Einstellung kann durch einen Verdampfungsversuch vorgenommen werden. Es wird dieser Versuch aber zu umgehen sein, wenn der erfahrene Heizer und Feuerungstechniker bei erhöhter Sorgfalt imstande ist, durch Ausprobieren und nach dem Augenschein die günstigste Verbrennung zu erkennen und einzustellen. Das Kesselhauptgerät kann dann auch dort angewendet werden, wo mit einem häufigen Brennstoffwechsel gerechnet werden muß.

Der Einfluß wechselnder Belastung macht sich durch langsame Pendelung des Dampfmengenzeigers um die Mittellage erkennbar, welche durch die Verlängerung des Brennstoffzeigers gekennzeichnet wird. Erfahrungsgemäß gewöhnt sich das Personal in kurzer Zeit daran, die Mittellage dieser Schwingungen abzuschätzen und mit dem unteren Zeiger in Vergleich zu bringen. Es sei jedoch hervorgehoben, daß der Selbstschreiber hierüber objektiven Aufschluß gibt, weil er bei richtiger Feuerführung die Luft oder Abgaskurve als unzweifelhaft erkennbare Mittellinie der Dampfmengenschwankungen aufschreibt. Der Diagrammstreifen der Abb. 154 läßt diese Verhältnisse erkennen.

Die meßtechnische Wärmeüberwachung im Groß-Dampfkesselbetrieb.

Wie in der Einleitung dieses Werkes dargelegt wurde, muß eine wirtschaftliche Betriebsführung alle wichtigen Betriebsvorgänge in möglichst einfacher Weise zahlenmäßig unter völliger Ausschaltung irgendwelcher individueller Aufzeichnungen durch das Personal erfassen. Aber nicht nur sollen die selbsttätigen Schreibgeräte die Aufzeichnungen von Hand ersetzen, sondern das Personal soll andererseits auch wissen, daß es von höherer Stelle aus dauernd überwacht wird, und daß unterlaufene Betriebsfehler unweigerlich auf dem laufenden Band der selbsttätig aufzeichnenden Meßapparate festgehalten und somit der Betriebsleitung offenbar gemacht werden. Die Aufzeichnungen der Meßgeräte müssen jederzeit einen Überblick über das „Soll und Haben" eines Betriebes gewähren; denn die objektive Gegenüberstellung von Leistung und Aufwand im Kesselbetriebe sind ebenso notwendig wie beispielsweise eine solche zwischen der Fabrikationsleistung und dem Eingange der Zahlungen in der kaufmännischen Leitung des Unternehmens. Eine wirtschaftliche Betriebsüberwachung erfordert im besonderen eine möglichst einfache Ausgestaltung der notwendigen Meßanlage, es dürfen weder an die Aufmerksamkeit noch an das Auffassungsvermögen des Personals erhebliche Anforderungen gestellt werden, besonders angesichts der psychologisch naturnotwendigen Ermüdungserscheinungen im Dauerbetrieb.

Für eine zweckentsprechende Durchführung der Organisation der Wärmeüberwachung ist es von ausschlaggebender Bedeutung, daß zuerst Klarheit darüber geschaffen wird, in welcher Weise die Auswertung der Messungen auf das in Be-

tracht kommende Personal (Kesselwärter, Oberheizer und
Betriebsleiter) verteilt werden soll. Es hat sich eingebürgert,
dem Heizer die für seine Obliegenheiten wichtigen Ablesungen
an einem Kesselschild vor Augen zu führen, während die selbsttätigen Aufzeichnungen der Meßgrößen aus dem Kesselhaus

Abb. 157. Kesselschild, Bauart „Dr. Böhme".

herausgenommen und im Betriebsbüro oder in einer besonderen
Meßzentrale vorgenommen werden.

Für die Art der Durchbildung des Kesselschildes und der
Meßzentrale sind folgende drei Betriebsarten grundlegend:

    1. Einzelkessel oder kleinere Kesselhäuser mit gleich-
       mäßiger Belastung durch nur eine oder wenige Ver-
       braucherstellen, wobei die Kessel mit einfacher Kohlen-
       feuerung ausgestattet sind,

Balcke, Wärmeüberwachung.   13

2. mittlere Kesselhäuser mit schwankendem Verbrauch,

3. Großkesselanlagen mit Kohlenstaub, Gas- oder Ölfeuerungen.

Im ersten Betriebsfalle ruht das Schwergewicht auf dem
sog. Kesselschild, welches wie in Teil II, Abschnitt 1 ausgeführt
wurde, bei Kleinbetrieben einzig und allein aus dem Kesselhauptgerät bestehen kann. Auf diesem werden die für die Obliegenheiten des Heizers notwendigen Messungen am Kessel

Abb. 158. Kesselschilder, Bauart ,,Siemens & Halske'', an Steilrohrkesseln.
Die Kesselschilder vereinigen übersichtlich die für die Bedienung des
Kessels nötigen Anzeige-Instrumente für Druck, Kesselbelastung, CO_2-
und $CO + H_2$-Gehalt sowie Temperaturen der Rauchgase und des Dampfes.

selbst angezeigt, während die im Betriebsbüro untergebrachten
Schreibgeräte und Zähler die statistischen Unterlagen für
die Zwecke der Betriebsbuchführung und zur Nachprüfung des
Personals liefern. Abb. 157 zeigt ein Kesselschild der Firma
Dr. Böhme, Berlin. Abb. 158 bringt einige von der Firma
Siemens & Halske ausgeführte Kesselschilder an einer Steilrohr-
kesselanlage mit Anzeigegeräten für Druck, Kesselbelastung,
CO_2- und $CO + H_2$-Gehalt sowie für die Temperaturen der
Rauchgase und des Dampfes, während Abb. 139 bereits eine
Schreibgeräteanlage von Siemens & Halske zur Betriebsüber-
wachung im Großkraftwerk Klingenberg darstellte.

Die **Bedienungshebel** und **Steuerorgane** sind möglichst räumlich vereinigt in Sicht des **Kesselschildes** anzubringen.

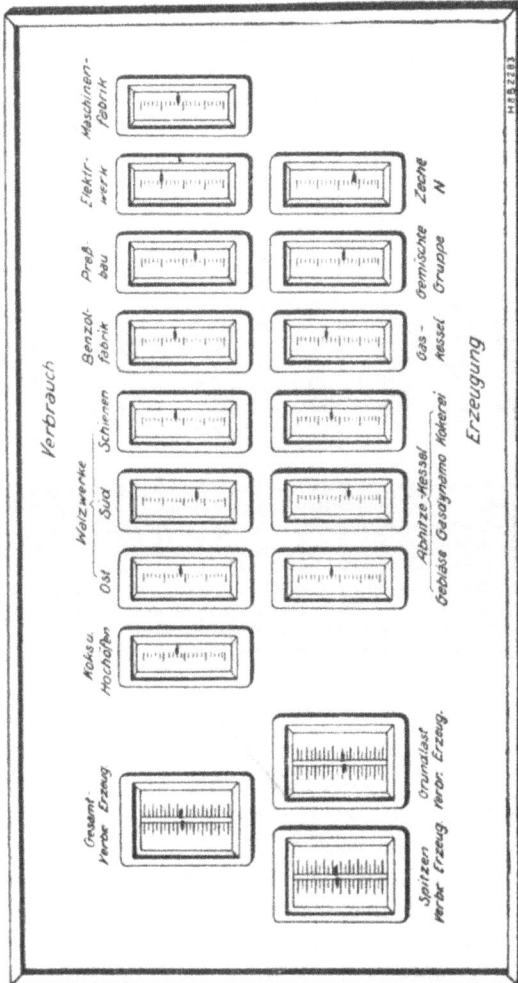

Abb. 159. Darstellung einer Meß- und Verteilungszentrale für ein Hüttenwerk.

Das **Einhalten** dieser Forderungen ist allerdings mehr oder weniger von der Bauweise der jeweiligen Kesselanlage abhängig.

Im **zweiten** Falle werden wieder die für den Heizer notwendigen Ablesungen am Kessel selbst auf dem Kesselschild

13*

vorgenommen. Die Meßzentrale nimmt gleichfalls wieder die
Schreibgeräte auf; diese dienen aber jetzt nicht nur zur Nachprüfung und zur Aufstellung von Statistiken, sondern zur stän-
digen Überwachung und zur Gesamtleistung des Dampfbetrie-
bes durch einen Oberheizer oder Betriebsführer. Diese Art der
Meßanlage kommt besonders dann in Frage, wenn es sich
um die Versorgung eines weit verzweigten Dampfnetzes handelt, bei welchem von der Zentrale aus sofort die jeweilige
Dampflieferung der Nachfrage angepaßt werden muß. Die
Meßzentrale ist also in diesem Betriebsfalle im Gegensatz zum

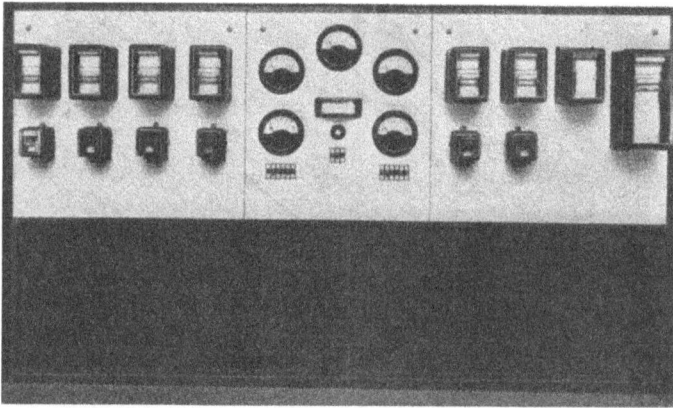

Abb. 160. Schreib- und Ablesestation für das Elektrizitätswerk Schatura.

ersten zugleich zur zentralen Befehls- und Verteilungsstelle
entwickelt worden. Sie erhält deshalb neben den zur ord-
nungsgemäßen Kesselüberwachung notwendigen selbsttätigen
Schreibgeräten noch häufig Übersichtstafeln mit Anzeigeinstrumenten zur unmittelbaren Kenntlichmachung des Stan-
des der Dampfverteilung. Eine derartige Tafel zeigt Abb. 159.
Auf dieser wird die Erzeugung der einzelnen Kessel oder Kraftwerke den Entnahmemengen der einzelnen Verbraucher gegen-
übergestellt. Durch die in Teil I, Abschnitt 6 besprochene
Summenschaltung, Abb. 142, wird auch die Summenanzeige
einer Gruppe von Messungen ermöglicht. Abb. 160 zeigt eine
Schreib- und Ablesestation zur Messung von Dampf- und
Wassermengen, Bauart Hartmann & Braun für E.-W. Schatura.

Die Durchführung einer solchen Organisation bedingt bei
ausgedehnten Dampfnetzen die Übertragung der Messungen
auf große Entfernungen. Diese Forderung wird, wie in Teil I,
Abschnitt 6 dargelegt, mit Hilfe der elektrischen Fernmeß-
verfahren erfüllt. Sodann ist eine zweckentsprechende Ausbildung der Nachrichtenvermittlung erforderlich, mit deren

Abb. 161. Kommandosäule, Bauart Hartmann
& Braun, für Elektrizitätswerk Schatura.

Hilfe der Betriebsleiter von der Meß- und Befehlsstelle aus die
auf Grund der jeweiligen Angaben der Meßinstrumente notwendig werdenden Maßnahmen den Betrieben rückläufig mit-
geteilt werden. Hierzu dienen Kommandosäulen, welche ähnlich wie beim Schiffstelegraph den von der Überwachungszentrale gewünschten Sollwert mit Unterstützung von Leucht-
und Hörsignalen dem Bedienungspersonal auf besonderen
Skalen anzeigen. Abb. 161 zeigt eine solche Kommandosäule für

das Elektrizitätswerk Schatura. — Bei großen Kesselhäusern erfolgt die Kommandogabe mit Hilfe von weithin sichtbaren Hallenschildern, die in Teil I, Abschnitt 6 beschrieben wurden.[1]) — Daneben benutzt man aus Gründen der Betriebssicherheit ein selbsttätiges Meldeverfahren, bei dem die gleichen Signale durch Grenzkontakte der Meßgeräte beim Überschreiten des zulässigen Höchst- oder Niedrigstwertes selbsttätig ausgelöst werden. Das Betriebstelephon zur Ergänzung des beschriebenen Meldeverfahrens ist eine Selbstverständlichkeit. Die Zentrale selbst wird zumeist als Schaltbühne oder als Schaltpult gebaut, dessen Mittelplatz gleichzeitig den Schreibtisch des Überwachungsingenieurs bildet.

Im dritten Betriebsfall — also bei Anwendung von Kohlenstaub-, Gas- oder Ölfeuerungen — kann das letzte Ziel einer sparsamen Wärmeüberwachung des Kesselhauses durch Fernsteuerung der Kessel erreicht werden und somit die Obliegenheiten des Heizers in Fall 1 und 2 auf den Überwachungsbeamten in der Befehlszentrale übergehen.

Bei der Kohlenstaubfeuerung — wie übrigens auch bei den Gas- und Ölfeuerungen — beschränkt sich nämlich die eigentliche Bedienung der Kessel auf die Betätigung von Regelorganen. Steigt beispielsweise die Belastung der Anlage, so wird mittels Fernschalter zunächst die Drehzahl der tourenregelbaren Saugzugventilatoren und danach die der Kohlenstaubförderschnecken erhöht. Schließlich kann durch Fernbetätigung der Vorwärmerklappen noch dafür gesorgt werden, daß die Temperaturhöhe der vorgewärmten Verbrennungsluft erhalten bleibt. Abb. 162 zeigt eine von der Firma Hartmann & Braun, Frankfurt, gebaute Fernsteueranlage für die mit Kohlenstaub gefeuerte Großkesselanlage des Großkraftwerkes Böhlen.

Solche Anlagen kommen für Großbetriebe in Frage, in denen allein schon die Ausmaße der Kesseleinheiten eine restlos durchgeführte Zusammenfassung und damit naturnotwendig eine möglichst weitgetriebene Mechanisierung der gesamten Kesselführung erforderlich machen.

Die vollkommene selbsttätige Reglung großer Kesselanlagen wird im übrigen im dritten Teil des Werkes eingehend behandelt werden.

[1]) s. S. 171 u. f.

Abb. 162. Fernsteueranlage, Bauart „Hartmann & Braun", auf dem Großkraftwerk Böhlen.

Die drei wichtigsten Meßorgane der vorbeschriebenen Organisation der Wärmeüberwachung sind also:

1. das Kesselschild,
2. die Kommandosäule oder bei großen Kesselhäusern das
   Hallenschild,
3. die Meßzentrale.

Für die Ausbildung der Meßgeräte auf dem Kesselschild
sind folgende drei Gesichtspunkte maßgebend: Die zahlenmäßige Erfassung der auf das Verhalten von Dampfkessel
und Feuerung einwirkenden Einflüsse erfordert eine größere
Anzahl von Meßgeräten. Der Heizer kann aber nur eine
beschränkte Anzahl Instrumente überblicken. Der hier zutage
tretende Widerspruch kann durch die Verwendung sog. Doppelprofilgeräte überbrückt werden, weil auf diese Weise die Zahl
der abzulesenden Skalen auf die Hälfte vermindert und damit

die Übersichtlichkeit des Kesselschildes entsprechend erhöht wird. Diese Doppelprofilgeräte gelangen überall dort zur Verwendung, wo für zwei wesensgleiche Messungen (z. B. die Abgastemperaturen vor und hinter dem Ekonomiser) die gleiche Skala verwendet werden kann.

Man begnügte sich jedoch nicht mit dieser Vereinfachung, sondern man machte die zahlenmäßige Ablesung durch die Einführung des Folgezeigegerätes überhaupt unentbehrlich. Es handelt sich hierbei wie in Teil II auf S. 179 u. f. dargelegt, um Doppelgeräte mit derart aufeinander abgestimmten Meßwerken, daß ein bestimmtes Verhältnis der beiden Meßgrößen durch übereinstimmende Stellung der beiden Zeiger angezeigt wird. Ein derartiges Gerät zeigt also nur eine Übereinstimmung zweier Marken, der beiden sog. Folgezeiger an. Dies ist wohl die anschaulichste Form, in der überhaupt eine Messung dargetan werden kann. Man macht von der Folgezeigeranordnung besonders dann Gebrauch, wenn die gleiche Meßgröße an beiden Seiten eines Großkessels beobachtet werden soll und der Zweck der Messung vorwiegend in der gleichartigen Führung beider Kesselhälften liegt.

Aber man ist auf Grund der folgenden Überlegung mit der Vereinfachung des Kesselschildes noch weitergegangen:

Die erforderlichen Messungen lassen sich in solche aufteilen, auf welche der Heizer Einfluß nehmen kann (welche also Auskünfte über die jeweilige Feuerführung geben) und in solche, welche insofern nicht seiner Einwirkung unterliegen, als sie vom baulichen oder vom Verschmutzungszustand des Kessels abhängen. Der Heizer benötigt also allein die erste Gruppe von Messungen im laufenden Kesselbetrieb. Um seine Aufmerksamkeit nun nicht durch unnötige Beobachtungen abzulenken, werden die Meßapparate auf dem Kesselschild in zwei Gruppen getrennt. Diese Maßnahme kann nun so durchgeführt werden, daß die erste Gruppe durch eine farbige Umrahmung auf dem Kesselschild der erhöhten Aufmerksamkeit des Heizers nahegebracht wird, es können aber auch beide Gruppen räumlich vollständig voneinander getrennt auf zwei selbständigen Kesselschildern oder auf zwei getrennten Feldern einer gemeinsamen Tafel angeordnet werden. Das erste Schild wird somit zur

Meßtafel für die Kesselbedienung, das zweite Schild zur
Tafel für die Kesselüberwachung. Das Schild für die
Kesselbedienung erhält das Hauptgerät uud mehrere Nebengeräte zur Fehlerkontrolle des Hauptgerätes. Abb. 163 zeigt
ein solches von der Firma Hartmann & Braun erstelltes Kesselschild. Oben befindet sich das Hauptgerät mit Folgezeigeranordnung, darunter links und rechts die Nebengeräte zur
Fehlerkontrolle. Wie in Teil II, Abschnitt 1 erläutert wurde,

Abb. 163. Kesselschild von Hartmann & Braun.

setzt das Kesselhauptgerät durch Folgezeigeranordnung den
Brennstoffverbrauch zur Dampferzeugung in Beziehung und
kennzeichnet somit die wichtigste Betriebszahl, nämlich die
Verdampfungsziffer. Die Erfassung des Brennstoffes geschieht
dabei durch Messung der Luft- oder Abgasmenge. Das Hauptgerät kennzeichnet also nicht nur den thermischen und wirtschaftlichen Wirkungsgrad des Dampfkessels, sondern ermöglicht auch die sofortige Ermittlung des jeweiligen Dampfpreises.
Ist die Verdampfungsziffer gut, so ist auch der Zustand und
die Führung des Kessels und die Verbrennung in Ordnung. Das

Gerät gibt daher von allen am Dampfkessel zu beobachtenden Meßgrößen über die wichtigste eindeutige Auskunft.

Solange das Hauptgerät einen richtigen Wirkungsgrad nachweist, braucht sich der Heizer um die anderen Instrumente seines Schildes nicht zu kümmern. Erst wenn das Hauptgerät fehlerhaft anzeigt oder andere Mängel in Erscheinung treten, ist für den Heizer oder Betriebsführer der Anlaß gegeben, die anderen Instrumente zur Auffindung der Fehlerquelle heranzuziehen.

Das zweite Kesselschild, welches als die Wärmeschalttafel für die Kesselüberwachung bezeichnet wurde, bedarf nur bei besonderen Störungen der Beachtung durch den Vorgesetzten.

Die dritte Maßnahme besteht darin, sämtliche Meßgrößen in einheitlicher und gleichartiger Gestalt in reihenweise angeordneten Profilinstrumenten zur Darstellung zu bringen (s. a. Abb. 163). Das psychotechnisch Bedeutsame der vereinheitlichten Gestalt liegt in der Erreichung einer raschen und leichten Vergleichbarkeit der Messungen.

Das zweite Meßorgan, „das Hallenschild", dient zur weithin sichtbaren Verdeutlichung gewisser wichtiger und für die gesamte Kesselanlage gemeinsamer Meßgrößen in größeren Kraftzentralen und stellt somit in dieser Form einen weiteren Ausbau des Kesselschildes dar. Demgemäß ist die Deutlichkeit der Zeiger und Skalen erste Hauptbedingung. Ihr dienen Großanzeigeinstrumente mit Lichtzeiger und etwa mannshohen Leuchtskalen (Profiluxe)[1]. Neben der eigentlichen Messung kann aber das Hallenschild auch gleichzeitig als Befehlsgeber der Befehlszentrale ausgebaut werden. Der von der Befehlszentrale aus einstellbare Sollwert wird als roter Lichtzeigerfleck angezeigt, und zwar neben der gleichen Skala, auf welcher der Meßzeiger als weißer Lichtfleck spielt.[1]

Das Hallenschild wird zweckmäßig an der Stirnwand des Kesselhauses angeordnet und ermöglicht infolge seiner Größe auch in den längsten Kesselhäusern eine deutliche Ablesbarkeit von dem entferntesten Punkt des Mittelganges aus.

Auf solchen Hallenschildern können mit Hilfe elektrischer Fernübertragung alle beliebigen Meßgrößen dargestellt werden.

---

[1] Näheres über Profilux-Geräte s. S. 171 u. f.

Abb. 164. Hallenschild von Hartmann & Braun (Profilux) im Großkraftwerk
Klingenberg.

Unter ihnen spielen der Dampfdruck in der Sammelleitung und
die Belastung der einzelnen Kessel die wichtigste Rolle, und
zwar letztere um eine möglichst gleichmäßige Belastung der
einzelnen Kesseleinheiten durchzuführen. Wird jedoch deren
ungleiche Aufnahme durch Grundlast- und Spitzenkesse
ausdrücklich gewünscht, so werden die erwähnten roten
Befehlsanzeiger, welche von Haus aus eingestellt werden und
die Sollverteilung angeben, unentbehrlich. Abb. 164 zeigt
ein solches Hallenschild des Großkraftwerkes Klingenberg,
welches von der Firma Hartmann & Braun, Frankfurt a. M.,
geliefert wurde. Abb. 165 zeigt ein Hallenschild (Profilux)
von Hartmann & Braun für das E.-W. Dresden und Abb. 166
einen Kommandogeber zur Bedienung der roten Sollzeiger der
Hallenschilder. — Abb. 167 zeigt eine große Kommando- und
Signalstation.

Der Ausbau und die Ausrüstung der als drittes Meßorgan
bezeichneten Meßzentrale hängt von dem Obwalten der eingangs erörterten Gesichtspunkte ab. Auf jeden Fall aber sind
alle Schreibgeräte in die Meßzentrale zu verlegen. Abb. 168

zeigt eine von Siemens & Halske eingerichtete Meßzentrale für ein Kraftwerk mit einem farbigen Wärmestromschema zur Darstellung der Meßvorgänge.

Abb. 165. Hallenschild im Elektrizitätswerk Dresden.

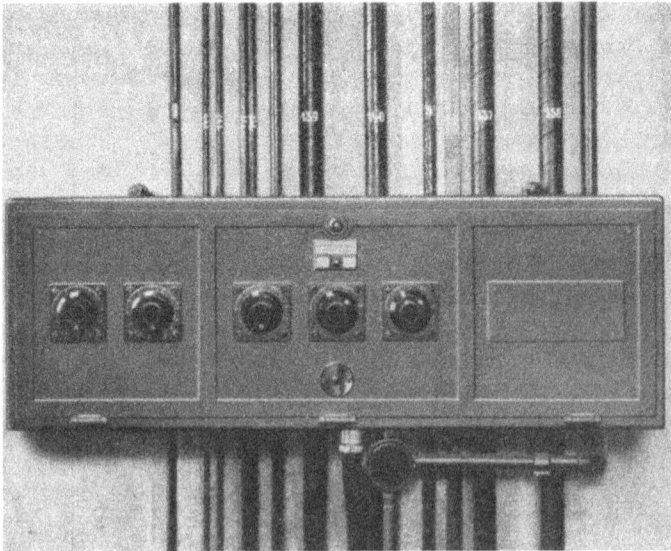

Abb. 166. Kommando-Geber für die roten Sollzeiger der Hallenschilder.

Die Auswahl der Schreibgeräte und der von ihnen aufzuzeichnenden Meßgrößen soll so getroffen werden, daß die selbsttätige Aufschreibung der gemessenen Vorgänge nachträglich deren inneren Zusammenhang erkennen läßt. Die Innehaltung dieser Forderung setzt eine leichte und genaue Vergleichbarkeit voraus, welche mit den in Teil I, Abschnitt 6 erläuterten Mehrfachschreibern erzielt wird. Es werden auf dem laufenden Band

Abb. 167. Große Kommando- und Signalstation,
Bauart „Hartmann & Braun".

solcher selbsttätigen Schreibgeräte jeweils diejenigen Meßgrößen zusammengefaßt, welche in einem ursächlichen oder belangreichen Zusammenhang miteinander stehen.

Auf diese Weise bildet sich eine Hauptgruppe von Registriergeräten heraus, von denen jeweils eines (oder mehrere) nur je einem Kessel zugeordnet wird und somit im wesentlichen dem Anzeigeschild am Kessel selbst entspricht; demgemäß werden auch die schriftlichen Aufzeichnungen dieser Kesselschreibapparate in solche, die über die Kesselführung und in solche, die über den Kesselzustand Aufschluß geben, unterteilt, zwecks erleichterter nachträglicher Durchsicht der zahlreichen Aufzeichnungen.

Außer den kesselweise zusammengefaßten und sich nur auf die Kessel beziehenden Meßgrößen sind zumeist noch eine Anzahl weiterer Betriebsvorgänge durch Registrierung festzuhalten, wie z. B. die Speisewasserversorgung oder das Verhalten von Maschinen, Kondensatoren oder Speichern oder die Ver-

Abb. 168. Meßzentrale eines Kraftwerkes. Links Tafel mit elektrischen Mengenzählern; in der Mitte auf dem Tisch Mehrkurvenschreiber; rechts ein farbiges Wärmestromschema mit Temperatur- und Mengenmessern, ausgeführt von Siemens & Halske.

teilung des Dampfes in verzweigten Netzen oder das Zusammenarbeiten parallel geschalteter Kraftwerke. Auch sie werden, den einzelnen Betriebseinrichtungen entsprechend, auf selbsttätigen Schreibgeräten vereinigt.

Auch die Addition zur Summenanzeige verschiedener gleichartiger Messungen, beispielsweise die Mengenmessungen von Teildampfströmen zur Ermittlung der Gesamtdampfmenge ist oft notwendig. Dieser Zweck kann mit Hilfe besonderer Schaltungen, z. B. mit der Summenschaltung von Hartmann & Braun erreicht werden (s. Teil I. Abschnitt 6, Abb. 142).

Zeichenerklärung
der Gebergeräte für elektr Fernmessung

- Einfachelektrofernsender in Verbindung mit einem derfolgenden Primärapparate
- Doppelsender wie vor u.s.w.
- Manometer
- Dampf- oder Wassermesser
- Ringwage zur Mengen-Zug- oder Druckmessung
- Rauchgasprüfer
- Wasserstandszeiger
- Widerstandsthermometer

Dampf-temp Dampf-druck
°C atU kg/m

Kessel 1

Schild für
Kesselbedienung   Kesselprüfung

Nr	Meßgerät	Meßgröße
1	Wasserstandsfernmesser m. Fernwertgeber	Kesselwasserstand
2	Dampfmesser	Dampferzeugung
3 4	Luftmengenmesser	Unterwindmenge rechts u.links
5	Druckmesser	Dampfdruck
6	Thermometer	Heißdampftemperatur
7	Rauchgasprüfer	CO₂ im Abgas
8 9	Thermometer	Luftvorwärmung rechts u.links
10	Zugmesser	Zug über d. Rost

Schreibgeräte

Kessel 1

Registrierung der Kesselführung

| 11 | Sechsfach-schreiber | Dampfmenge m Zähler (Tgesamt) Vergasungsluftmenge Einzelluftmenge rechts u.links Heißdampftemperatur (6) CO₂ im Abgas (7) |
| 13 | Dreifach-schreiber | Luftvorwärmung rechts u.links (8 u. 9) Zug über dem Rost (10) |

Registrierung des Kesselzustandes

| 15 | Sechsfach-schreiber | Zug im Fuchs (21) Zug vor Schreiber (22) Abgastemp hinter Kessel rechts u.links (23 24) dasgl. — Eko. (25 26) |
| 14 | Sechsfach-schreiber | Speisewassermenge (27 m l Zähler (T) Wassertemp vor Eko rechts u.links(29 30) dasgl hinter Eko rechts u.links (31 32) |

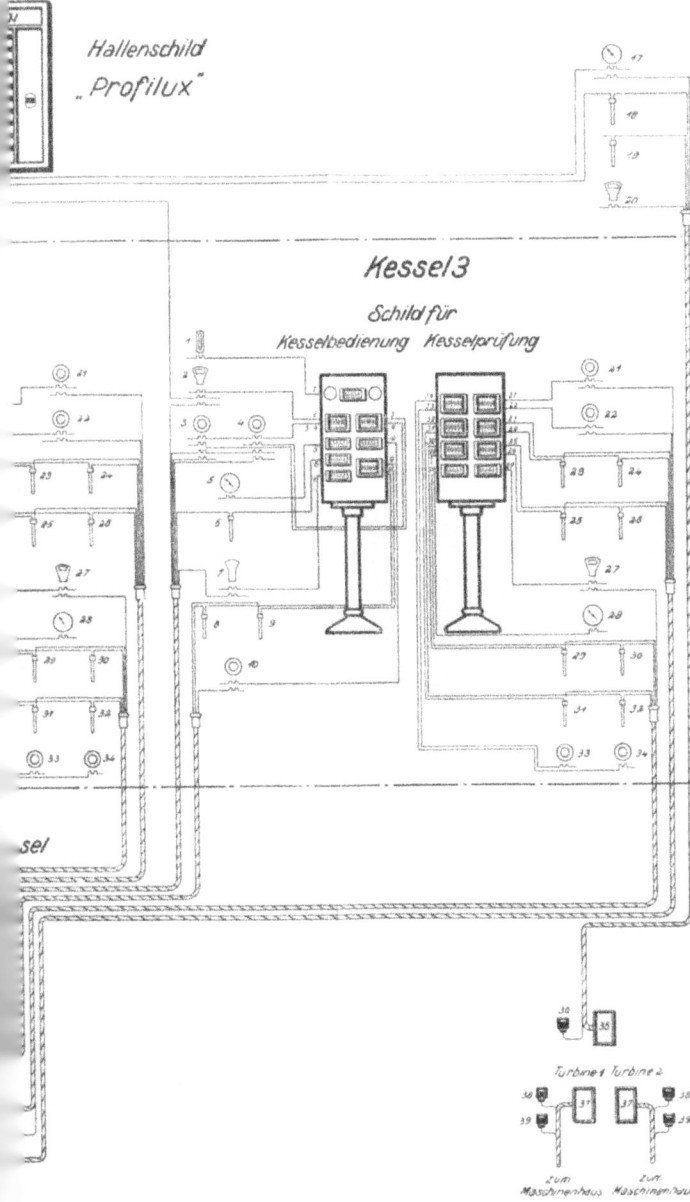

Hallenschild
„Profilux"

Kessel 3

Schild für
Kesselbedienung   Kesselprüfung

Nr	Meßgerät	Meßgröße
17	Druckmesser	Druck i. Dampf-sammelleitung
18	Thermometer	Temp. i. Dampf-Sammelleitung
19	Thermometer	Temp. i. Speise-wasser-sam-melleitung
20	Dampfmesser	Dampfverbrauch an den Speise-pumpen
21	Zugmesser	Zug im Fuchs
22	Zugmesser	Zug vor d. Rauch-gasschieber
23.24	Thermometer	Abgastemp. hinter Kessel rechts u. links
25.26	Thermometer	desgl. hinter Eko bezw. Luftvorwärm. rechts u. links
27	Wassermesser	Speisewasser-menge
28	Druckmesser	Speisewasser-druck
29.30	Thermometer	Wassertemp. vor Eko rechts u. links
31.32	Thermometer	desgl. hinter Eko rechts u. links
33.34	Druckmesser	Unterwinddruck rechts u. links

Nr	Schreibgeräte für allgemeine Messungen
35	Sechsfachschreiber für gemeins. Dampfdruck (17) Dampftemp. (18) Speisewassertemperaturen (19) Pumpendampfverbrauch (20)
36	(mit Zähler 36)
37	Sechsfachschreiber für Turbinendampfverbrauch
38	(mit Zähler 38) Kühlwassermenge
39	(mit Zähler 39) Vakuum, 3 Lagertemp.

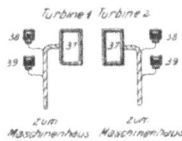

Turbine 1 Turbine 2

zum   zum
Maschinenhaus   Maschinenhaus

HzB 2372

Sehr wichtig ist die zweckmäßige Auswahl der zu messenden Vorgänge. Infolge des grundsätzlich verschieden gearteten Verbrennungsvorganges bei Kohlenfeuerungen einerseits und bei Kohlenstaub- und den ihnen ähnlichen Gas- und Ölfeuerungen andererseits, erfordern beide Gruppen von Feuerungen auch eine verschiedene meßtechnische Überwachung, welche an Hand der Schaltbilder Abb. 169 und Abb. 170 beschrieben werden sollen.

I. Übersicht über die zu messenden Vorgänge bei Kohlenfeuerungen.

Abb. 169 zeigt das Schaltbild einer Überwachungsanlage von Hartmann & Braun, Frankfurt, für ein Kesselhaus mit drei Steilrohrkesseln mittlerer Größe. Es ist angenommen, daß dieselben mit Wanderrosten ausgerüstet sind und mit Unterwind betrieben werden. Der Unterwind wird durch Lufterhitzer, die in den Abgasweg eingeschaltet sind, vorgewärmt. Außerdem sind Rauchgasvorwärmer für das Speisewasser vorhanden. Mit Rücksicht auf die Größe der Kesseleinheiten ist weiterhin vorausgesetzt, daß die Abgaswege der rechten und linken Seite jedes Kessels hinter demselben getrennt sind und dementsprechend auch je Kessel zwei getrennte Ekonomiser, Luftvorwärmer und Unterwindleitungen vorhanden sind.

Diese Voraussetzungen berücksichtigen zahlreiche Sondereinrichtungen, mit denen gleichzeitig natürlich nur die wenigsten Kessel ausgestattet sind. In solchen Fällen braucht man meist nur die entsprechenden, in der Abb. 169 vorgesehenen Messungen fortzulassen. Nicht selten sind auch Vereinfachungen derart möglich, daß mehrere Meßgrößen, etwa mehrere Temperaturen, umschaltbar an ein einziges Meßinstrument angeschlossen werden. Die wirkliche Ausgestaltung einer Überwachungseinrichtung wird sich immer nach den besonderen Erfordernissen des Einzelfalles richten müssen; den Einheitstyp eines für alle Fälle verwendbaren Kesselschildes gibt es nicht!

Die im folgenden benutzten Ziffern verweisen auf die Gerätenummern der Abb. 169.

208

1. Das Kesselschild.

A. Das Schild für die Kesselbedienung.

a) Das Hauptgerät (s. Teil II, Abschnitt 1).

b) Die Nebenmeßgeräte:

1. Wasserstand (Nr. 1).
2. Unterwind (Nr. 3 und 4). Die Messung kommt nur bei Unterwindfeuerungen mit doppelseitiger Luftzuführung in Frage.
3. Dampfdruck (Nr. 5).
4. Heißdampftemperatur (Nr. 6).
5. Abgasanalyse (Nr. 7); an sich bei Anwendung des Hauptgerätes (a) entbehrlich, dient gegebenenfalls zur Kontrolle der Anzeigen des Hauptgerätes.
6. Lufttemperatur (Nr. 8 und 9). Diese Messung kommt nur bei Feuerungen mit Luftvorwärmung in Frage. Sofern der Erhitzungsgrad vom Heizer durch verstellbare Klappen beeinflußt werden kann, ist das Meßgerät auf dem Schild für die Kesselbedienung unterzubringen. Im anderen Falle wird es auf dem Schild für die Kesselprüfung unterzubringen sein. Bei doppelseitiger Lufterhitzung in zwei getrennten Luftvorwärmern werden die Temperaturmessungen der rechten und linken Kesselseite in einem Folgezeigerinstrument vereinigt.
7. Zug überm Rost (Nr. 10). Bei Unterwindfeuerungen wird oft in der Feuerkammer ein sog. ausgeglichener Zug (d. h. atmosphärischer Druck) gehalten, um einerseits das Ausflammen, andererseits das Einsaugen von falscher Luft durch Undichtigkeiten zu verhüten. Für diesen Fall ist ein Zugmesser vorzusehen.

B. Das Schild für die Kesselüberwachung.

1. Zug im Feuerraum, im Fuchs und vor dem Rost (Nr. 10, 21, 22). Der Zug soll die für die Verbrennung erforderliche Luftmenge herbeischaffen. Solange diese Luftmenge ausreicht (was an dem Hauptgerät sichtbar ist), ist seine Größe nebensächlich. Treten an dem Hauptgerät Besonderheiten auf, so ermöglicht nunmehr die Zugmessung festzustellen, ob die Ursache an einer unzulänglichen Zugwirkung des Schorn-

steins oder an einer außergewöhnlichen Zunahme des Widerstandes der Abgase infolge von Verschmutzung oder an ähnlichen Ursachen liegt.

Bei Unterwindfeuerungen läßt, wie erwähnt, die Wichtigkeit der Innehaltung des „ausgeglichenen Zuges" über dem Rost es zweckmäßiger erscheinen, die Messung desselben allein auf dem Bedienungsschild vorzunehmen.

2. Abgastemperaturen (Nr. 23, 24, 25 und 26) hinter Kessel und Vorwärmer zur Feststellung des Verschmutzungszustandes des Kessels. Haben beide Kesselseiten getrennte Rauchgasabführung, so würden die beiderseitigen Temperaturen mit einem Folgezeigergerät zu messen sein.

3. Speisewassermenge (Nr. 27) zur Kontrolle des einwandfreien Arbeitens des Speisereglers.

4. Speisewasserdruck (Nr. 28) zur Feststellung des Verschmutzungszustandes von Rohren und Vorwärmern. (Im reinen Zustande ist der Wasserdruck = dem Kesseldruck.)

5. Speisewassertemperaturen vor und hinter dem Ekonomiser (Nr. 29, 30, 31 und 32).

6. Unterwinddruck nur bei Unterwindfeuerungen (Nr. 33 und 34).

2. Das Hallenschild.

1. Dampfdruck (Nr. 17) in der Sammelleitung bei Kraftwerken wegen ihres Einflusses auf den Turbinenwirkungsgrad.

2. Kesselbelastung. Sind keine besonderen Spitzenkessel vorhanden, so ist eine gleichmäßige Belastung der Kessel durchzuführen. Zu diesem Zwecke werden entsprechende Meßwerke des Hallenschildes an die Elektroferngeber der Dampfmesser angeschlossen. Handelt es sich um gleich große Kesseleinheiten, so können die Skalen nach der absoluten Dampfmenge, also in t/h aufgeteilt werden. Handelt es sich um verschieden große Kessel, so geben die Skalen statt dessen die Heizflächenbelastung in $t/m^2 \times$ Std. an. Eine richtige Verteilung ist dann vorhanden, wenn sämtliche weißen Lichtzeiger gleich hoch stehen. Sucht ein Heizer seinen Kessel auf Kosten seiner Nachbarn zu schonen, so wird dies sofort im ganzen Kesselhaus sichtbar, so daß für Abstellung des Zustandes schon von seiten seiner Kollegen gesorgt werden wird.

Zur rechtzeitigen Vorbereitung eines Belastungswechsels dienen die schon erwähnten roten Kommandozeiger[1]), wobei natürlich vorausgesetzt ist, daß grundlegende Belastungsschwankungen vorher bekannt sind. In diesem Falle stellt der Oberheizer oder Betriebsführer die roten Befehlszeiger auf die zu erwartende Dampfkesselbelastung ein, worauf das Personal sofort die Feuerungen auf veränderte Leistung zu bringen hat. Im Augenblick des wirklichen Auftretens der neuen Belastung sind dann die Kessel zu deren Aufnahme vorbereitet.

Sind die Einheiten des Kraftwerkes nach Grundlast- und Spitzenkesseln aufgeteilt, so wird die Befehlsanzeige vollends unentbehrlich.

3. Der Generalwattmeter zur Anzeige der Maschinenbelastung bei Elektrizitätszentralen. Ersatz desselben durch die Dampfleistung des gesamten Kesselhauses bei Heizungskraftwerken (Industriekraftwerke).

4. Heißdampftemperatur (Nr. 8) in der Sammelleitung wegen ihres Einflusses auf den Turbinenwirkungsgrad.

3. Die Meßzentrale.

1. Hauptgeräteaufzeichnung. Sie bildet wie auf dem Kesselschild so auch hier die wichtigste Meßgröße. Auch auf dem Schreibgerät sind Dampfmenge und Brennluft oder die Abgasmenge so aufeinander abgestimmt, daß der günstigste Kesselwirkungsgrad bei Zusammenfallen der beiden Schreibkurven erreicht wird[2]). Gleichzeitig läßt die Kurve der Dampferzeugung die Belastung des Kessels erkennen und kann gegebenenfalls planimetrisch ausgewertet werden. Bei lebhaft schwankender Belastung aber wird die Dampfmenge zweckmäßiger von einem besonderen Tintenregistriergerät aufgeschrieben.

2. Dampfdruck (Nr. 17 mit 5).

3. Heißdampftemperaturen und Rauchgasanalyse, gegebenenfalls noch die Überhitzertemperatur- und Abgasanalyse (Nr. 11 mit 6 und 7).

4. Unterwindmenge (Nr. 11 mit 3 und 4) nur bei doppelseitiger Unterwindzuführung.

---

[1]) s. S. 174 und S. 202 u. f.   [2]) s. a. S. 186, Abb. 154.

Zeichenerklärung
der Gebergeräte für elektr. Fernmessung

~~ Einfachelektrofernsender in Verbindung mit einem der folgenden Primärapparate

≈ Doppelsender wie vor u.s.w.

Ⓜ Manometer

Dampf- oder Wassermesser

Gesamtstrahlungspyrometer

◎ Ringwage zur Mengen- Zug- oder Druckmessung

Rauchgasprüfer

Wasserstandszeiger

Widerstandsthermometer

Tachometer -Dynamo

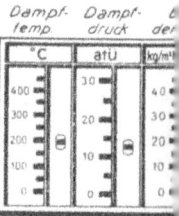

Dampf-temp.	Dampf-druck	
°C	atü	kg/m²
400	30	40
300	20	30
200		20
100	10	10
0	0	0

Kessel 1
Schild für
Kesselbedienung   Kesselprüfung

Kess
Schilo
Kesselbedienung h

Nr	Meßgerät	Meßgröße
1	Wasserstandsm. im Alarmlampen	Wasserstand im Kessel
2	Dampfmesser	Dampferzeugung
3	Summenschaltg	Gesamtluftmenge
4.5	Luftmengenmes	Primärluft rechts und links
6	Verhältnisschalter	Luftverhältnis
7.8		Sekundärluft rechts u. links
9	Gebermanomet	Dampfdruck
10	Thermometer	Heißdampftemp.
11.12	Strahlrohr	Temp. in Brennkammer r.u.l.
13.14	Tachometerdynamo	Staubförderung rechts u. links
15	Druckmesser	Druck in Brennkammer
16.17	Thermometer	Temperatur der vorgewärmten Luft r.u.l.

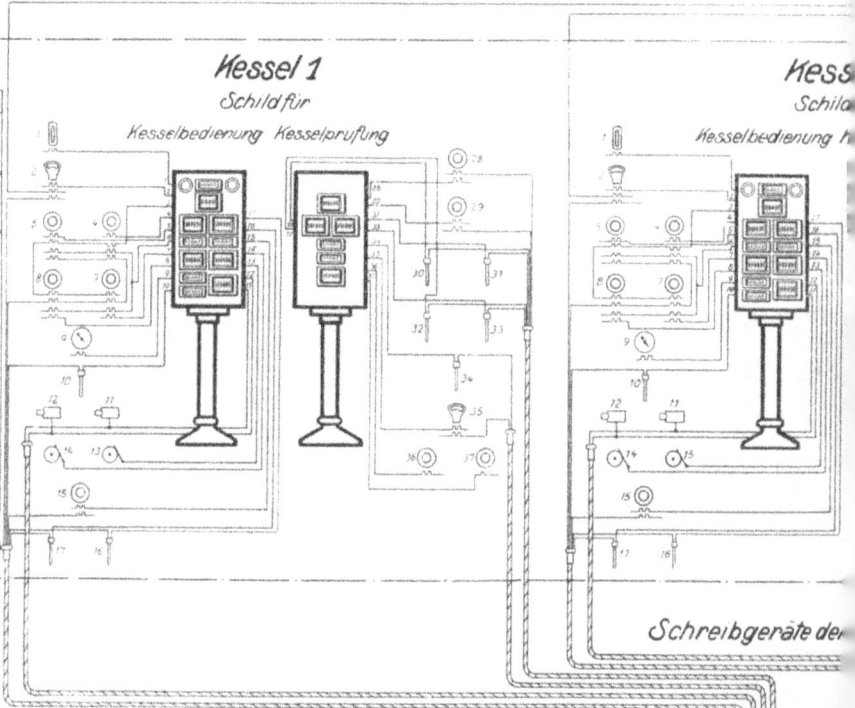

Registrierung d. Kesselführung
18 | Sechsfachschreib | für Dampfmenge (2) mit Zähler (19), Gesamtluft (3) Heißdampftemp. (10), Druck in Brennkammer (15), Warmlufttemperatur (16.17)

20 | Zweifachschreib | für Temperatur d. Brennkammer r.u.l.

Registrierung d. Kesselzustandes
21 | Sechsfachschreib | für Saugzug hinter Kessel (28), desgl. hinter Luftvorwärmer (29), Abgastemp. hinter Kessel r.u.l. (30 u. 31), desgl. hinter Luftvorw. r.u.l. (32 u. 33)

22 | Zweifachschreib | für Speisewassertemp. (34), Speisewassermenge (35) mit Zähler (23)

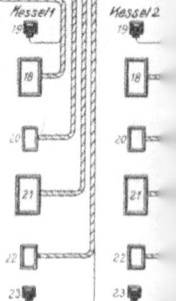

Schreibgeräte der

Kessel 1	Kessel 2
19	19
18	18
20	20
21	21
22	22
23	23

Hallenschild
„Profilux"

Kessel 3
Schild für
Kesselbedienung Kesselprüfung

Schreibgerät
für allgem Messungen

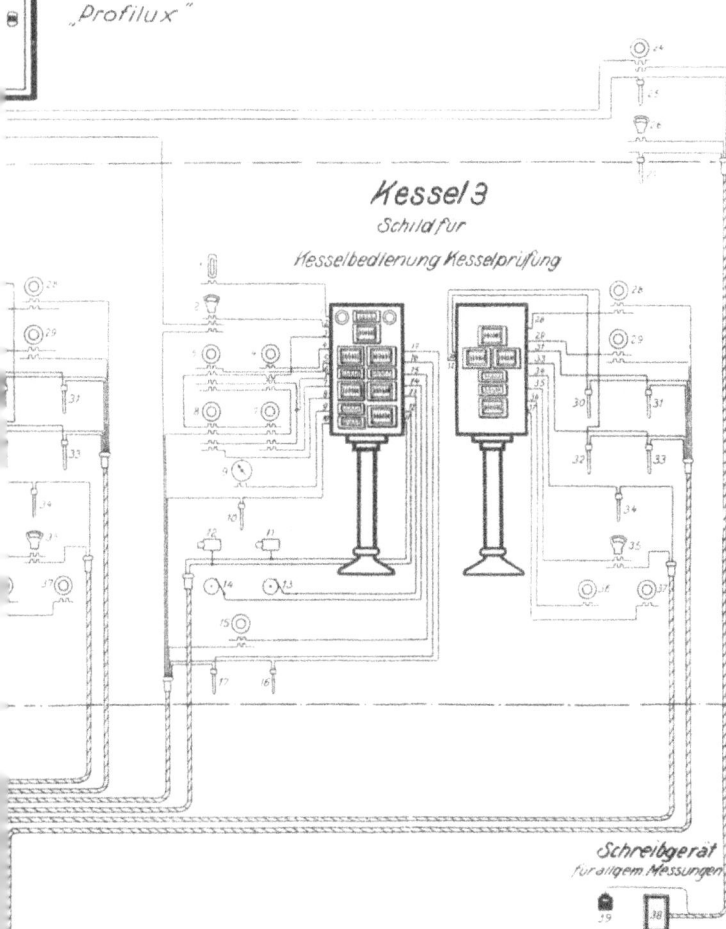

Nr	Meßgerät	Meßgröße
24	Gebermanometer	Druck im Dampf-Sammelleitung
25	Thermometer	Temperatur überhitzt
26	Dampfmesser	Dampfverbrauch der Speisepump
27	Thermometer	Temp. d. Speisma
28	Zugmesser	Saugzug hinter Kessel
29	Zugmesser	Saugzug hinter Luftvorwärm
30,31	Thermometer	Abgaswärme hinter Kessel rechts u. links
32,33	Thermometer	Abgas hinter Luftvorwärmer
34	Thermometer	Speisewasser Temperatur
35	Wassermesser	Speisewasser menge
36,37	Druckmesser	Unterwinddruck
39	Sechsfachschreiber	Druck i Dampf-Sammelleitungen, Temperat überhitzt, Dampfverbrauch d Speisepumpe mit Zähler 39 Speisewasser-Temperatur

H&B 2371

5. Lufttemperatur (Nr. 13 mit 8 und 19) bei Kesseln mit Luftvorwärmung.

6. Zug im Feuerraum (Nr. 13 mit 10).

7. Registrierung des Kesselzustandes. Auf dem Diagramm dieses Schreibgerätes werden im wesentlichen diejenigen Meßgrößen zusammengefaßt, welche auf dem Schild für Kessel-
untersuchung angezeigt werden.

Die Aufzeichnung der Speisewassermenge mittels Punkt-
schreiber auf einem gemeinsamen Diagramm mit anderen
Meßgrößen sei besonders erwähnt. Manche selbsttätigen
Regler (z. B. der bekannte Hannemann-Regler) arbeiten
absatzweise, so daß eine mittels Punktaufzeichnung ge-
schriebene Kurve unleserlich werden würde. In diesem Falle
ist für die Wassermenge ein besonderes Tintenschreib-
gerät zu benutzen. Bei anderen Reglerbauarten bestehen
gegen die Punktaufzeichnung keinerlei Bedenken.

Den Wassermesser pflegt man außerdem stets mit einem
Zähler auszustatten.

8. Schreibapparate für allgemeine Messungen. Während jeder
der vorbeschriebenen Selbstschreiber einem einzelnen Kessel
zugeordnet ist, so sind daneben noch eine Anzahl von Meßgrößen von allgemeiner Bedeutung aufzuzeichnen. Für diese
sind ein oder mehrere besondere Schreibgeräte vorzusehen.
Fast stets wird auf einem dieser Geräte der Druck und die
Temperatur des Dampfes in der Sammelleitung und die
Temperatur des Speisewassers aufgezeichnet.

9. Summenmessungen. Mengenmäßige Meßgrößen, wie insbesondere die Dampf- und Wassermengen, können zur Ein-
sparung der Planimetrierarbeit auch summierend angezeigt
werden.

II. Übersicht über die zu messenden Vorgänge bei Kohlenstaub- bzw. Gas- und Ölfeuerungen.

Ausgewählt ist eine gleiche Kesselanlage wie unter I, nur
daß die Kessel jetzt mit Kohlenstaubfeuerungen ausgerüstet
sind. Die Nummern hinter den Meßvorgängen bezeichnen die
Gerätenummern des Schaltbildes Abb. 170. Eine Begründung
für die Auswahl der einzelnen Meßgrößen wird in folgendem

nur insoweit gegeben, als dies nicht schon bei Besprechung der Kohlenfeuerung geschehen ist. Die Nummerierung verweist wiederum auf die gleichlautenden Ziffern in Abb. 170.

1. Kesselschild.

A. Das Schild für die Kesselbedienung.

a) Das Hauptgerät (Nr. 2 und 3). Die Gesamtluftmenge kann fast stets durch summierende Meßschaltung der Einzelluftmengen angezeigt werden. In der Regel kommen hierfür vier Summanden in Frage, nämlich die Transport- oder Primärluft rechts und links und die Sekundärluft rechts und links.

b) Nebengeräte.

1. Einzelluftmengen (Nr. 4, 5 und 7, 8). Die in der Folgezeigeranordnung dargestellte Messung der Gesamtluftmenge dient dazu, die Feuerleistung quantitativ der Dampfentnahme anzupassen. Die getrennte Messung der Einzelluftmengen wird aber dadurch nicht entbehrlich; denn sie dient dazu, die Kohlenstaubflamme qualitativ zu beeinflussen. Bekanntlich ist für die Zündung das Verhältnis von Primär- zur Sekundärluftmenge von Bedeutung. Daneben ist auch die absolute Menge der Transportluft wichtig, weil von ihr die Austrittsgeschwindigkeit des Staubes abhängt. Diese ist wiederum ihrerseits maßgebend für den räumlichen Abstand des Zündpunktes von der Brennerdüse und dem Mauerwerk. Außerdem beeinflußt sie denjenigen Raumpunkt, in welchem die Verbrennung soweit vorgeschritten ist, um durch die Entwicklung des nötigen Auftriebes die Flamme zur Umkehr zu veranlassen. Seine Innehaltung macht die gesonderte Messung der Primärluftmenge notwendig.

2. Luftverhältnis (Nr. 6). In manchen Fällen macht die Eigenart der Feuerung oder des Brennstoffes die besondere Überwachung des Zündungsvorganges notwendig. Erfahrungsgemäß ist dem Staube soviel Primärluft beizumischen, wie zur Verbrennung seiner flüchtigen Bestandteile erforderlich ist. Diese leiten die Zündung ein, während die Zweitluft den Ausbrand des Kohlenstoffes

Abb. 171. Warte des Großkraftwerkes „Klingenberg", Berlin-Rummelsburg.

besorgt. Eine derartige Feuerführung verlangt die Gleich-
haltung der Anteile von Erst- und Zweitluft bei allen
Belastungen mit Hilfe eines Luftverhältnisanzeigers.

3. Heißdampftemperatur (Nr. 10).

4. Temperatur im Feuerraum (Nr. 11 und 12). Ihre ständige Beobachtung ist bei Verwendung hochwertigen
Staubes notwendig, weil die Möglichkeit vorliegt, daß bei
zu geringem Luftüberschuß die Feuertemperaturen die
Festigkeit des Mauerwerkes gefährden. Um der Gefahr
zu hoher Temperatur vorzubeugen, wird das Meßgerät
mit einem Maximalkontakt ausgerüstet, welcher bei Überschreitung der höchst zulässigen Temperatur von etwa
1500⁰ ein Leucht- oder Lärmsignal betätigt.

5. Staubförderung (Nr. 13 und 14). Ist eine Schneckenförde-
rung vorhanden, so empfiehlt es sich, die Drehgeschwin-
digkeit der Förderschnecken mittels Tachometerdynamo
auf entsprechende Anzeigegeräte des Kesselschildes zu
übertragen, weil deren Angabe die gleichmäßige Verteilung der Belastung auf die einzelnen Brenner bzw.
Brennergruppen erleichtert.

B. Das Schild für die Kesselüberwachung.
entsprechend Angaben unter I[1]).

2. Die Meßzentrale.

Abb. 171 bringt eine Ansicht der Wärmeüberwachungs-
zentrale des Klingenbergwerkes, Berlin.

Die Erfahrungen im Schaltwerkbau haben gelehrt, daß
der Fernsteuerung die allgemeine Anordnung des Werkes wesentlich verändert; die Rücksicht auf die unmittelbare Übersichtlichkeit der Gesamtanlage verliert an Bedeutung, statt
dessen werden schärfere Abgrenzung und planvollere Gruppie-
rung der Teilbetriebe nach den besonderen Aufgaben, die sie
zu erfüllen haben, wichtig.

Die Bedienung erfolgt mittels Fernsteuerung von zentral
aufgestellten Tafeln. Das Bestreben geht dahin, die Steuerung
mehrerer Teilbetriebe auf einer gemeinsamen Tafel zusammen-

---

[1]) s. S. 208.

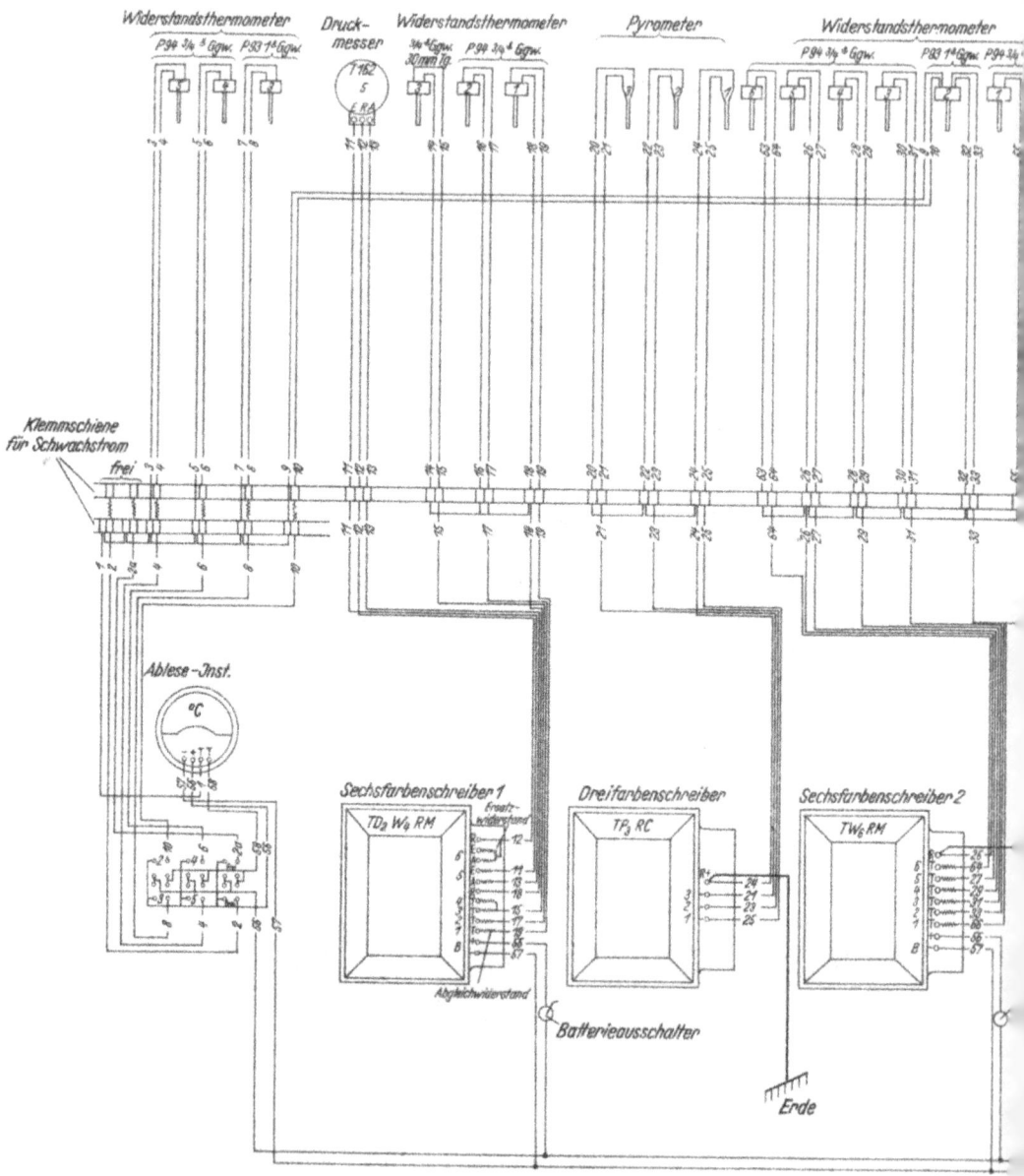

Widerstandsthermometer Druckmesser Widerstandsthermometer Pyrometer Widerstandsthermometer

P.94 3/4 ⁵Ggw. P.93 1ᴬGgw. T-162 S f.R.A. 3/4⁴Ggw. 30mm Tp. P.94 3/4 ⁴Ggw. P.94 3/4 ⁶Ggw. P.93 1ᴬGgw. P.94 3/4

Klemmschiene für Schwachstrom frei

Ablese-Inst. °C

Sechsfarbenschreiber 1 TD₂ W₄ RM Frostz-widerstand Abgleichwiderstand

Dreifarbenschreiber TF₂ RC

Sechsfarbenschreiber 2 TW₂ RM

Batterieausschalter

Erde

Ablese-Inst.	
2	Generatorabluft
3	" " kaltluft
4	Frischwasserkühler
5	Abwasserkühler

Sechsfarbenschreiber 1		
1	violett	Vakuum
2	blau	Öl-Temp. Eintritt
3	karmin	Frischdampftemp.
4	grün	frei
5	zinnober	Dampfdruck
6	schwarz	frei

Dreifarbenschreiber		
1	blau	Temp.Wicklungsobere
2	zinnober	" Wicklungsmitte
3	grün	" "

Sechsfarbenschreiber 2		
1	violett	Kühlwassereintritt 1
2	blau	Generatorabluft
3	karmin	Kühlwassereintritt 1
4	grün	" austritt 1
5	zinnober	Öl-Temp.
6	schwarz	Kühlwasseraustritt 2

S.u.H.Gerber

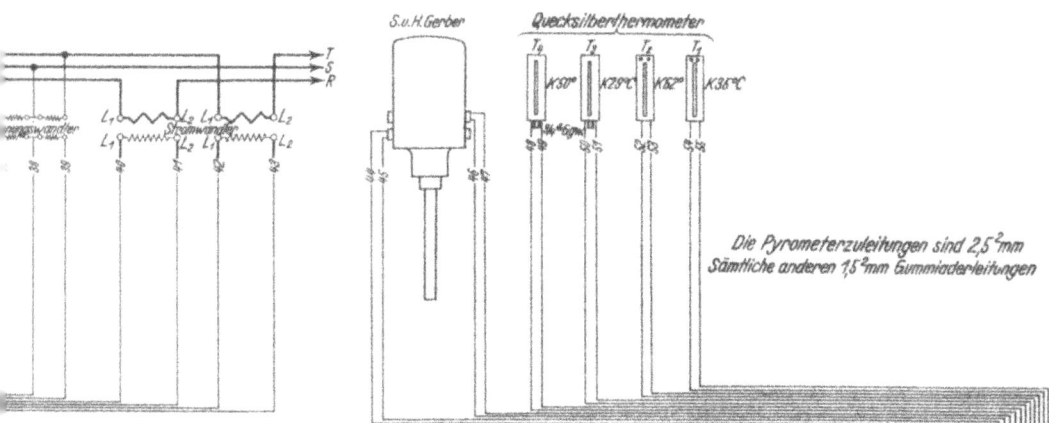

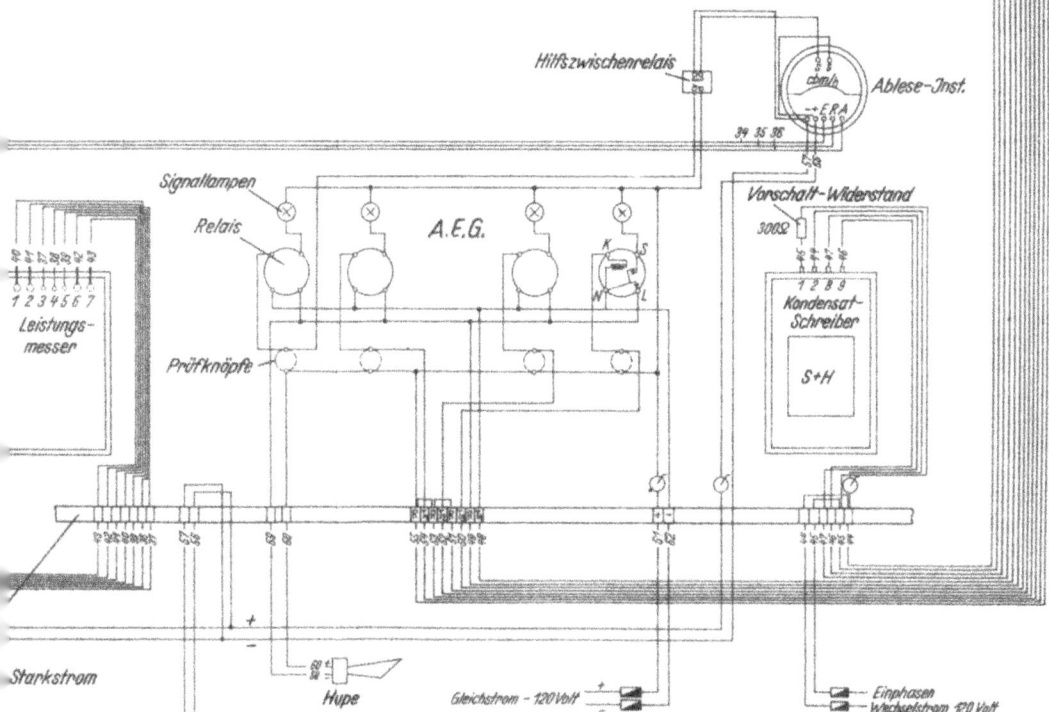

Quecksilberthermometer

Die Pyrometerzuleitungen sind 2,5² mm
Sämtliche anderen 1,5² mm Gummiaderleitungen

Hilfszwischenrelais

Ablese-Inst.

Signallampen

Relais

A.E.G.

Vorschalt-Widerstand

300Ω

Kondensat-
Schreiber

S+H

Leistungs-
messer

Prüfknöpfe

Starkstrom

Hupe

Gleichstrom - 120 Volt

Einphasen
Wechselstrom 120 Volt

Batterie 6 Volt

Quecksilberthermometer	
T_6	Generatorkaltluftkanal
T_8	" warmluftkanal
T_7	Kühlwasserzuflußleitung
T_9	Blaustrit am Kühler

zufassen oder wenigstens die Möglichkeit hierzu vorzusehen, falls man lieber schrittweise vorgehen will.

Für die Gesamtüberwachung der Teilbetriebe und für die Geschlossenheit des Handelns, insbesondere in Störungsfällen, ist die Warte verantwortlich, wo die Haupttafel mit den zur Beurteilung der Betriebslage nötigen Anzeige- und Schreibgeräten des ganzen Kraftwerkes aufgestellt wird. Die Warte erhält die Leitung des gesamten Werkes und damit eine ausschlaggebende Bedeutung.

Das Großkraftwerk „Klingenberg" nähert sich mit dieser Entwicklung einer geschlossenen Maschine, deren Glieder zwangläufig ineinandergreifen und die nur von einer Stelle aus angelassen und bedient zu werden braucht, um ihren Zweck der Stromerzeugung zu erfüllen. Interessant ist dabei, daß das Kraftwerk Klingenberg „blind" nach einer vorgeschriebenen Belastungskurve gesteuert wird. Um die Wirtschaftlichkeit des Kraftwerkes durch eine gleichmäßige, also spitzenlose Belastung zu heben, nimmt es nur die Grundlast auf, während die Spitzenbelastung auf die älteren Berliner Werke verteilt wird.

Abb. 172 und 173 bringen zur Ergänzung der Darlegungen dieses Abschnittes noch die Schaltbilder zweier von der Firma Hartmann & Braun, Frankfurt a. M., gebauter meßtechnischer Überwachungsanlagen für das Elektrizitätswerk Frankfurt a. M. und für E.-W. Schatura. Nach den Beschreibungen zu den Schaltbildern Abb. 169 und 170 erklären sich die Schaltungen Abb. 172 und 173 wohl von selbst.

Die meßtechnische Wärmeüberwachung im Ofenbetrieb.

Als Beispiel für die Durchführung der meßtechnischen Überwachung im Ofenbetrieb sei hier eine neuzeitliche Hochofenanlage mit zwei Öfen mit der Gichtgasversorgung eines angeschlossenen Hüttenwerkes gewählt. Das Hüttenwerk umfasse beispielsweise ein Martin- und Walzwerk sowie Glühöfen.

Die meßtechnische Ausrüstung der Wärmeüberwachungsanlage läßt sich in folgende vier Gruppen einteilen:

1. in die Gasverteilung,
2. in die Bedienungsgeräte,
3. in die Überwachungsgeräte für den Hochofenbetrieb,
4. in die Überwachungsgeräte für statistische Zwecke.

1. Die Organisation der Gasverteilung.

Liegen die Verhältnisse so, daß die weiterverarbeitenden Betriebe den gesamten Gichtgasüberschuß aufnehmen können, so muß vor allem das ungleichmäßig anfallende Gichtgas mit dem gleichfalls unregelmäßig auftretenden Bedarf so in Übereinstimmung gebracht werden, daß sowohl einerseits Gasmangel und damit eine Hemmung der Produktion als auch andererseits Gasüberschüsse vermieden werden, weil letztere ein Fliegenlassen des wertvollen Brennstoffes naturnotwendig zur Folge hätten. Diese oberste Forderung des zeitlichen Ausgleiches von Wärmebedarf und Wärmegestellung ist nur dann zu lösen, wenn eine zentrale Gasverteilung vorgesehen wird. Die richtige Handhabung dieser zentralen Verteilungsstelle bedingt die Kenntnis der Gasdrücke und Durchflußmengen unmittelbar vor den Verbrauchern — und nicht, wie es fehlerhafterweise häufig gehandhabt wird, die Gasdrücke und Durchflußmengen in der Nähe der Hochofen —, und diese Kenntnis wird um so wichtiger, je mehr die Verbraucher den äußersten Punkten des Verteilungsnetzes zuliegen. Weiterhin ist es für die sparsame Bewirtschaftung des Gases von entscheidender Bedeutung, daß geeignete Spitzenverbraucher vorgesehen werden. Es ist allgemein üblich, daß die Kessel als die eigentlichen Spitzenverbraucher angesehen werden, und daß die Cowper bei länger dauernden Ofenstillständen zum Ausgleich von Gasmangel mit herangezogen werden. Die Kessel sollen daher in nachstehendem Entwurf als Spitzenverbraucher in der Anordnung der Verteilungszentrale berücksichtigt werden.

Zuletzt ist es für die Erfolgsicherheit und sachgemäße Ausgestaltung der Verteilungszentrale notwendig, daß über die zukünftige Gasbewirtschaftung bereits im Entwurf volle Klarheit herrscht.

Die Verteilungszentrale muß eine Gruppe von Instrumenten erhalten, welche nicht nur die gesamte Gasbilanz erfassen, sondern außerdem den Spitzenverbrauchern in dieser Bilanz eine ausgezeichnete Stelle anweisen. Die zweite Gruppe bilden diejenigen Geräte, welche die Gasdrücke an den verschiedenen und insbesondere an den äußersten Punkten des Verteilernetzes anzeigen.

Die Cowperwärter nehmen im allgemeinen das Umsetzen der Winderhitzer nach der Zeit vor, weil dieses Verfahren ihnen die leichteste Übersicht bietet. Es ist auch richtig, wenn die Cowper als Regelverbraucher betrieben werden können; dagegen ist das Verfahren nicht mehr zulässig, wenn die Cowper zum Spitzenausgleich mit herangezogen werden sollen. Das Umsetzen darf alsdann nur ausschließlich auf Grund des Auf- oder Entladungszustandes erfolgen. Infolgedessen müssen dem Gasverteiler diejenigen Messungen an die Hand gegeben werden, welche ihm den jeweiligen Ladezustand der Cowper vor Augen führen. Das ist in erster Linie die Heißwind- und Abgastemperatur. Es kann aber auch der Ladezustand der Winderhitzer unmittelbar nach der während einer Periode durchgesetzten Gas- bzw. Windmenge ermittelt werden. Es wäre also in der Verteilerzentrale noch ein Gas- und Windmengenzähler für jeden Ofen vorzusehen. Der Verteiler würde dann beispielsweise nach einem Durchsatz von je 8000 m³ Gas oder 20000 m³ Wind das Umsetzen des betreffenden Winderhitzers veranlassen.

Was nun schließlich die Führung der Kessel als Spitzenverbraucher anbetrifft, so kann der Verteiler über das von den Spitzenkesseln aufzunehmende Gas verantwortlich nur dann verfügen, wenn er einen Überblick darüber hat, welche Anforderungen jeweils an die Kessel gestellt werden. Das bedeutet, daß er den derzeitigen Dampfbedarf des Werkes und andererseits die Verteilung der zur Verfügung stehenden Hilfsbrennstoffe kennen muß. Daraus ergibt sich folgerichtig, daß in der Verteilungszentrale noch eine weitere Instrumententafel anzubringen wäre, die die Verteilung der an die Hauptverbraucher abgegebenen Dampfmengen, und damit die wesentlichsten Faktoren der Dampfbilanz anzeigen.

Aus der Dampfbilanz ersieht der Verteiler, ob und wieweit die Spitzenkessel auftretende Gasüberschüsse noch verarbeiten können. Die Koksgasmengenanzeiger geben ihm darüber Aufschluß, inwieweit er auftretende Gasmängel mit Koksgas decken kann. Gleichzeitig ermöglichen sie ihm die Überwachung darüber, daß länger dauernde Gichtgasmängel durch die Heizer nicht unnötigerweise mittels Koksgas gedeckt werden, sondern, daß die Heizer entsprechend der ihnen gegebenenfalls von dem Gasverteiler zu übermittelnden Anweisung — der allein die Dauer des Gasmangels übersehen kann — die Wanderrostfeuerung hierfür heranzuziehen.

In der Gasverteilungszentrale sind demnach folgende Meßgeräte vorzusehen:

a) Meßgeräte für die Gasdrücke,
b)   ..   ..   die Gasbilanz,
c)   ..   ..   den Ladezustand der Cowper,
d)   .,   ,,   den Koksgaszusatzverbrauch der Kessel,
e) die Wärmeschalttafel für die Gasverteilung.

Zu den fünf Meßgruppen wäre im einzelnen noch folgendes zu sagen:

a) Meßgeräte für die Gasdrücke.

Die Verteilungszentrale ist die einzige Stelle, an der es erforderlich ist, die Gasdrücke zur Darstellung zu bringen. Für den Gasverteiler genügt ihre Anzeige, die allerdings das ganze Netz umfassen müßte. Als Gebergeräte für die Messung der Drücke im Verteilungsnetz unter 150 mm W.-S. käme die Ringwaage (s. S. 38) und für Roh- und Reingasdruck über 150 mm W.-S. zwei Membrane-Gebergeräte in Frage. Als Anzeigegeräte werden zweckmäßig Profilinstrumente in rechteckigem Gehäuse mit gerader Glasscheibe in zusammengebauter Anordnung gewählt. Der Roh- und Reingasdruck kann in einem Doppelprofilmeßgerät zusammengefaßt werden, um durch den Vergleich der beiden Zeigerstellungen ausreichende oder mangelnde Förderleistung der Ventilatoren in der Gasreinigung beurteilen zu können.

Es sind folgende Drücke zu messen:

Rohgasdruck,
Druck in der Reingasvorlage,
Druck vor den Kesseln,
Druck vor den ferngesteuerten Drosseln des Stahl- und Walzwerkes,
Druck hinter den ferngesteuerten Drosseln des Stahl- und Walzwerkes,

im besonderen den

Druck hinter der Ferndrossel Martinwerk,
  ,,   ,,   ,,   ,, Walzwerk,
  ,,   ,,   ,,   ,, Glühofen.

Die zur Messung erforderlichen Geräte sind in dem Schaltbild Abb. 174 wie folgt kenntlich gemacht:

Gerätenummer	Gegenstand
1 und 2	Gebergeräte für Roh- und Reingasdruck über 150 mm W.-S.,
3 und 7	Gebergeräte für die übrigen Gasdrücke unter 150 mm W.-S.,
75	Doppelprofilgerät für Roh- und Reingasdruck,
76—80	Profilgeräte für die übrigen Drücke.

Abb. 175 zeigt die Wärmeschalttafel der Gasverteilung mit den gleichen Gerätenummern.

b) Meßgeräte für die Gasbilanz.

Die Gebergeräte für die Gasmessung sind mit Ausnahme der weiter unten beschriebenen Meßstelle „A" als registrierende Instrumente vorzusehen, um die für die Zwecke der Wärmestelle erforderlichen statistischen Unterlagen zu liefern. Die Instrumente sind mit Elektrogeber auszurüsten, um mit diesen auf die Anzeigegeräte in der Verteilungsstelle arbeiten zu können, die ihrerseits wiederum als Profilinstrumente zu wählen wären. Außer den einzelnen Verbrauchern soll auch die Gesamterzeugung gemessen werden.

Es kommen bei einer Anlage mit zwei Öfen (als Sonderfall) insgesamt folgende Gasmessungen in Frage:

Gesamtes Überschußgas (Meßstelle A),

Verlustgas im Hut Ofen 1,

Verlustgas im Hut Ofen 2,

Cowpergas in den Zuführungsleitungen (Meßstellen B und C),

Gasverbrauch der Kessel,

Gasverbrauch des Hüttenwerkes, im besonderen der

   Gasverbrauch des Martinwerkes,

      ,,   ,, Walzwerkes,

       ,, der Glühöfen.

Die hierfür notwendigen Meßinstrumente sind im Schaltbild Abb. 174 unter folgenden Positionen eingetragen:

Gerätenummer	Gegenstand
8—15	selbstschreibender Gasmesser mit angebautem Elektrofernsender,
16	Gebergerät für die Gasmengenmessung (Meßstelle A).

Jede dieser Gasmengen, mit Ausnahme der bei A müssen auf der Bilanztafel angezeigt werden. Es sind demnach weitere 8 Ableseprofilgeräte erforderlich, welche in Abb. 174 und 175 unter Gerätenummer 83—90 eingetragen sind. Außerdem sollen die Gesamterzeugung, die Summe der Grundlastverbraucher und die Summe des Spitzenverbrauchs getrennt angezeigt werden. Die letzteren beiden sind in einem Doppelprofilgerät einander gegenüberzustellen. Die Messung kann mit Hilfe der auf S. 166 besprochenen Summenschaltung von

Hartmann & Braun bewerkstelligt werden. Die Gesamterzeugung wird schließlich durch elektrische Addition der Meßstellen A, B und C erhalten. Die Summe des Spitzenverbrauches ergibt sich aus der elektrischen Addition von B, C und
Kesselgas. Zur Ermittlung des Grundlastverbrauches müssen
in dem hier betrachteten Sonderfall Martinwerk, Walzwerk
und Glühöfen elektrisch addiert werden. Zur Gegenkontrolle
könnte das Gas in der gemeinsamen Zuleitung dieser drei Betriebe durch einen einzigen Staurand auf einmal gemessen
werden. Man erhielte dann eine Bestätigung innerhalb der
Gasbilanz, die Anlagekosten werden aber andererseits vermehrt.

Für die drei getrennten Summenmessungen sind folgende
Geräte an Hand der Abb. 174 und 175 notwendig:

Gerätenummer	Gegenstand
81	Profilgerät für die Gesamterzeugung,
82	Doppelprofilgerät für Grund- und Spitzenverbrauch.

c) Meßgeräte für den Ladezustand der Cowper.

In den allgemeinen Erörterungen war ausgeführt worden,
daß der Gasverteiler darauf angewiesen ist, die Cowper in
weitem Maße zum Ausgleich von Schwankungen in der Gasbilanz heranzuziehen. Dabei darf jedoch nicht der Fall eintreten, daß, wenn der Hochofen eines frisch aufgeladenen
Cowpers bedarf, dieser noch nicht auf Temperatur ist, oder daß
umgekehrt ein Cowper infolge übermäßiger Spitzenaufnahme
zu stark geladen ist und damit für den gleichmäßigen Ofengang
unerwünscht heißen Wind liefert. Zu der hierfür erforderlichen
Klärung des Ladezustandes der Cowper dient zunächst je
Ofen ein Windzähler. Er wird durch einen registrierenden
Windmengenmesser gesteuert. In dem hier ausgewählten Sonderfall eines Zwei-Cowperbetriebes ist der eine Windmengenmesser pneumatisch umschaltbar auf Cowper 1, 2 oder 3
gedacht, der andere ist auf den Kaltwindstutzen von Cowper 3,
4 oder 5 anzuordnen. Die Befürchtung, daß der Cowperwärter
beim jedesmaligen Umsetzen der Winderhitzer das mittels
einer Stöpselvorrichtung vorzunehmende Umschalten unter-
läßt, dürfte nicht eintreten, zumal der Cowperwärter durch das

eingangs erwähnte Kommandosystem nicht wie in primitiv
geführten Betrieben eine allgemeine qualitative Weisung, sondern einen quantitativen Befehl zur zahlenmäßigen Einstellung
der Windmenge erhält. Er kann ihn nur mit Hilfe seines Instrumentes ausführen, und deshalb wird er es nicht unterlassen,
bei jedesmaligem Umstellen der Cowper die Windmengenmesser
mit umzuschalten. Die Messung wird dadurch technisch sehr
vereinfacht. Warum die Windmesser auf der Cowpersohle
selbstschreibend zu gestalten sind, wurde eingangs schon be-
gründet.

Es sind demnach an Hand der Abb. 174 folgende Geräte
vorzusehen:

Gerätenummer	Gegenstand
32 und 33	registrierende Kaltwindmesser mit an-gebautem Elektrofernsender,
34 und 35	Stöpselvorrichtungen zum wahlweisen Schalten der Windmesser auf jeweils drei Cowper,
100 und 101	Windzähler mit dazugehörigen Schalt- und Regelvorrichtungen.

Für die Gasmessung könnte die gleiche umschaltbare Anordnung vorgesehen werden. Das Gebergerät für die Gasmessung der einzelnen Cowper betätigt aber außer dem Zähler
nur noch das Folgezeigerinstrument zur Verbrennungseinstel-
lung des Cowpers selbst. Es ist dadurch andererseits keine
Gewähr dafür vorhanden, daß der Wärter das Gerät tatsächlich
auch zur Benutzung heranzieht, und ist der Wärter nicht ge-
wissenhaft, so wird er es aus Bequemlichkeit leicht versäumen,
beim Umsetzen eines Cowpers zugleich auch die Meßleitungen
umzustöpseln. Aus diesem Grunde wird besser für jeden Cowper eine besondere Gasmessung vorgesehen.

Für Cowper 3 braucht keine besondere Meßausrüstung
vorgesehen zu werden, denn es kann diejenige von Cowper
2 oder 4 auf ihn umgeschaltet werden, je nachdem, welchem
Ofen der Winderhitzer zugeteilt wird.

Es müssen demzufolge folgende Geräte an Hand der Ab-
bildung 174 und 175 vorgesehen werden:

Gerätenummer	Gegenstand
17—20	Gebergeräte für Gasmengenmesser, Stöpselvorrichtungen für die erwähnte wahlweise Heranziehung des Cowpers 3,
91—94	Gaszähler mit zugehörigen Schaltkästen.

Ferner sind noch je Ofen die Messung der Windtemperatur und der Abgastemperaturen der beiden zugehörigen Cowper erforderlich. Dabei kann im vorliegenden Sonderfall der Cowper 3 wiederum so behandelt werden, daß seine Messung an die Stelle der von Cowper 2 oder 4 treten kann. Es können die sechs Temperaturen auf einem Sechsfachschreiber oder auf zwei Dreifachschreibern zusammengefaßt werden. Es kommen demnach noch folgende Geräte hinzu:

Gerätenummer	Gegenstand
46—47	Heißwind-Pyrometer,
25—29	Cowperabgas-Pyrometer,
95—96	Dreifachschreiber (oder ein Sechsfachschreiber).

d) Meßgeräte für den Koksgaszusatzverbrauch der Kessel.

Soll der Koksgasverbrauch der einzelnen Kessel aufgeschrieben werden, so kommt als Gebergeräte ein schreibender Gasmesser mit eingebautem Elektrofernsender in Betracht. Wird jedoch der Koksgasverbrauch insgesamt in der gemeinsamen Zuführungsleitung registrierend gemessen, so genügt es für die Zwecke der Gasverteilung den Einzelverbrauch der Kessel durch lediglich anzeigende Instrumente darzustellen. Es kommen somit für jeden Kessel folgende Geräte in Betracht, wobei in Abb. 174 vier Kessel angenommen sind:

Gerätenummer	Gegenstand
61—64	Gebergeräte für die Gasmengenfernmessung,
103—106	Profilablesegeräte.

e) Die Wärmeschalttafel des Gasverteilers.

Es ist selbstverständlich, daß die den Zwecken des Gasverteilers dienenden Meßgeräte räumlich so stark zusammengedrängt werden müssen, daß die größtmöglichste Übersichtlichkeit und Vergleichbarkeit erreicht wird. Aus diesem Gesichtspunkt heraus sind die Geräte so um den Schreibtisch des Gasverteilers herum anzuordnen, daß dieser von seinem Sitz aus sämtliche Instrumente überblicken und gleichzeitig Befehlsschalter, Fernsteuerungen und Fernsprecher bedienen kann. Auf diese Weise wird erreicht, daß der Gasverteiler das ständig wechselnde Bild der Energieverteilung des Hüttenwerkes vollzählig und geschlossen vor Augen und im Kopfe hat.

Abb. 175 zeigt ein solches Pult von Hartmann & Braun, Frankfurt a. M. Die Instrumententafel ist schrankartig ausgebildet, rückwärts verschlossen und von dort aus zugänglich. Als unmittelbare Stromquelle sind zwei Sammlerbatterien vorgesehen, die wechselweise aus dem Wechselstromnetz über einen Gleichrichter aufgeladen werden.

Zum Schluß sei noch darauf hingewiesen, daß es zweckmäßig sein könnte, bei Ausfall eines Hochofens den anderen durch verstärktes Blasen zum Ausgleich des entstehenden Gasmangels mit heranzuziehen. Es würden alsdann noch weitere Instrumente und Verständigungsmittel für den Gasverteiler notwendig werden. Es bleibt aber dahingestellt, ob es überhaupt richtig wäre, in den gleichmäßigen Gang der Hochöfen durch derartige Manöver einzugreifen. Dies ist natürlich eine von den jeweiligen örtlichen Verhältnissen abhängige, rein hochöfnerische Frage, die nicht bedingungslos unter allen Umständen bejaht oder verneint werden kann.

2. Die Bedienungsgeräte.

Zur zweiten Gruppe von Meßgeräten gehören diejenigen, welche dem Bedienungspersonal als Hilfsmittel in der Handhabung und Einstellung der feuerungstechnischen Einrichtungen dienen. In neuzeitlichen Anlagen werden für diesen Zweck ausschließlich Anzeigegeräte verwendet. Es können hier folgende Meßgruppen unterschieden werden:

a) Bedienungsgeräte für die Hochöfen,
b) Bedienungsgeräte für das Gebläsehaus,

c) Bedienungsgeräte auf der Cowpersohle,
d) Bedienungsgeräte für die Überschußverbraucher.

a) Bedienungsgeräte für die Hochöfen.

Ein sog. Instrumentenschild erhält diejenigen Geräte, deren der Meister oder erste Schmelzer zur Beurteilung des Ganges des Hochofens bedarf. Wie in der Einleitung[1]) dargelegt wurde, ist es wichtig, diese Geräte ihm in geschlossener und übersichtlicher Form darzubieten, damit sie auch wirkliche Beachtung finden. Deswegen sind durchweg die in Teil I, Abschnitt 6, besprochenen elektrisch fernübertragenden Anzeigegeräte vorzusehen. Ebenso wichtig ist es aber auch, das Auffassungsvermögen und die Aufmerksamkeit des Schmelzers nicht durch mehr Messungen, als unbedingt erforderlich sind, zu zersplittern. Aus diesem Grunde kann auf die Anzeige des Gasdruckes oder irgendwelcher Cowpermessungen auf der Ofenbühne — welche man dort häufig findet — verzichtet werden. Von dem Grundsatz der nur-anzeigenden Bedienungsgeräte macht nur der Gichtteufenmesser, welcher zugleich als Gichtenzähler dient, insofern eine Ausnahme, als dieser selbstschreibend auszugestalten ist.

Von besonderer Wichtigkeit ist die deutliche und eindeutige Verständigung zwischen Hochofen und Gebläsehaus. Für den Gang und für die Belastung des Ofens ist allein die Anzahl der dem Ofen zugeführten Sauerstoffmoleküle maßgebend. Deswegen ist es zu empfehlen, die Befehlsgebung zwischen Hochofen und Gebläsehaus so einzurichten, daß auf der Ofenbühne sich ein Kommandohebel befindet, der vor einer dem Kaltwindmengenmesser gleichartigen Skala spielt. Das Empfangsgerät hierzu befindet sich in der Nähe der Kaltwindschieber an den Cowpern. Ein zweites parallelgeschaltetes Empfangsgerät könnte durch den roten Lichtanzeiger eines Hallenschildes von Hartmann & Braun, im Gebläsehaus dargestellt werden. Wünscht der Ofenmeister die Windmenge zu verändern, so stellt er seinen Befehlshebel beispielsweise von bisher 15000 auf 20000 m³/h. Durch ein Alarmsignal aufmerksam gemacht, zieht nunmehr der Cowperwärter den Kaltwindschieber auf,

---

[1]) s. S. 4 u. f.

Balcke, Wärmeüberwachung.   15

um an Hand seines gleichfalls dort befindlichen Windmengenmessers die auf dem Befehlsanzeiger erscheinende Menge von
20000 m³/h durchzulassen.

Durch das Öffnen des Windschiebers kann folgendes eintreten: Entweder ist der andere Hochofen so stark belastet,
daß der in der Kaltwindleitung herrschende Druck ausreicht,
um gleichzeitig durch den in Rede stehenden Ofen die geforderten 20000 m³/h durchzutreiben. Dann ist das Manöver
mit dem Aufziehen des Windschiebers beendet. Gleichzeitig
steigt in dem Gebläsehaus der an dem Hallenschild befindliche
weiße Lichtzeiger, der an den eigentlichen Windmesser angeschlossen ist, auf 20000 m³/h; er steht also neben dem roten
Befehlszeiger und weist dadurch nach, daß alles in Ordnung ist,
daß also der Gebläsemaschinist nicht einzugreifen braucht.

Der zweite Fall tritt dann ein, wenn der andere Ofen so
wenig belastet ist, daß der Druck in der Kaltwindleitung zur
Förderung der befohlenen 20000 m³ nicht ausreicht. Der Cowperwärter wird auf diese Tatsache dadurch aufmerksam, daß
er seinen Schieber ganz und gar öffnet und trotzdem der Windmesser am Cowper nicht bis auf 20000 steigt. Dann drückt er
auf einen Knopf und gibt dadurch ein Alarmsignal nach dem
Gebläsehaus. Dadurch aufmerksam gemacht, sieht der Gebläsemaschinist am Profilux[1]), daß der rote Zeiger höher steht als der
weiße. Er regelt nun den Druck am Gebläseregler so ein, bis
der rote und weiße Lichtzeiger des in Rede stehenden Ofens
übereinstimmen, womit die gewünschte Windleistung erreicht
ist. Allerdings wird hierdurch auch am zweiten Ofen die Windmenge steigen. Der Cowperwärter muß dann eben auch dort
am Kaltwindschieber nachregeln. Der Cowperwärter muß
schließlich beim Herabregeln der Windmenge jedesmal Alarm-
signale nach dem Gebläsehaus geben, damit bei länger dauernder Veränderung zunächst mit dem Druck im Gebläse bis zur
möglichen Grenze herabgeregelt wird, ehe die Verlustdrosse-
lung im Windschieber einzusetzen hat.

Die verlustloseste Reglung ist durch die Fernsteuerung
der Kaltwindschieber vom Gebläsehaus aus zu erreichen. Der
Maschinist hat in diesem Falle stets so zu fahren, daß der

---

[1]) s. S. 171 u. f.

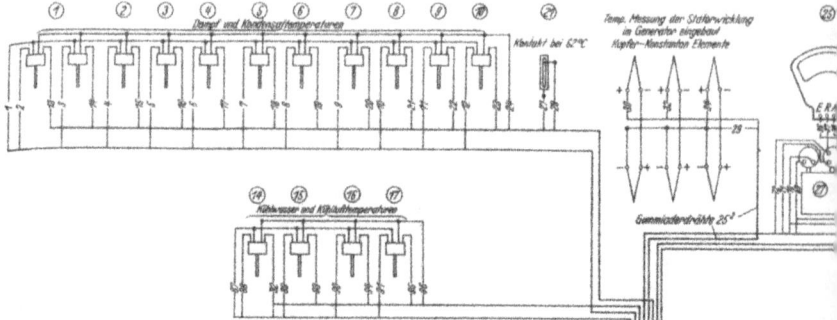

Geber

Schaltbühne

Instrumente und Schalter von hinten gesehen.

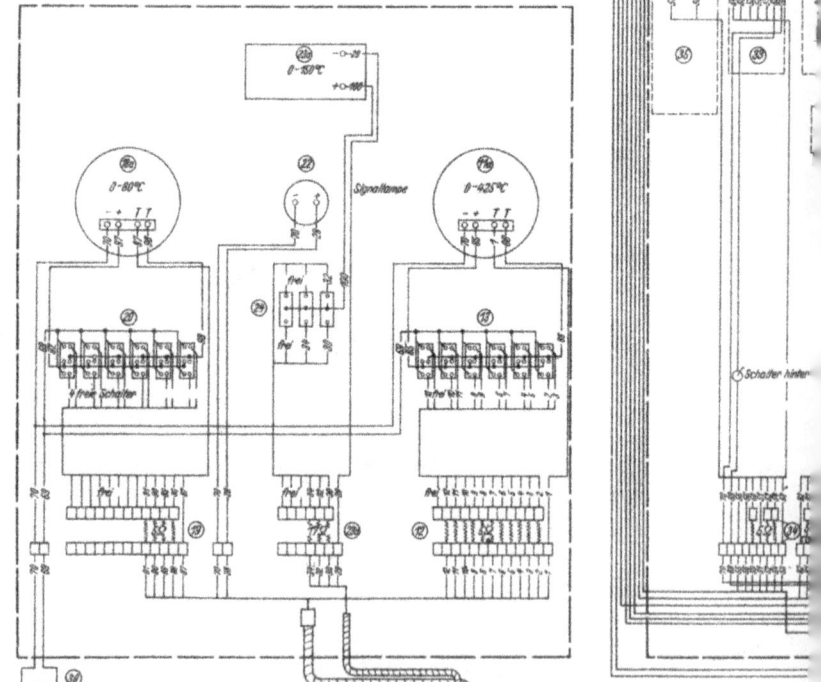

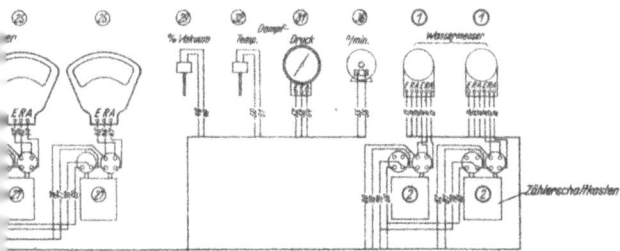

Instrumente und Schalter von hinten gesehen.

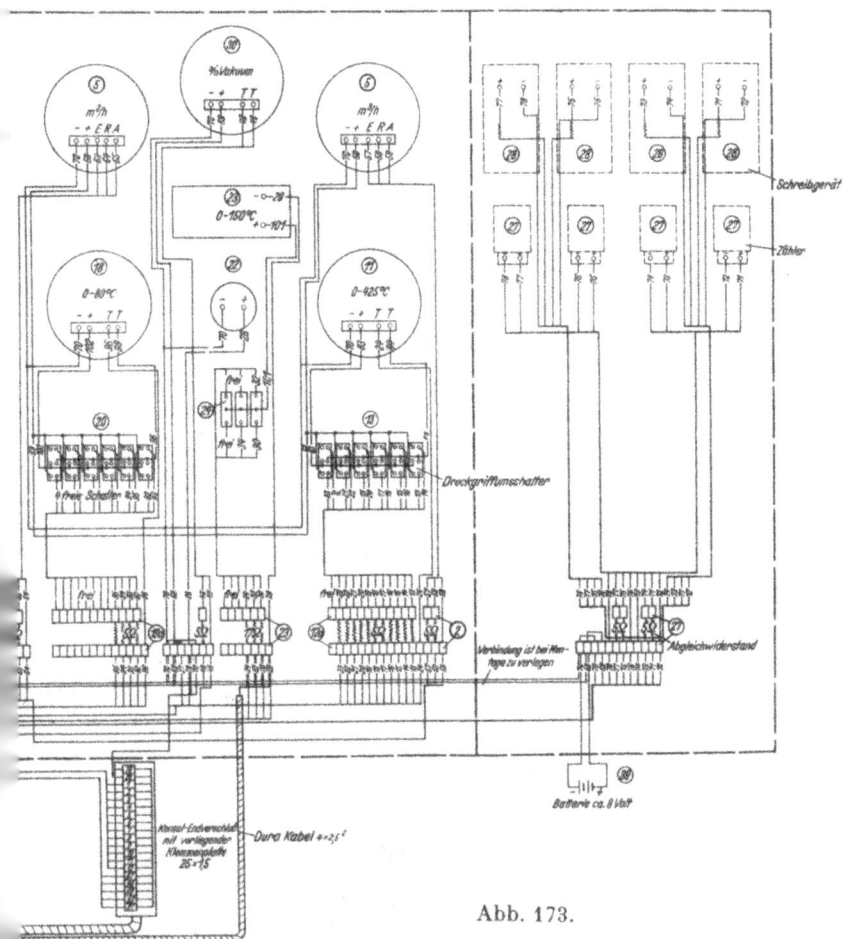

Abb. 173.

Schieber des höher belasteten Ofens ganz geöffnet ist und nur vor dem weniger belasteten Ofen eine Drosselung stattfindet.

Mit Ausnahme des Teufenschreibers sind sämtliche Messungen an Profilanzeigegeräten darzustellen, die in einem viereckigen Kasten zusammengefaßt werden. Eine so aufgebaute Instrumententafel (Abb. 176) kommt für jeden Hoch-

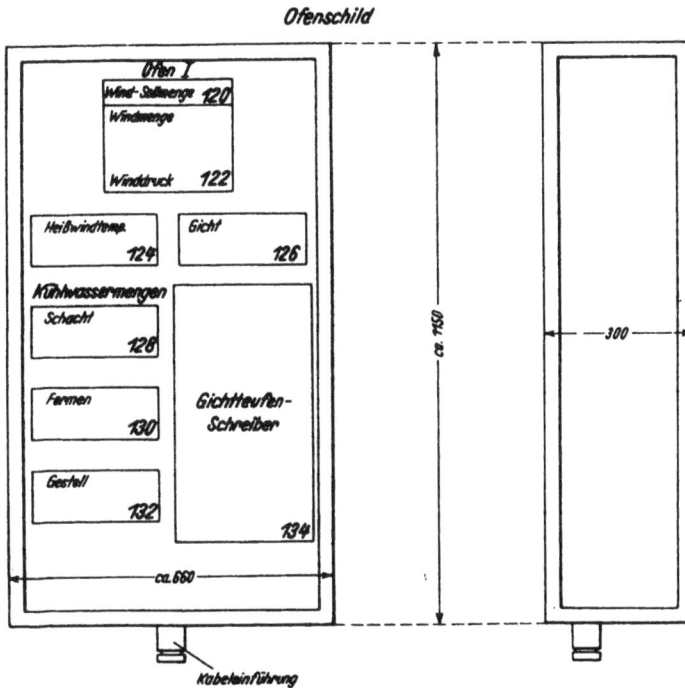

Abb. 176. Hochofen-Instrumententafel.

ofen in Frage und wird am zweckmäßigsten jeweils auf dessen Stichlochseite, etwa an einer Säule des Ofengerüstes befestigt. Auf dieser für den Ofenmeister oder ersten Schmelzer bestimmten Tafel wären nur die folgenden Messungen aufzunehmen:

Befehlsgeber für die Kaltwindmenge,
Kaltwindmenge,
Heißwindmenge,
Heißwindtemperatur,

Gichttemperatur,
Wassermenge der Schachtkühlung.
,, ,, Formenkühlung.
,, ,, Gestellkühlung.

Der Befehlsgeber für die Windmenge besteht aus einem Handhebel, der mit einem Zeiger versehen ist. Dieser Zeiger spielt über einer der eigentlichen Windmengenmessung gleichartigen Skala. Man hat also eine Art Folgezeigerverfahren vor sich. Der Schmelzer stellt seinen Befehlshebel auf die gewünschte Windmenge. Das richtige Zusammenarbeiten von Gebläsehaus und Cowperwärter bestätigt sich dann dadurch, daß der Befehlshebel und der Zeiger des Windmengenmessers kongruente Stellungen einnehmen[1]).

Winddruck und Windmenge sind zweckmäßig in einem Doppelprofilgerät zu vereinigen. Bei normaler Stückigkeit von Erz und Koks besitzt der Ofen bei richtigem Gang und bestimmtem Winddurchsatz einen bestimmten Widerstand. Man kann die Anzeige des Winddruckes so gegen die Windmenge abstimmen, daß bei richtigem Ofengang beide Zeiger untereinander stehen. Das Verfahren ist besonders wertvoll, um Unregelmäßigkeiten im Ofengang sofort in ihrem Entstehen an der Nichtübereinstimmung der beiden Zeigerstellungen erkennen zu können.

Die Kühlwassermenge des Ofens anzuzeigen, ist wenig gebräuchlich. Der Grund dafür liegt jedoch lediglich in der mangelhaften und unorganischen Durchbildung der meisten in langsamer historischer Entwicklung stückweise zusammengesetzten Überwachungsanlagen. Bei einem Neubau ist unter allen Umständen zu empfehlen, diese Messung mit aufzunehmen, weil die Instrumentenkosten sich in Ansehung der gewaltigen durchgesetzten Wassermenge mit Sicherheit in ganz kurzer Zeit bezahlt machen, wenn das Personal nicht gezwungen ist, die Einstellung des Wasserverbrauches gewissermaßen blind vorzunehmen. Noch zweckmäßiger wäre natürlich die Messung der Abwassertemperatur, die jedoch wegen der Vielzahl der dafür in Frage kommenden Meßstellen zu Verwicklungen führen würde.

---

[1]) Dieses Verfahren ist der Firma Hartmann & Braun, Frankfurt, durch Patent geschützt.

Gasverteilungszentrale   Gebergeräte an den Betriebseinrichtungen

Gas-Drücke   Gas-Drücke

Roh-   Vorlage
Vorlage   Roh-   Rein-   v.d.Kesseln   vor Drosselklappe   Martin-Werk   Walz-Werk
Rein-   75
v.d.Kesseln   76
vor Drosselklappe   77
hint.Dross.-Klappe Martin-Werk   78
hint.Dross.-Klappe Walz-Werk   79
hint.Dross.Klappe Glüh-Ofen   80

Gasbilanz   Gas-Mengen
ges. Erzeugung   81   Meßstelle B   Meßstelle A   Meßstelle C
ges. Brenn-Verbrauch
ges. Spitzen   82
Hut-Ofen I   83   Kesselgruppe   Martin-Werk   Walz-Werk
Hut-Ofen II   84

Cowper Ofen I   85   Hut-Ofen I   Hut-Ofen II
Cowper Ofen II   86
Kessenfrisse   87

Martin-Werk   88   Einzelverbrauch der Cowper
Walz-Werk   89   Gas-
Glüh-Ofen   90

Brennluft-

Gasverbrauch der Cowper
Zähler   91   92   93   94   Abgastemperatur

Heißwind- u. Abgastemperaturen   Cowper
                                              Ofen I   Kaltwind-menge   Ofen II
Registr. Instrumente

Kaltwind-Druck   Kaltwind-Druck
vor u. hinter Schieber   vor   Schieber

Kaltwind-menge   hinter   Schieber
Zähler   Ofen I   Ofen II

                                             Ofen I   Ofen II   Heißwind-druck

                                             Heißwind-temperatur
                                             Ofen I   Ofen II

                                             Gichttemperatur

Koksgasverbrauch   Kühlwassermengen
Kessel 1   103   Schacht
Kessel 2   104   Ofen I   Ofen II
Kessel 3   105
Kessel 4   106   Formen

                                             Gestell

ges. Koksgasmenge   Ofen I   Ofen II
Koksgasverbrauch-Kessel   Gichtteufe
                                             1   2   3   4

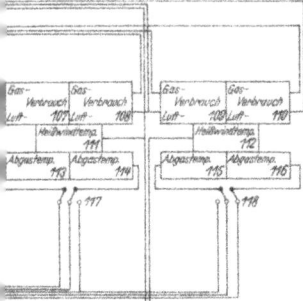

Bedienungsstände
der Hochöfen auf der
Ofenbühne

Profilux
im
Gebläsehaus

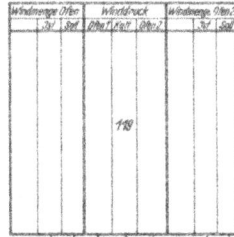

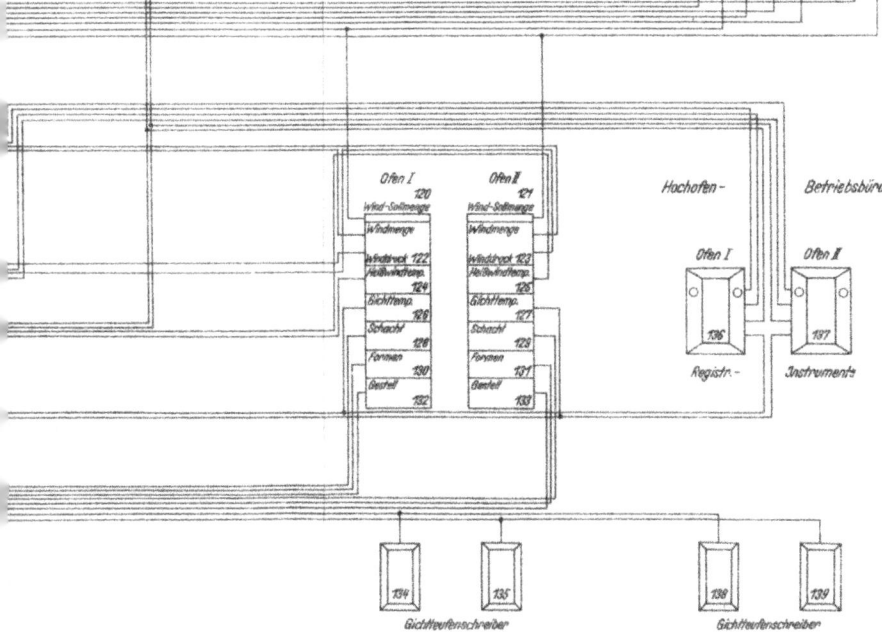

Gas-	Gas-			Gas-	Gas-
Verbrauch	Verbrauch			Verbrauch	Verbrauch
Luft- 107	Luft- 108			Luft- 109	Luft- 110
	Heißwindtemp. 111			Heißwindtemp. 112	
Abgastemp. 113	Abgastemp. 114			Abgastemp. 115	Abgastemp. 116

117

118

Windmenge Ofen		Winddruck		Windmenge Ofen?	
Ist	Soll	Ofen 1	Ofen 2	Ist	Soll

118

Ofen I 120	Ofen II 121
Wind-Sollmenge	Wind-Sollmenge
Windmenge	Windmenge
Winddruck 122	Winddruck 123
Heißwindtemp. 124	Heißwindtemp. 125
Gichttemp. 126	Gichttemp. 127
Schacht 128	Schacht 128
Formen 130	Formen 131
Gestell 132	Gestell 133

Hochofen -

Betriebsbüro

Ofen I

Ofen II

136

137

Registr. -

Instrumente

134 135

Gichtteufenschreiber

138 139

Gichtteufenschreiber

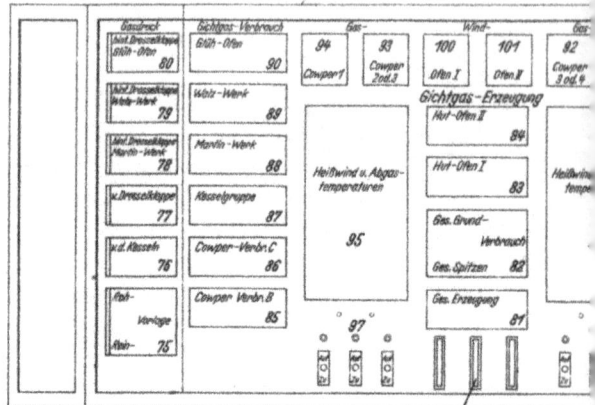

Ladezustand der Cowper

Gasdruck	Gichtgas-Verbrauch	Gas-		Wind-		Gas-
hint. Drosselklappe Glüh-Ofen 80	Glüh-Ofen 90	94 Cowper 1	93 Cowper 2 od.3	100 Ofen I	101 Ofen II	92 Cowper 3 od. 4
hint. Drosselklappe Walzw-Werk 79	Walz-Werk 89			Gichtgas-Erzeugung		
hint. Drosselklappe Martin-Werk 78	Martin-Werk 88			Hvt-Ofen II 84		
v. Drosselklappe 77	Kesselgruppe 87	Heißwind u. Abgas-temperaturen 95		Hvt-Ofen I 83		Heißwind-temp
v.d. Kesseln 76	Cowper-Verbr. C 86			Ges. Grund-Verbrauch Ges. Spitzen 82		
Rest-Vorlage Rein- 75	Cowper-Verbr. B 85		87	Ges. Erzeugung 81		

Ferndrosselbetätigung
Martin-Walzwerk u. Glühofen

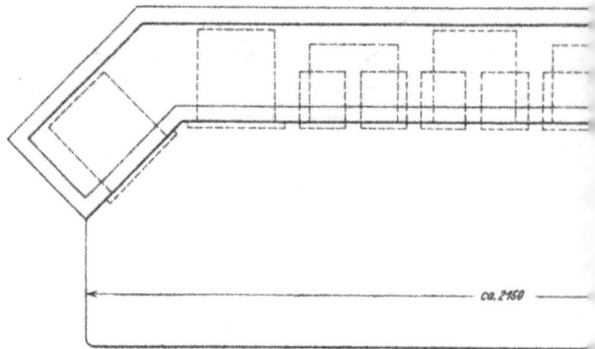

ca. 2150

Schnitt A-B

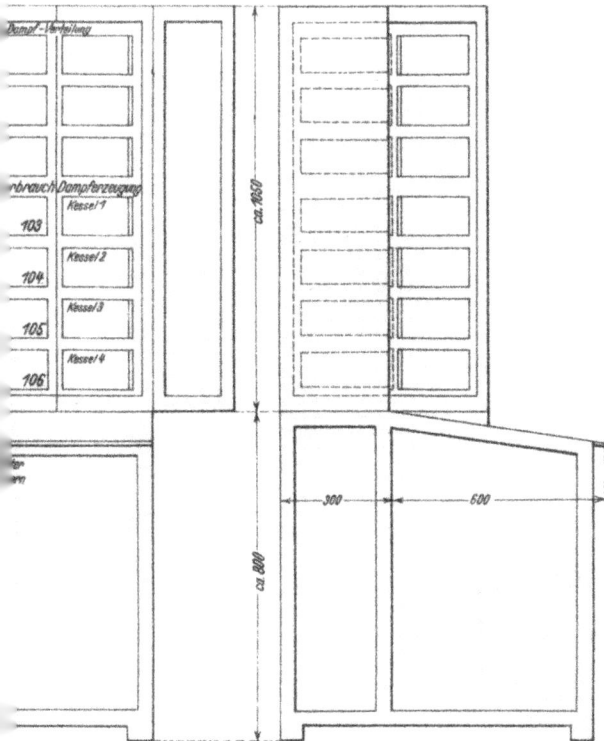

Dampf-Verteilung

…brauch Dampferzeugung

103	Kessel 1
104	Kessel 2
105	Kessel 3
106	Kessel 4

ca. 1650

ca. 800

300

500

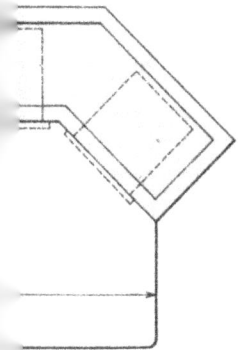

Demnach kommen für diese Gruppen an Hand der Abb. 174
und 176 folgende Geräte in Frage:

Gerätenummer	Gegenstand
120—121	Befehlsgabeschalter zur Steuerung der Befehlsanzeiger der befohlenen Windmenge am Kaltwindschieber auf der Cowpersohle und gleichzeitig der roten Befehlszeiger am Profilux des Gebläsehauses,
42—43	Gebergeräte für Winddruckmessung,
122—123	Doppelprofilgeräte zur Anzeige von Windmenge und Winddruck.

Das Meßwerk für die Windmenge dieser Geräte wird an
die Kaltwindmengenmeßgeräte Nr. 32—33 angeschlossen.

Gerätenummer	Gegenstand
	Regelvorrichtungen zum Einregeln der Winddruckanzeige auf Folgezeigerabstimmung nach der Windmenge,
124—125	Ableseprofilgeräte zur Anzeige der Heißwindtemperatur.

Die Geräte werden an die unter Gerätenummer 46—47
aufgeführten Thermoelemente angeschlossen.

Gerätenummer	Gegenstand
50—51	Doppelwiderstandsthermometer zum Messen der Gichttemperatur,
126—127	Profilgeräte,
52—58	Gebergeräte für Wassermengenmessung zur Messung der drei erwähnten Kühlwassermengen an jedem Ofen,
Wahlweise	selbstschreibende Wassermesser mit Fernsender,
128—133	Profilanzeigegeräte,
59—60	Fernsender in staub- und wasserdichten Gußeisengehäuse mit eingebautem Zahnradvorgelege und mit kräftigem herausragendem Wellenstumpf zum Aufsetzen einer Scheibe oder eines

Zahnrades, die von der Gichtsonde
aus angetrieben werden, zum Messen
der Gichtteufe mittels einer Gichtsonde und damit zum gleichzeitigen
Zählen der Gichten,

134—135 Gichtteufenschreiber für Daueraufschrift
mittels Tintenfeder,

Instrumententafeln zur Aufnahme der
vorbezeichneten Anzeigegeräte und
der Teufenschreiber.

b) Bedienungsgeräte für das Gebläsehaus.

Außer den beiden für je einen Ofen bestimmten Hallenschilder mit Kommandozeiger und Windmengenzeiger dürfte
noch die Anzeige des Druckes in der gemeinsamen Kaltwindleitung sowie in den beiden Heißwindleitungen erforderlich sein.
Der Gebläsemaschinist kann dann zum Zwecke eines möglichst
verlustlosen Betriebes seinen Kaltwinddruck nach dem höheren
der beiden Heißwinddrücke einrichten. Der Cowperwärter
wird dadurch von selbst zur wirtschaftlichsten Einstellung der
beiden Kaltwindschieber veranlaßt.

Die Einrichtung besteht aus einer Großanzeigerkombi-
nation „Profilux" von Hartmann & Braun. Sie enthält je
Ofen die Anzeige der Soll- und Istwindmenge vor gemeinsamer
Skala (ähnlich den besprochenen Hallenschildern Teil II,
Abschnitt 2). Außerdem wird der Kaltwinddruck vor und hin-
ter den Kaltwindschiebern vor gemeinsamer Skala angezeigt.
Es wäre einfacher, unmittelbar den Differenzdruck vor und
hinter den Kaltwindschiebern zu messen. Jedoch dürfte es
keine einfache Möglichkeit geben, die Gebergeräte alsdann vor
Überlastung beim völligen Schließen des Schiebers zu schützen.
Um das Umschalten des Winddruckmessers beim Umsetzen der
Cowper unnötig zu machen und eine einfache Apparatur zu
erhalten, wird nicht der Druck unmittelbar hinter dem Kaltwindschieber, sondern in der Heißwindleitung gemessen. Der
Unterschied zwischen ihm und dem Druck in der Kaltwind-
sammelleitung ist zwar größer, als es der Drosselung im Kaltwindschieber entspricht, sie ist aber trotzdem bei einiger Er-

fahrung und Übung des Personals ein recht brauchbares Mittel zur Beurteilung des reinen Schieberdrosselverlustes.

Es kämen also an Geräten in Frage (s. a. Abb. 174):

Gerätenummer	Gegenstand
36, 44 und 45	Gebergeräte für Messung eines Kalt- und zweier Heißwinddrücke mit Doppelsender,
119	Profilux mit 7 Meßwerken und 4 Skalen.

c) Bedienungsgeräte auf der Cowpersohle.

Sie umfassen zunächst diejenigen Geräte, die der Cowperwärter zur Einstellung der günstigsten Verbrennung und zur Beurteilung des Cowperganges braucht. Für letzteren dürften Wind- und Abgastemperatur in Frage kommen. Obwohl diese zur verantwortlichen Verfügung dem Gasverteiler angezeigt wird, dürfte es doch zweckmäßig sein, sie auch dem Cowperwärter vor Augen zu führen, und zwar in Sichtweite der Luftklappen in der Nähe des Gasventils.

Außerdem befinden sich an dem Kaltwindschieber von Cowper 2 und 4 mit Sichtbarkeit von 1 und 3 bzw. 3 und 5 aus die erwähnten Befehlszeiger für die Windmenge sowie ein selbstschreibender Windmengenmesser, um gleichzeitig die Windmenge für die Wärmestelle zur statistischen Auswertung festzulegen. Außerdem läßt das Schreibgerät den Cowperwärter beim Blasen nach konstanter Windmenge am anschaulichsten die Innehaltung dieser Vorschrift erkennen.

Wirtschaftlich ist nur die Messung, die beachtet und als Wegweiser benutzt wird; beachtet wird das Meßgerät vom Personal aber nur dann, wenn es gut sichtbar und in Sichtweite der Einstellorgane angebracht ist. Dieser nicht scharf genug zu betonende Grundsatz neuzeitiger Betriebsmeßtechnik würde es eigentlich notwendig machen, an jedem Cowper eine vollständige Instrumentenausrüstung in der Nähe von Gasventil und Luftklappen anzubringen. Damit müßte dann der als Reserve dienende Winderhitzer 3 eine vollständige Ausrüstung erhalten. Außerdem wäre es erforderlich, die in der Ringleitung zu messende Heißwindtemperatur an jedem Cowper anzuzeigen, um die Instrumente räumlich nicht allzusehr zu verzetteln. Das ergäbe eine an sich unnötige und teure Doppelanzeige ein und derselben Meßgröße. Aus diesen Gründen werden die Bedienungsgeräte der Cowper zweckmäßig so zu gruppieren sein, daß sich eine Gerätetafel auf der Gasventilseite des Cowpers 2 befindet und den Zwecken von Cowper 1, 2 (und 3) dient. Eine gleiche Tafel befindet sich entsprechend bei Cowper 4 und umfaßt die Meßgeräte für Cowper (3), 4 und 5. Die erste Tafel enthält einen Luftgasmesser für Cowper 1 und ein zweites gleichartiges Gerät, das wahlweise mit seinen pneumatischen Meßleitungen auf Cowper 2 oder 3 gestöpselt werden kann. Für die Cowper sind also nur je zwei Gebergeräte erforderlich. Die Messung der Abgastemperatur wird ebenso gehandhabt. Die Umschaltung erfolgt im elektrischen Teil; es sind deshalb drei Pyrometer und zwei Ablesegeräte erforderlich. Außerdem enthält die Tafel die Anzeige der Heißwindtemperatur des zugehörigen Ofens.

Die als Ringwaage auszubildenden Gasluftmesser enthalten eine absolute Skala zur Anzeige der Gasmenge und eine darunter befindliche Relativskala für die Luftmenge. Mit Hilfe von Tariergewichten in der Ringwaage des Gebergerätes wird durch Versuche unter Hinzuziehung eines Orsatapparates die Luftmengenanzeige ein für allemal mit dem Gaszeiger nach dem Folgezeigerprinzip in Übereinstimmung gebracht.

Es sind demnach die unter der Gerätenummer 21—24, Abb. 174, gekennzeichneten Gebergeräte für die in den Lufteinströmungsstutzen zu messende Verbrennungsluftmenge notwendig. Dazu ist zu bemerken, daß die Wichtigkeit dieser Messung es empfehlenswert macht, die Luft nicht durch zwei verschiedene Klappen beiderseits des Gasventils zuzuführen, sondern sich mit einer einzigen neben oder seitlich unter dem Gaseintritt anzubringenden entsprechend größeren Einströmungsöffnung zu begnügen, wie es auf verschiedenen Hochofenwerken aus den gleichen Gesichtspunkten durchgeführt ist. Ferner sind zwei pneumatische Stöpselvorrichtungen zum wahlweisen Umschalten des Reservecowpers auf die Gebergeräte für Luftmessung erforderlich.

Die gleichen der Gasmessung dienenden Gebergeräte nebst Umstöpselvorrichtung sind bereits unter Gerätenummer

17—20 (Abb. 174) gebracht. Ferner sind für das Cowperschild (Abb. 177) erforderlich (s. a. Abb. 174):

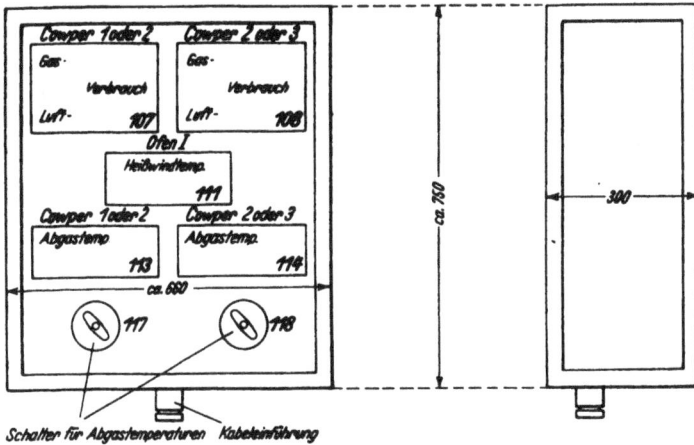

Abb. 177. Cowperschild.

Gerätenummer	Gegenstand
107—110	Doppelprofilgeräte zur vergleichbaren Anzeige von Luft- und Gasmessung in Folgezeigeranordnung,
113—116	Profilgeräte zum Anzeigen der Abgastemperaturen,
117—118	elektrische Umstöpselvorrichtungen zum wahlweisen Anschluß des Reservecowpers an die vorbezeichneten Geräte,
48—49	Heißwind-Pyrometer,
111—112	Profilablesegeräte für Windtemperatur, Gerätetetafeln in staub- und wasserdichter Ausführung zur Aufnahme der vorbezeichneten Profilanzeigegeräte für die Cowperbedienung.

Zu den Bedienungsgeräten der Cowper gehören schließlich noch die als selbstschreibende Geräte auszubildenden Windmengenmesser, die räumlich jedoch nicht mit den vorgenannten

Instrumenten zu vereinigen, sondern auf der Kaltwindseite der Winderhitzer anzubringen sind. Zu ihnen gehören die Befehlsinstrumente, die als Profilgeräte ausgebildet werden und über dem Windmengenschreiber anzubringen sind, so daß sie einen unmittelbaren Vergleich des „Soll"- und „Ist"-Zustandes ermöglichen. Sie werden durch die unter Gerätenummer 120 und 121 aufgeführten Befehlshebel gesteuert. Demnach kämen noch zwei unter der Gerätenummer 30—31, Abb. 174 gebrachte Profilgeräte für die Befehlsanzeige der Windmenge hinzu.

d) Bedienungsgeräte für die Überschußverbraucher.

Für das Martinwerk, Walzwerk und für die Glühöfen werden außer den üblichen Meßgeräten an jedem Ofen noch je ein oder mehrere Folgezeigergeräte für die kombinierte Gasluftmessung zur Einstellung der Verbrennung in Frage kommen.

3. Überwachungsgeräte für den Hochofenbetrieb.

Für diese Messungen kommen nur Schreibgeräte in Frage, da ihre Beaugenscheinigung durch den Betriebsleiter nur in größeren Zeitabständen möglich ist. Aus diesem Grunde sollten auch im Hochofenbüro nur diejenigen Vorgänge aufgezeichnet werden, welche für den Hochofenmann aus metallurgischen oder produktionstechnischen Gesichtspunkten Bedeutung haben. Die Hinzufügung weiterer Messungen würde so in die Weite führen, daß ihm der Überblick bei nur gelegentlicher kurzzeitiger Überprüfung verloren geht. Aus diesem Grunde sollten alle Messungen, die vorwiegend wärmewirtschaftliche Bedeutung haben, insbesondere alle Cowpermessungen wie auch die der Gasdrücke, die man häufig dort antrifft, im Hochofenbüro unterdrückt und der im folgenden Abschnitt 4 besprochenen Gruppe zugeordnet werden.

Von diesem Gesichtspunkte ausgehend, sollten die Meßvorgänge auf die Aufzeichnung von

Windmenge,
Winddruck,
Windtemperatur,
Gichttemperatur

beschränkt werden. Die vier Meßgrößen können von je einem Sechsfachschreiber aufgezeichnet werden. Die freien Schreibstellen werden benutzt, um die Windmenge und den Winddruck doppelt so häufig wie die Temperaturen punktieren zu lassen. In Anbetracht der lebhaften Schwankungen der beiden Meßgrößen erscheint eine solche Maßnahme notwendig. Außerdem wird jeder Ofen noch durch einen Teufenschreiber überwacht. Das Gerät ist das gleiche wie das an jedem Hochofen selbst befindliche und wird auch durch den gleichen Fernsender betätigt. Es handelt sich dabei also tatsächlich um eine Doppelmessung. Sie läßt sich aber mit der Wichtigkeit begründen, die der Teufenschreiber für den Hochofenchef dadurch hat, daß er Störungen in irgendeinem Teil der mechanischen oder maschinellen Einrichtungen des Ofens erkennen läßt.

Demnach kämen an Hand der Abb. 174 folgende Geräte in Frage:

Gerätenummer	Gegenstand
136—137	Sechsfachschreiber zur ofenweisen Aufnahme der oben bezeichneten vier Meßgrößen,
138—139	Gichtteufenschreiber.

4. Überwachungsgeräte für statistische Zwecke.

Diese Gruppe ist für den Gebrauch der Wärmestelle bestimmt. Sie unterscheidet sich in ihrem Wesen aber grundsätzlich von der gleichfalls in Händen der Wärmestelle liegenden Verteilungszentrale. Sie soll vorwiegend die für die Gasbilanz und die wärmewirtschaftliche Durchführung sowie die für eine nachträgliche Beurteilung des Betriebs erforderlichen Unterlagen liefern. Daraus ergibt sich einerseits die Ausgestaltung dieser Geräte als Schreibinstrumente. Andererseits kommt die Notwendigkeit in Fortfall, sie örtlich an bestimmten Betriebseinrichtungen zusammenzufassen oder mit diesen zu vereinigen. Sie können vielmehr vorwiegend nach Maßgabe rein meßtechnischer Gesichtspunkte in der Nähe der Meßstellen angeordnet und entsprechend diesen im Betrieb verteilt werden. Da die gleichen Messungen zu betrieblichen Zwecken gleichzeitig an anderen Stellen notwendig sind, z. B.

in der Gasverteilung oder auf der Ofenbühne, so ergibt sich von
selbst, daß diese Geräte mit Ferngeber ausgerüstet werden und
somit gleichzeitig als Gebergeräte für die an den vorgenannten
Instrumententafeln untergebrachten elektrischen Fernmesser
arbeiten.

Verschiedene Schreibstreifen, die die Wärmestelle zweifellos nicht entbehren kann, befinden sich auf anderen Zwecken
dienenden Schreibgeräten. Dieses sind die Instrumente im
Hochofenbüro und die Kaltwindmengenschreiber der Cowperwärter. Eine nochmalige Registrierung dieser Meßstreifen ist
nicht erforderlich, weil ein Austausch der Streifen zwischen
Hochofenbetrieb und Wärmestelle eingerichtet werden kann.

Wichtig erscheint noch die Überwachung der Drossel-
verluste in den Kaltwindschiebern, welche bei einer gemeinsamen Kaltwindleitung durch unsorgfältige Handhabung der
Einreglung erfahrungsgemäß bei mangelnder Überwachung
hoch zu sein pflegen. Für diese sorgfältige Überwachung durch
die Wärmestelle wird es richtig sein, sich nicht auf die gemeinsame Messung des Druckes in der Ringleitung zu beschränken,
sondern außer dem in der Kaltwindleitung vorgesehenen
Gebergerät ein solches für den Winddruck am Kaltwindstutzen
jedes Cowpers hinter dem Schieber einzubauen. Die Kosten
gerade für diese Gebergeräte sind verhältnismäßig gering. Auch
erscheint es durchführbar, den Gasverteiler mit der Aufgabe
zu belasten, beim jedesmaligen Cowperwechsel die entsprechende Meßstelle auf den Winddruckschreiber zu schalten.
Voraussetzung ist, daß die Instrumente aus rein verwaltungs-
technischen Rücksichten in der Verteilungszentrale mit untergebracht werden, obgleich sie nicht eigentlich den Zwecken
des Gasverteilers zu dienen bestimmt sind. Es kommen also
noch folgende Geräte für diese Meßgruppe in Betracht (s. a.
Abb. 174):

Gerätenummer	Gegenstand
73—74	Gasdruckschreiber für Tintenaufzeich-nung, zum Anschluß an die unter Gerätenummer 1 und 2 gebrachten Gebergeräte,

Gerätenummer	Gegenstand
37—41	Gebergeräte für die Winddruckmessung hinter den Kaltwindschiebern,
98	Dreifachschreiber zur Aufzeichnung der drei Drücke in der Kaltwindsammel- leitung und wechselweise hinter den Kaltwindschiebern,
99	Druckgriffumschalter zum wahlweisen Anschluß der vorgenannten fünf Gebergeräte.

e) Bedienungsgeräte für die Gasreinigung.

Für diese Meßeinrichtung kommen noch folgende zusätzliche Messungen in Frage:

Anzeige des Rohgasdruckes,

Anzeige des Reingasdruckes hinter dem Ventilator,

Anzeige des Durchsatzes der Gesamtreinigung oder bei
mehreren parallel geschalteten Filteraggregaten je Filter-
aggregat,

Anzeige der Gastemperaturen vor und hinter den Kühlern
sowie bei etwa vorhandenen Heizöfen und vor Elektro-
filtern.

Die wichtigsten dieser Temperaturen sollten außerdem aufgezeichnet werden.

Die meßtechnische Wärmeüberwachung bei Gasgeneratoren.

Unter den verschiedenen Vergasungsarten nimmt das Mischgasverfahren, bei dem gleichzeitig Luft und Wasserdampf in den mit Stein- oder Braunkohle gefüllten Schacht von unten eingeblasen werden, den weitaus breitesten Raum ein. Das Verfahren stellt insofern einen nicht einfachen Vorgang dar, als zwei gegenläufige Prozesse sich in ihm das Gleichgewicht halten müssen. Der eine Vorgang besteht darin, daß über der Aschenschicht die Kohle zunächst verbrennt und die gebildete Kohlensäure in der darüberliegenden Reduktionszone durch den Sauerstoff des Windes zu Kohlenoxyd reduziert wird. Dieser Vorgang stellt also nichts anderes als eine von jeder mangelhaften Kesselfeuerung her bekannte unvollkommene Verbrennung dar und ist wie eine jede Verbrennung mit starker Wärmeentwicklung verbunden oder „exothermisch". Der Generator würde also immer heißer und heißer werden. Um dieses zu vermeiden, mischt man dem Winde Wasserdampf bei. Der Wasserdampf wird beim Durchstreichen der sehr heißen Oxydationszone in seine Bestandteile zerlegt. Der Wasserstoff bleibt größtenteils frei, während der Sauerstoff den gleichen Reduktionsprozeß an der Kohle wie der Luft-Sauerstoff vollzieht. Die Zerlegung des Wasserstoffes beansprucht erhebliche Wärmezufuhr; sie ist endothermisch.

Das Gleichgewicht im Generator ist nur dann vorhanden, wenn der Wärmeumsatz des Exo- und Endothermenprozesses sich genau die Wage halten. Es ist auch leicht zu verstehen, daß der maximale Wirkungsgrad des Generators nur dann erreicht werden kann, wenn dieses Wärmegleichgewicht obwaltet, und daß andererseits Störungen dieses Gleichgewichts den Wirkungsgrad in ganz erheblich stärkerem Maße drücken, als es etwa bei Unregelmäßigkeiten in der Führung einer gewöhnlichen Feuerung der Fall ist. Eigenartig berührt es daher, daß die Überwachung der Generatorführung gegenüber derjenigen etwa von Dampfkesselfeuerungen bisher noch als stark zurückgeblieben und vernachlässigt beurteilt werden muß. Diese Erscheinung hat ihre Ursache wohl darin, daß erst in jüngster Zeit von der Meßtechnik die im nachfolgenden beschriebenen Überwachungsverfahren und -geräte ausgebildet worden sind, welche neben den Sonderheiten der physikalischen Verfahren auch eine so hohe Betriebssicherheit, Wartungsfreiheit und Robustheit der Bauformen besitzen, wie sie der staubige und unwirtliche Generatorbetrieb voraussetzt.

Es ist leicht einzusehen, daß das von mehreren zusammenwirkenden Umständen abhängige Wärmegleichgewicht ein außerordentlich leicht störbarer und labiler Zustand ist, den dauernd aufrechtzuerhalten ohne Zuhilfenahme geeigneter Meßgeräte nicht möglich ist. Da andererseits das Ziel jeglicher derartiger Betriebsverfeinerung auf Hebung des Wirkungsgrades gerichtet sein muß und letzterer allein vom Einspielen des Wärmegleichgewichts abhängt, so erhellt ohne weiteres, daß eine wirtschaftliche Generatorführung nur unter Zuhilfenahme derjenigen Meßinstrumente erreicht werden kann, welche imstande sind, die an dem Zustandekommen des Gleichgewichtszustandes beteiligten Vorgänge und Einflüsse meßtechnisch zu erfassen und anzuzeigen.

Diese Einflüsse kennzeichnen sich in der Hauptsache in den folgenden drei physikalischen Größen, welche durch zweckmäßige Meßgeräte dauernd erfaßt und überwacht werden müssen.

1. Widerstand des Generators,
2. anteiliger Dampfzusatz,
3. Gastemperatur.

Eine Erwähnung der sog. Stangenprobe darf an dieser Stelle nicht fehlen. Die Probe hat jedoch durch die außerordentliche Unbequemlichkeit, mit der ihre Vornahme verbunden ist, nur bedingten Wert.

Neben der Erreichung eines bestmöglichen Wirkungsgrades muß sich der Generator mit seiner Erzeugung dem Gasbedarf der Verbraucher anpassen, schon weil ein Gasüberschuß einen absoluten Verlust darstellt.

Arbeiten ein oder mehrere Generatoren auf eine Sammelleitung, aus der viele Verbraucherstellen beliefert werden, so ist in der Regel ein hinreichender Gasdruck in der Sammelleitung mit einem genügenden Gasangebot gleichbedeutend. Anders ist es jedoch, wenn nur einer oder wenige Verbraucher vorhanden sind. Dann wird nämlich der Gasdruck in der Zuführungsleitung lediglich von der Stellung der Ofenventile abhängen; er ist also nicht nur kein Maß mehr für das Gleichgewicht zwischen Erzeugung und Verbrauch, sondern er wird sogar bei völlig offenen Ofenventilen, also bei größter Gasentnahme, am niedrigsten sein, weil dann das Gas ungedrosselt in die Brenner abströmt.

In diesen Fällen muß für eine besondere Verständigungsmöglichkeit zwischen Ofenwärter und Generatorstocher Sorge getragen werden, welche aus je einem Befehlsgeber und Befehlsanzeiger besteht.

Der Befehlsanzeiger befindet sich an der Bedienungsstelle der gasverbrauchenden Feuerung, beispielsweise auf der Bühne des Martinofens. Er ist äußerlich von einem Profilanzeigeinstrument nur durch einen an seiner Vorderseite angebrachten Drehknopf zu unterscheiden. Er besitzt Skala und Zeiger und in seinem Inneren einen Elektrofernsender. Der Empfänger auf der Generatorbühne ist gleichfalls ein gewöhnliches Profilanzeigegerät. Die Skalen beider Anzeiginstrumente sind in m^3/h Gas geteilt.

Die Handhabung erfolgt nun folgendermaßen: Soll der Ofenwärter mehr oder weniger Gas anfordern, also beispielsweise von 3000 auf 4000 m^3/h gehen, so stellt er den mechanisch mit seinem Drehknopf gekuppelten Geberzeiger auf die Zahl 4000. Jede Bewegung des Drehknopfes löst zunächst ein Läute- oder Hupensignal auf der Generatorbühne aus, während sich der Befehlszeiger daselbst gleichfalls auf die Zahl 4000 stellt. Der Generatorstocher wird durch das Lärmsignal unter allen Umständen auf den soeben erteilten Befehl aufmerksam gemacht.

Unter dem Befehlsinstrument befindet sich ein Doppelgerät, das im folgenden näher besprochen wird, und dessen obere Skala die Belastung des Generators darstellt. Die Skala ist so abgeglichen, daß sich der Belastungszeiger gerade dann genau unter dem Befehlszeiger befindet, wenn der Generator im Beispielsfalle 4000 m³/h liefert. Nach Erhalt des Befehls braucht also der Stocher nichts weiter zu tun, als die Windzufuhr zum Generator soweit zu verstärken, bis der Belastungszeiger unter dem Befehlsgeber steht.

Auf der Ofenbühne benutzt man zweckmäßigerweise eine ähnliche Anordnung, sofern Schmutz, Druck und Temperatur des Gases eine Messung zulassen. Man bringt auch dort ein Profilinstrument für die Gasmenge unter dem Befehlszeiger an. Die Ausführung des Befehls macht sich dann dadurch kenntlich, daß der Befehlszeiger und die Anzeige der tatsächlichen Gasmenge übereinstimmenden Zeigerausschlag besitzen.

Die Befehlsübertragung kann mit Hilfe des von Hartmann & Braun angewandten Kreuzspulverfahrens durchgeführt werden, welches — wie schon erwähnt — unabhängig von Spannungsschwankungen und Übergangswiderständen im Fernsender ist. Es ist dadurch ebensosehr seine Betriebssicherheit wie seine völlige Wartungsfreiheit gekennzeichnet.

Es sei nun im folgenden auf die Ausbildung der Meßverfahren näher eingegangen, welche die drei einleitend angeführten und den Betriebszustand des Generators und damit die Qualität und Menge der Gase kennzeichnenden physikalischen Größen (Generatorwiderstand, Dampfzusatz und Gastemperatur) in zweckdienlicher Weise meßtechnisch erfassen und damit ihre Überwachung ermöglichen sollen.

1. Der Widerstand des Generators.

Gutes Gas ist nur durch fleißigen und verständigen Gebrauch der Stochstange zu erreichen. Die Stocharbeit ist für die Gasqualität so entscheidend, daß der alte Festrostgenerator fast ganz zurückgedrängt ist und neuzeitigen Gaserzeugern mit selbsttätigem Rührwerk hat Platz machen müssen. Der Zweck der Stochstange, des Drehrostes und der mechanischen Stochung besteht darin, eine überall gleichmäßige Verteilung und Körnung der Beschickung herbeizuführen und aufrechtzuerhalten. Allein dadurch erreicht man, daß alle Luftmoleküle auf ihrem Wege durch die Kohleschicht hindurch in gleicher

Weise mit der Kohle in Berührung und damit in kräftige Reaktion treten. Auf diese Weise wird die grundsätzliche Bedingung für die Erzeugung eines gleichmäßigen und guten Gases erfüllt. Die gleichmäßige Körnung und Verteilung ist aber gleichbedeutend mit einem gleichförmigen Strömungswiderstande, den der Generator der hindurchtretenden Luft entgegensetzt. Löcher in der Beschickung, die ein Durchbrennen des Generators und damit die Bildung von CO_2 verursachen, setzen den Widerstand herab. Verschlacken und Zusammenbacken der Beschickung, die das Durchtreten überschüssigen freien Sauerstoffes zur Folge haben, setzen den Widerstand herauf.

Diese Zusammenhänge lassen erkennen, daß die Messung des Widerstandes ein hervorragendes Mittel zur Beurteilung des Generatorganges und der Qualität des zu erwartenden Gases darstellt, und daß diese Messung zugleich in eindeutiger Weise die Maßnahmen zu erkennen gibt, die der Stocher ergreifen muß, um den Wirkungsgrad der Vergasung und damit die beste Gasqualität nach Eintreten einer Störung wieder herzustellen. Im allgemeinen war es bisher üblich, den Winddruck zu messen, um daraus einen ungefähren Rückschluß auf den Widerstand der Beschickung zu ziehen. Die Winddruckmessung vermag aber diese Beurteilung jedoch nicht annähernd mit der erforderlichen Schärfe zu vermitteln.

Aus vorstehenden Gesichtspunkten heraus hat die Firma Hartmann & Braun für den vorliegenden Zweck ein Verfahren entwickelt, bei welchem die Messung des Widerstandes der Beschickung dadurch geschieht, daß derselbe zu einem festen, bekannten Widerstand in Vergleich gesetzt wird. Dieser feste Widerstand besteht in einem in die Windleitung eingebauten Staurand, an dem ein nach dem in Teil I, Abschnitt 1 beschriebenen Differenzdruckverfahren arbeitender Luftmengenmesser angeschlossen ist. Ein zweiter, ganz gleichartiger Differenzdruckmesser ist vor und hinter dem Generator an die Windleitung und an die Gasleitung angeschlossen und so eingerichtet, daß er bei günstigem Widerstand der Beschickung den gleichen Ausschlag wie der Luftmengenmesser macht. Beide Differenzdruckmesser sind Ringwaagegeräte mit Elektrofernsender (s. Teil I, Abb. 41). Sie übertragen ihre Ausschläge elektrisch auf ein Doppelprofilgerät. Ändert sich die Belastung, so ver-

ändern beide Zeiger ihren Ausschlag nach dem Folgezeigerverfahren. Ändert sich dagegen der Widerstand der Beschickung
z. B. durch übermäßige oder zu geringe Schütthöhe, so wird
unabhängig von der Belastung eine Abweichung der beiden
Zeigerstellungen zu beobachten sein. Löcher in der Beschickung
verursachen ein Voreilen des Windmengenzeigers, sein Zurück-
bleiben deutet auf Verschlackung und auf einen ungenügenden
Gebrauch der Stochstange[1].

Zugleich zeigt das Doppelprofilgerät auf seiner oberen
Skala die Belastung des Generators an. Diese Skala kann entweder in m³/h oder bei einigermaßen gleichbleibender Kohlensorte auf Wunsch auch in t/Kohle je Zeiteinheit geeicht werden.
Da Windmengen und Differenzdruckmesser an sich als Einzel-
instrumente zur geordneten Generatorführung unentbehrlich
sind, so wird selbst dann, wenn schwierige Kohleverhältnisse
die durch Betriebsversuch vorzunehmende Abstimmung auf
Folgezeigerausschlag erschweren, das Doppelinstrument stets
mehr leisten als zwei ohnehin notwendige Einzelgeräte.

2. Der Dampfzusatz.

Das Wärmegleichgewicht des Generatorprozesses hängt in
entscheidender Weise von der zugeführten Dampfmenge ab.
So wichtig dieser Umstand ist, so rückständige Einrichtungen
findet man merkwürdigerweise noch gerade zu seiner Durchführung. Wohl die Mehrzahl der Gaserzeuger besitzen in der
Dampfzuleitung allein ein Manometer und glauben die Dampf-
zufuhr nach diesem einstellen zu können. Der Druck vor dem
Generator kann aber grundsätzlich niemals ein bleibendes Maß
für die Menge sein, da er sich mit dem Widerstande der Beschickung und mit Eintreten anderer Umstände ändert. Zu-

---

[1] Das Grundsätzliche der Darlegungen wird dadurch nicht
berührt. daß dieses Folgezeigergerät eine annähernd gleichbleibende
Kohlensorte voraussetzt. Bei nur gelegentlichem Wechsel derselben kann es der jeweiligen Stückgröße der Kohle entsprechend
im Betrieb abgestimmt werden. Der mitunter erhobene Einwand,
daß veränderliche Belastung durch wechselnde Schütthöhe das
Meßverfahren störe, ist nicht stichhaltig, da der richtig geführte
Generator stets auf voller Schütthöhe gehalten werden soll und
ungenügende Beschickung daher sogleich am Folgezeigergerät
bemerkbar wird.

dem kommt es aber gar nicht darauf an eine bestimmte, absolute Dampfmenge zu kennen oder einzustellen, sondern einzig und allein darauf, daß die zugesetzte Dampfmenge im Verhältnis zur eingeblasenen Windmenge und damit zum durchgesetzten Kohlengewicht einen gewünschten und stets gleichbleibenden Wert beibehält.

Es gibt nun ein Verfahren, das diese anteilige Dampfmenge auf eine einfache, zuverlässige und betriebssichere Weise zu beobachten gestattet. Es beruht auf der Tatsache, daß die Temperatur gesättigter Luft ein eindeutiger Maßstab für deren Wasserdampfgehalt ist. Man pflegt die Temperatur in diesem Falle den Taupunkt zu nennen. Das Dampfluftgemisch unter der Windhaube kann nun nicht anders als gesättigt sein; denn von dem zugesetzten Dampf wird zunächst nur soviel von der kalt eingeblasenen Luft aufgenommen, wie ihrer Temperatur entspricht. Der Rest kondensiert, gibt dabei seine Verdampfungswärme an die Luft ab und erwärmt diese. Ihrer höheren Temperatur entsprechend nimmt die Luft sofort soviel Dampf wieder auf, wie ihrem Taupunkte entspricht, so daß sich auf diese Weise selbsttätig ein Gleichgewicht zwischen dem niedergeschlagenem Dampfüberschuß und der Lufttemperatur herausbildet. Sobald jedenfalls überhaupt nur eine Erwärmung der Luft durch den eingeblasenen Dampf stattfindet, kann das Gemisch nicht anders als gesättigt sein, und da das erstere der Fall ist, so trifft auch das letztere zu!

Die Meßeinrichtung besteht nun in einem elektrischen Widerstandsthermometer und einem Anzeigegerät. Die Skala desselben teilt man zweckmäßigerweise nicht nach Grad-Celsius, sondern in Gramm Dampf je m³ Luft. Da 1 m³ Luft stets etwa die gleiche Kohlenmenge zu vergasen imstande ist. so ist es auch möglich, die Austeilung unmittelbar in einem vielfach gebräuchlichen Maße, nämlich in kg Dampf je 100 kg Kohle oder in Prozent Dampfzusatz zu beziffern. Die Austeilung in Grad Celsius ist nicht zu empfehlen, weil sie den Stocher zu leicht verleitet, die Temperaturintervalle als gleichbedeutend mit entsprechenden Dampfmengenänderungen zu betrachten, während im oberen Bereich eine sehr kleine Temperaturänderung eine wesentlich höhere Änderung des Dampfzusatzes bedeutet als bei einem kälteren Gemisch.

3. Die Gastemperatur.

Die Gastemperatur bildet ein sehr wichtiges Merkmal für die Beurteilung des Generatorganges und der Gasqualität. Eine Verschlechterung derselben drückt sich bekanntlich durch ein Steigen des CO_2-Gehaltes und durch ein Zurückgehen des CO-Anteils aus. Da die CO_2-Bildung nun den exothermischen Teil des Generatorprozesses darstellt, so muß ihre Zunahme notwendigerweise mit einer Temperaturerhöhung verbunden sein. Bei gleicher Belastung des Generators ist dieser Schluß aus der Gastemperatur auf die Gasqualität fast immer zutreffend. Bei wechselnder Belastung des Generators wird er leicht dadurch verdeckt, daß große Gasmengen beim Durchstreichen der Schachtfüllung ihre fühlbare Wärme nicht so vollständig an letztere abzugeben vermögen wie geringere. Sie erscheinen daher beim Austritt aus dem Generator heißer als bei geringerer Belastung. Man beobachtet daher in normalen Steinkohlengeneratoren in der Regel einen gleichsinnigen Verlauf von Temperatur und Belastung.

Diese Temperaturerhöhung ist allerdings nicht vollständig der begrenzten Wärmeaufnahmefähigkeit des Schachtinhaltes zuzuschreiben, sondern es geht vielmehr die Tatsache nebenher, daß mit höherer Belastung, entsprechend der verminderten, den Sauerstoffteilchen zur Verfügung stehenden Reaktionsdauer, eine Verschlechterung der Gasqualität Hand in Hand geht. Insofern bestätigt sich also auch hier die Gastemperatur wieder als wesentlicher Maßstab für die Beurteilung der Generatorführung.

Gleichzeitig wird mit der Messung der Gastemperatur noch ein weiterer Zweck erreicht: Bei jedesmaligem Ablassen von frischer und somit noch nicht vorgewärmter Kohle sinkt die Gastemperatur ab. Ihr Verlauf zeigt ganz außerordentlich charakteristische Zacken, die den Zeitpunkten der einzelnen Gichten entsprechen. Daneben sind die bei dem Durchstochen und Entfernen der Randschlacken entstehenden Pausen in der Begichtung zu erkennen.

Die Messung der Gastemperatur erfolgt mittels Thermoelement im Generatorhals. Es wird zweckmäßig vor dem Ventil im Staubsack eingebaut. Da das Steinkohlengas außerordentlich stark verschmutzt ist, läßt es sich nicht vermeiden, daß auf dem Pyrometer sich in kurzer Zeit ein ziemlich starker Pelz von Ruß und Staub ansetzt, der die Einstelldauer des Instrumentes träge macht. Aus diesem Grunde erfolgt die Anbringung des Thermoelementes so, daß auf der Rohrleitung ein Flansch angebracht wird, durch den das Pyrometer in die Leitung hineingesteckt werden kann. Die Verbindung zwischen Pyrometerkopf und der als festverlegte Installation weiterführenden Leitung wird durch bewegliche Kompensationslitze bewerkstelligt. Dadurch erreicht man, daß der die Messung fälschende Einfluß der unvermeidlich hohen Temperatur des Pyrometerkopfes ausgeschaltet wird. Zugleich besitzt das Pyrometer soviel Bewegungsfreiheit, daß der Stocher es etwa nach jeder Schicht einmal aus dem Flansch bis knapp zum Ende herausziehen und in die Leitung wieder hineinfallen lassen kann. Durch den dabei entstehenden Stoß fallen die angesetzten Staubteile von dem Gerät.

Abb. 178. Meßanlage mit Profilinstrumenten für die Temperaturüberwachung einer Turbine, ausgeführt von der Firma Siemens & Halske.

Die meßtechnische Überwachung des Maschinenhauses.

In ähnlicher Weise wie die meßtechnische Überwachung des Kesselhauses oder der Generatoren wird die der angeschlossenen Maschinen durchgeführt. Die Meßanlage gliedert sich nach dem Aufbau der Maschinensätze in solche für Generatoren, Hauptmaschinen und Vorwärmemaschinen. Abb. 178 zeigt z. B. eine von der Firma Siemens & Halske erstellte Meßanlage mit Profilgeräten für die Temperaturüberwachung einer Turbine. Die beiden oberen Geräte dienen zur Daueranzeige der Temperaturen des Lageröles, die beiden unteren zur Temperaturanzeige der ein- und austretenden Luft am Generator sowie des austretenden Kühlwassers. Außerdem müssen, soweit es sich um wärmetechnische Messungen handelt, noch die Dampftemperaturen und Turbinendrücke aufgezeichnet werden. Die Fernmeldung dieser Meßwerte erfolgt bei Großanlagen zur Warte (s. Abb. 171), welcher alle Hauptmeßgrößen für die Kessel, Turbinen, Generatoren, Transformatoren usw. übermittelt werden.[1]) Bei Kleinanlagen kann die Fernmeldung unterbleiben und die Anzeige- bzw. Schreibgeräte auf Tafeln übersichtlich im Maschinenhaus selbst angeordnet werden.

[1]) S. a. Dr. Grunwald, Überwachungsanlagen in Dampfkesselbetrieben. Siemens-Zeitschrift 1929, Heft 3.

Teil III

Die selbsttätige Reglung im Dampfkesselbetrieb.

Handbetrieb und selbsttätige Feuerungs- reglung.

Jeder Betriebsleiter weiß, daß die Garantiewirkungsgrade von Dampfkesseln bisher nur bei Abnahmeversuchen erreicht wurden, während sich der tatsächliche Kohlenverbrauch des Dauerbetriebes oft um mehr als 20 vH höher als derjenige Verbrauch stellt, der sich aus dem Paradewirkungsgrad errech- net, besonders bei stark schwankender Belastung.

Alle Mittel der Betriebsführung wurden versucht, um diese Zusatzverluste des praktischen Betriebes zu beseitigen. Eine große Zahl von Meßgeräten wurde erdacht, um dem Heizer und dem Betriebsleiter Mittel an die Hand zu geben, die Feuerung wirtschaftlich zu bedienen und meßtechnisch zu überwachen. Von ihnen war im Teil I und II des Bandes die Rede. Aber selbst bei Dampfanlagen, in denen durch geschultes Personal und durch die Betriebsleitung die Tätigkeit der Heizer über- wacht und die Meßergebnisse täglich ausgewertet werden, sind immer noch bedeutende Zusatzverluste vorhanden, welche auf die Unvollkommenheit der Handreglung zurückzuführen sind, da der Heizer auch beim Vorhandensein von Meßgeräten und des Zwanges zu ihrer Anwendung grundsätzlich die Organe des Kessels nicht schnell und stetig genug verstellen kann.

Der Heizer ist bemüht, nach der Anzeige des Kesseldruckes von Zeit zu Zeit die Luft- und Kohlenzufuhr der Belastung an- zupassen. Sinkt der Kesseldruck, so erkennt er daraus nicht genau das Maß der eingetretenen Belastungsänderung, auch nicht mit Genauigkeit, welche Mengenänderung er z. B. mit der vorgenommenen Handverstellung des Rauchgasschiebers in der Luftzufuhr verursacht. Außerdem senkt sich der Kessel- druck erst, wenn Wärmezufuhr und Wärmebedarf schon aus dem Gleichgewicht gekommen sind und dieser Fehler längere Zeit gewirkt hat. Durch die Verstellung der Kesselorgane muß dann nicht nur eine Anpassung an die Belastung erfolgen, sondern es muß außerdem noch die Wärme zur Herstellung des ursprünglichen Kesseldruckes geliefert werden. In einem folgenden Zeitabschnitt muß der Heizer abwarten, wie weit er mit seiner Verstellung der Kesselorgane diese Bedingungen erfüllt hat, wobei neue Belastungsänderungen das Bild verschieben. Äußerlich erkennbar ist diese Betriebsweise an den dauernden Schwankungen des Kesseldruckes.

Bei Anlagen mit mehreren Kesseln ist außerdem noch die Aufgabe zu erfüllen, die Gesamtbelastung auf die einzelnen Kessel richtig zu verteilen. Entspricht z. B. der Gesamtdampfverbrauch der Anlage einer Beanspruchung von 20 kg/m² Heizfläche — bei welcher die Kessel ihren besten Wirkungsgrad haben —, so ist es am wirtschaftlichsten, alle Kessel mit dieser Last zu betreiben. Belastet man aber von zwei Kesseln den einen mit 15, den anderen mit 25 kg, wobei ebenfalls die richtige Dampfmenge erzeugt wird, dann arbeiten beide Kessel mit schlechtem Wirkungsgrad, und es entstehen Zusatzverluste. Die günstigste Beanspruchung ist aber selbst bei Kesseln gleicher Bauart und Größe für jeden Kessel, je nach dem augenblicklichen Grade seiner Verschmutzung verschieden. Stark verschmutzte Kessel, die kurz vor der Reinigung stehen, haben bei hoher Beanspruchung sehr schlechte Wirkungsgrade; man muß sie schwächer belasten, um mit dem besten Durchschnittswirkungsgrad der Anlage zu arbeiten. Der Heizer und der Betriebsleiter, welcher mehrere Kessel zu bedienen bzw. zu überwachen hat, kann außer der Aufrechterhaltung des Dampfdruckes, selbst wenn ihm Dampfmesser und Hallenschild an jedem Kessel zur Verfügung stehen, nicht noch für die zuverlässige Lastverteilung sorgen und dabei den Verschmutzungsgrad jedes einzelnen Kessels im Auge behalten. Auch vermeidet man es bei der Handreglung möglichst Kessel mit Teillast zu betreiben, weil die Einstellungsfehler der groben Handreglung bei geringer Belastung des Kessels besonders stark ins Gewicht fallen. Es ist deshalb üblich, während der Zeiten geringen Gesamtverbrauches Kessel stillzusetzen und die übrigen Kessel mit hoher Last weiter zu betreiben. Die Stillstandsverluste der Kessel sind aber viel größer, als man bisher annahm. Es ist nachgewiesen worden[1]), daß es bei Kesseln neuerer Bauart wirtschaftlicher ist, alle Kessel gleichmäßig mit geringer Last zu betreiben, als einzelne Kessel stillzusetzen. Dies gilt aber nur unter der Voraussetzung, daß nicht durch fehlerhafte und verspätete Einstellung, welche im Zustand geringer Belastung besonders nachteilig ist, Zusatzverluste entstehen.

Die Handregelung von Feuerungen bringt somit naturnotwendig hohe Verluste mit sich, durch welche die Vorteile guter Bauart gegenstandslos werden können. Nur die große Speicherfähigkeit des Wasserraumes, welche mehrere Minuten betragen kann, und des Kohlenvorrates für Rostfeuerungen bei Normaldruckanlagen ermöglicht überhaupt die Handregelung ohne Gefährdung der Betriebssicherheit. Diese Vorteile, welche den Handbetrieb allein möglich machen, bilden aber gerade durch den trägen Verlauf der Vorgänge die größte Schwierigkeit für die selbsttätige Regelung. Hierin liegt auch hauptsächlich der Grund, warum mit unvollkommenen Lösungsversuchen schlechte Ergebnisse erzielt worden sind; denn sofern man keine besonderen Maßnahmen ergreift, um den verschleppenden Einfluß der Speicherfähigkeit des Kessels auszuschalten, ist es unmöglich, Luft- und Brennstoffmenge ohne schädliche Verzögerungen stetig und genau mit dem Dampfbedarf in Übereinstimmung zu bringen.

Es genügt auch nicht, die Wärmezufuhr der Belastung anzupassen, sondern die Regelung muß auch so wirken, daß bei jeder Kesselbeanspruchung und für jeden einzelnen Kessel das richtige Mengenverhältnis von Luft und Brennstoff eingehalten wird, da hierdurch der Luftüberschuß bestimmt wird, der für den Kesselwirkungsgrad maßgebend ist. Man hat vergeblich versucht, durch gemeinsame Zugregelung mehrerer Kessel die Gesamtluftmenge zwangläufig richtig zu verteilen. Mit dieser Regelungsart konnte weder die geforderte parallele Lastverteilung erreicht, noch viel weniger der wirtschaftlichste Luftüberschuß gewährleistet werden. Dazu sind selbst bei Kesseln gleicher Bauart die Unterschiede der Strömungswiderstände von Kesselzügen, Rauchgaskanälen, Feuerbett und Ab-

[1]) Stein, Regelung und Ausgleich in Dampfanlagen 1926, Verlag Jul. Springer, S. 145.

254

sperrorganen viel zu verschieden. Erfolge sind nur mit Bauarten erreicht worden, bei denen jeder einzelne Kessel geregelt
wird. Wegen der vielen erforderlichen hochwertigen Regler,
die nicht nur die Mengen dem Bedarf anpassen, sondern mit
großer Genauigkeit auch Mengenverhältnisse einstellen müssen,
kommen bis heute nur die Askania- und die Arca-Regler in
Betracht, welche auf zwei verschiedenen Arbeitsprinzipien beruhen. Die Abschnitte 3 und 4 des dritten Teiles widmen sich
der ersten und Abschnitt 5 der zweiten Reglergruppe. Durch
Anwendung des Askania-Strahlrohrreglers, des AEG-Ranarex-
Rauchgasprüfers (s. Teil I, Abschnitt 5, S. 149) und des Arca-
Reglers ist es gelungen, die Regelvorrichtungen so einfach und
billig auszubilden, daß eine allgemeinere Verwendung möglich gemacht worden ist.

Die selbsttätige Kesselreglung ist in Amerika entwickelt
worden. Unter Aufwendung gewaltiger Summen für die Durchbildung der Automatik sind dort schon vor vielen Jahren selbsttätige Kesselanlagen in Betrieb gesetzt worden.

Die amerikanischen Einrichtungen sind jedoch in der Mehrzahl der Fälle so umfangreich und so kostspielig, daß es schon
vom Standpunkt des Kapitalaufwandes aussichtslos erscheint,
amerikanische Kesselregler in Deutschland einzuführen.

Bei der selbsttätigen Kesselführung sind grundsätzlich
immer die gleichen Regleraufgaben zu lösen:

1. muß die Zuführung des Brennstoffes proportional der
   Dampfmenge erfolgen, wodurch die Wärmeerzeugung
   gleich der Wärmeabgabe wird, so daß der Dampfdruck
   konstant bleibt, und
2. muß die Steuerung der einzelnen Komponenten des
   Brennstoffes, d. h. von Kohle und Luft, im richtigen
   Mengenverhältnis derart erfolgen, daß bei der Verbrennung das Optimum an Wirtschaftlichkeit erreicht
   wird.

Dazu kommt dann noch für die Mehrzahl der Anlagen die
Steuerung des Unterwindes und des Saugzuges, des Druckes im
Feuerraum und der Kesselspeisung.

Es könnte nun nach dem Gesagten der Eindruck erweckt
werden, als ob die Reglerverfahren typisiert werden könnten.

Das ist nicht der Fall! Vielmehr ist in jedem Einzelfall nachzuprüfen, wieweit sich die Tätigkeit des Heizers durch Regelvorrichtungen ersetzen läßt. Dabei ist nicht nur die Art der
Feuerung (Hand-, Treppenrost-, Wanderrost-, Kohlenstaub-,
Öl-, Gasfeuerung) zu berücksichtigen, sondern auch die verwendete Sorte des Brennstoffes, ihre wechselnde oder unveränderliche Beschaffenheit und ihre Eignung für die betreffende
Feuerung. Man wird dabei immer zu dem Ergebnis kommen,
daß gerade diejenigen Maßnahmen sich am leichtesten selbsttätig durchführen lassen, die der Heizer am unvollkommensten
erfüllt. Dagegen kann es dem Heizer überlassen bleiben, sichtbare Feuerungsfehler, z. B. das Entstehen von Löchern im
Feuerbett, zu beseitigen.

Man genügt allen auftretenden Betriebsverhältnissen durch
Ausbildung folgender Ausbaustufen der selbsttätigen Reglung, um unter Gewöhnung an die neuartige Betriebsweise von
einem Grad der Selbsttätigkeit zum folgenden fortzuschreiten:

1. Reglung der Luftzufuhr nach der Belastung (Abschnitt 4_1),

2. Reglung der Brennstoffzufuhr bei Feuerungen mit einstellbarer Fördergeschwindigkeit (Abschnitt 4_2),

3. Reglung der Mengenverhältnisse von Luft und Brennstoff nach dem Luftüberschuß bei veränderlicher Brennstoffbeschaffenheit (Abschnitt 4_3).

Bei Höchstdruckkesseln hat man die Speicherfähigkeit des
Kessels nicht mehr zu Verfügung. Hier wird die selbsttätige
Reglung überhaupt zum Erfordernis. Die Bedeutung der Reglung kann wie folgt zusammengefaßt werden: bei den heute vorhandenen Normaldruckkesseln ist es notwendig, den Kessel
zu regeln — nicht aus Gründen der Betriebssicherheit — sondern weil sonst niemals die Paradewirkungsgrade erreicht
werden können. Bei Höchstdruckkesseln wird dagegen die
Reglung schon aus Gründen der Betriebssicherheit zur Notwendigkeit, weil eine Speicherfähigkeit vollkommen fehlt, so
daß der Betrieb nicht anders durchgeführt werden kann.

Abschnitt 2.

Arbeitsverfahren der selbsttätigen Feuerungsregelung.

Bei der selbsttätigen Regelung werden die Vorrichtungen am Kessel, welche sonst bei Handbetrieb vom Heizer bedient werden, durch Steuerungen eingestellt, die unter dem Einfluß verschiedener Regler stehen. Die Beschreibung der wichtigsten Regelvorgänge wird zeigen, welche Bedingungen diese Steuervorrichtungen erfüllen müssen:

In erster Linie ist die Luft- und Kohlezufuhr der Belastung anzupassen, wobei die verschleppende Speicherwirkung des Kesselwasserraumes entweder planmäßig ausgenutzt oder ganz ausgeschaltet wird. Die Reglung muß von einer Meßgröße aus erfolgen, die den Belastungswechsel anzeigt, und zwar ehe sich

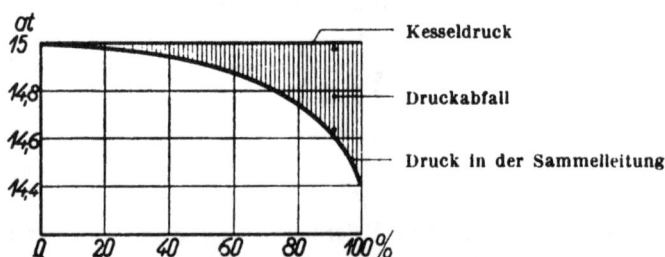

Abb. 179. Der Dampfdruck der Dampfsammelleitung als augenblicklicher Belastungsanzeiger.

der Kesseldruck zu ändern beginnt. Die Steuerung muß augenblicklich nach dieser Anzeige die Organe aller Kessel so verstellen, daß Abweichungen in der Wärmezufuhr und Belastung, die den Kesseldruck verändern, überhaupt nicht entstehen.

Bei gleichbleibendem Kesseldruck ist der Dampfdruck der Sammelleitung ein augenblicklicher Belastungszeiger. Dieser Druck ist wie Abb. 179 darstellt, um den Strömungsdruckabfall zwischen Kessel und Meßstelle in der Sammelleitung tiefer als der Kesseldruck und ändert sich augenblicklich mit dem

Dampfverbrauch. Läßt man auf den Regler nicht den Druck der Sammelleitung selbst, sondern den Druckunterschied gegenüber dem „Sollwert" des Kesseldruckes einwirken, so beeinflußt die Belastung unmittelbar die Steuerung. Der wirksam gemachte Druckunterschied wächst wie bei einem Dampfmengenmesser quadratisch mit der Belastung.

Es genügt nun aber nicht, die Steuerung durch die Belastung genau zu beeinflussen. Der Hub des Kraftgetriebes einer Steuerung ändert sich mit dem Reglerhub proportional, so daß durch die Druckkraft, welche quadratisch mit der Belastung wächst, eine falsche Verstellung des Kraftgetriebes erfolgt. Außerdem entspricht einer bestimmten eingeregelten Stellung, z. B. der eines Rauchgasschiebers, nicht eine ganz bestimmte Strömungsmenge, vielmehr ist diese von den wechselnden Zugverhältnissen im Fuchs und Schornstein abhängig. Ebensowenig ist eine einfache festliegende Beziehung zwischen der eingestellten Stufe eines Regelwiderstandes und der Drehzahl des Antriebsmotors vorhanden. Um alle diese Fehler auszuschalten und die gesteuerten Mengen genau der Belastung entsprechend einzustellen, wird zur Rückführung der Mengen ein zweiter Regler eingebaut, auf den man eine Druckkraft wirken läßt, die quadratisch mit der gesteuerten Menge wächst. Die Steuerung kommt dann sofort zur Ruhe, sobald Belastung und gesteuerte Menge übereinstimmen.

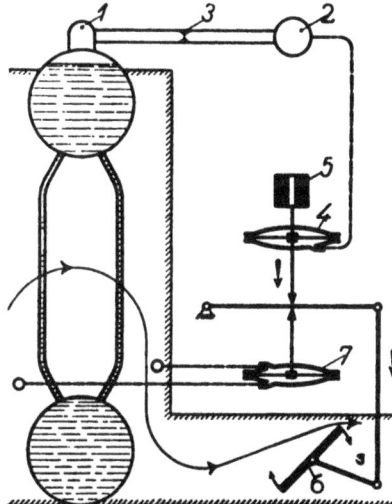

Abb. 180. Reglung der Rauchgasklappe nach der Belastung mit Rückführung durch die Rauchgasmenge.
Erklärung: *1* Dampfraum d. Kessels, *2* Dampfsammelleitung, *3* Strömungswiderstand des Überhitzers, *4* Belastungsregler, *5* Gewicht, *6* Rauchklappe, *7* Rückführregler.

Als Beispiel für die Mengenrückführung ist in Abb. 180 die Reglung einer Rauchgasklappe schematisch dargestellt.

Balcke, Wärmeüberwachung.   17

Der Strömungswiderstand (durch Absperrorgane, Überhitzer und Rohrleitungen) zwischen dem Dampfraum *1* des Kessels und der Sammelleitung *2* ist durch einen Drosselflansch *3* veranschaulicht. Der Dampfdruck ist bestrebt, den Regler *4* anzuheben. Nach unten wirkt die größere Druckkraft des Gewichtes *5*, durch welches der konstante Solldruck des Kessels ausgewogen wird. Wenn nun Dampf aus dem Kessel zur Sammelleitung strömt, ist der Dampfdruck in *2* tiefer als der Solldruck des Kessels. Die Druckkraft des Gewichtes überwiegt also und übt eine Regelkraft nach unten aus, die mit der Belastungsdampfmenge quadratisch wächst; sie ist bestrebt, mit steigender Belastung und demzufolge sinkendem Dampfdruck die Klappe *6* unbegrenzt zu öffnen. Dem wirkt aber der Rückführregler *7* entgegen, welcher durch den Druckunterschied an zwei Stellen des Rauchgasweges, also durch die gesteuerte Rauchgasmenge unmittelbar beeinflußt wird. Dadurch kommt der Regelvorgang zum Stillstand, sobald durch die zunehmende Strömungsmenge, welche die Rauchgasklappe hindurch läßt, die Druckkraft des Reglers *7* dem Regler *4* das Gleichgewicht hält. Dieser Regelvorgang benötigt wenige Sekunden. Die regelnden Druckkräfte von Dampf und Rauchgas lassen sich so bemessen und einstellen, daß beide Regler im Gleichgewicht sind, wenn bei höchster Belastung Dampfmenge und Rauchgasmenge im richtigen Verhältnis stehen. Da die Druckkräfte beider Regler mit den Mengen von Dampf und Rauchgas quadratisch zunehmen, wird dieses Verhältnis bei allen Belastungen richtig eingeregelt und hierdurch die Rauchgasmenge augenblicklich der Dampfmenge angepaßt. Nur durch Ungenauigkeiten der Reglung tritt bei dieser Arbeitsweise ein Ausgleich durch geringe Änderung des Kesseldruckes auf.

Wie eingangs zu diesem Abschnitt erwähnt wurde, kann aber die Reglung auch so betrieben werden, daß die Speicherfähigkeit des Kessels planmäßig ausgenutzt wird. Wird der Belastungsregler auf geringere Mengenänderungen eingestellt, als notwendig sind um die Verbrennung durch veränderte Luftzufuhr der Belastung anzupassen, so wird der übrig bleibende Wärmeunterschied unter Änderung des Kesseldruckes ausgeglichen.

Abb. 181 zeigt am Beispiel eines Wanderrostes, wie die Rückführung ausgebildet wird, wenn durch den Dampfdruck die Kohlenzufuhr der Belastung angepaßt werden soll. Die zugeführte Kohlenmenge ist bei unveränderlicher Schütthöhe der Antriebsdrehzahl angenähert proportional. Zur Antriebsrückführung braucht man eine Meßgröße, die mit der Kohlenmenge, also mit der Antriebsdrehzahl, quadratisch zunimmt. Die bisher verwendeten Fliehkraftregler werden durch ein mit dem Antrieb gekuppeltes Meßgebläse ersetzt, das einen Unterdruck erzeugt, der quadratisch mit der Drehzahl wächst. Der

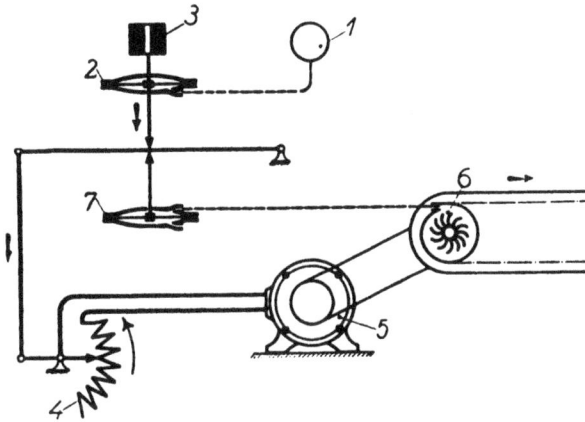

Abb. 181. Belastungsreglung des Wanderrostes.
Erklärung: *1* Dampfsammelleitung, *2* Belastungsregler, *3* Gewicht, *4* Nebenschlußwiderstand, *5* Motor, *6* Meßgebläse, *7* Rückführregler.

Dampfdruck der Sammelleitung *1* wirkt wiederum auf den Belastungsregler *2*, bei dem der Solldruck durch das Gewicht *3* ausgewogen ist. Bei steigender Belastung, also bei sinkendem Dampfdruck, senkt sich der Regler *2* und schaltet die Stufen des Nebenschlußwiderstandes *4* nacheinander ab. Der Motor *5* beschleunigt sich infolgedessen und das Meßgebläse *6*, welches von der Rostantriebswelle angetrieben wird, erzeugt bei der steigenden Drehzahl einen stärkeren Unterdruck, der durch den Rückführregler *7* dem Belastungsregler entgegenwirkt. Das Gleichgewicht beider Regler bringt den Steuervorgang zum Stillstand, wenn die Erhöhung der Drehzahl, also der Kohlenmenge, der Zunahme der Belastung entspricht. Diese Antriebsrückführung schaltet alle Fehler aus, welche durch Ungenauigkeiten des Übertragungsgestänges, des Stufenwiderstandes und

17*

260

der Spannungsschwankungen des elektrischen Stromes entstehen. Nur das Endergebnis des Schaltvorganges — die Drehzahl — wirkt auf den Regler zurück.

Ähnliche Regler werden verwendet, um unmittelbar das Mengenverhältnis von Luft und Kohle zu sichern. In Abb. 182 wird die Luft durch die Rauchgasklappe *1* nach der Drehzahl der Kohlenstaubzuteiler *2* eingestellt, welche der geförderten

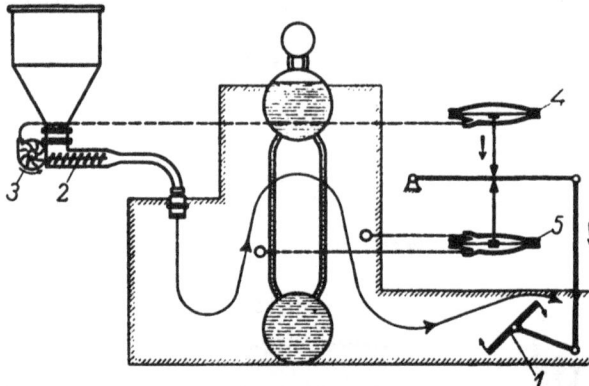

Abb. 182. Reglung der Rauchgasklappe nach dem Mengenverhältnis von Kohle und Luft.
Erklärung: *1* Rauchgasklappe, *2* Kohlenstaubzuteiler, *3* Meßgebläse, *4* von der Antriebsdrehzahl beeinflußter Regler, *5* von der Rauchgasmenge beeinflußter Regler.

Kohlenmenge annähernd proportional ist. Der Unterdruck des Meßgebläses *3* übt also durch den Regler *4* eine Kraft nach unten aus, die mit der Kohlenmenge quadratisch wächst; die Rauchgasmenge wirkt ebenfalls quadratisch durch den Regler *5* auf die Steuerung, die nur bei Gleichgewicht der Regler, also bei Übereinstimmung der Mengen, im Gleichgewicht ist. Steigt die Förderdrehzahl der Zuteiler, so öffnet sich die Rauchgasklappe durch den stärkeren Unterdruck des Meßgebläses *3*, bis der erhöhte Strömungsdruckabfall der Rauchgasmenge den Regelvorgang zum Stillstand bringt.

Die selbsttätige Feuerungsreglung Bauart AEG-Askania.

Zur Steuerung der Organe des Kessels muß man, wie bei größeren Kraftmaschinen, eine Hilfskraft verwenden, weil die Reglerverstellkräfte für einen unmittelbaren Antrieb viel zu klein sind.

Während man z. B. zur Betätigung des gesteuerten Druckreglers einer Anzapfturbine bei einer Genauigkeit der Reglung von 0,1 at über eine Druckkraft von 1000 mm W.-S. verfügt, muß man sich bei der Steuerung von Luft- und Rauchgasmengen mit der Beeinflussung durch geringe Zugunterschiede in der Größenordnung von 10 mm W.-S. begnügen, durch die eine Mengenänderung zwischen Null und dem auftretenden Höchstwert angezeigt wird. Dazu kommt, daß die Zugunterschiede, welche zur Reglung dienen, mit der Strömungsmenge quadratisch wachsen; bei $^1/_5$ der Rauchgasmenge steht deshalb nur $^1/_{25}$ der Druckkraft zur Verfügung, also 0,4 mm statt 10 mm W.-S. Der Regler muß aber auf einen kleinen Bruchteil dieser Druckkraft ansprechen, damit schon geringe Mengenabweichungen vom Sollwert die Steuerung in Gang setzen.

Bisher hat man diese geringen Druckkräfte auf Regler mit großen Oberflächen wirken lassen, um auf diese Weise ausreichende Kräfte zum Antrieb von Steuerschiebern allgemein bekannter Bauart zu gewinnen. Durch große Reglerabmessungen und Gestänge für die starre Übertragung starker Reglerkräfte nehmen aber die bewegten Reglermassen und die Reibungskräfte so zu, daß ihr schädlicher Einfluß eine weitere Verstärkung der Reglerkraft und die Anwendung besonderer Dämpfungseinrichtungen erfordert.

Die Askaniawerke haben einen Regler ausgebildet, bei dem die Umsetzung der Meßwerte in Arbeit unter Verwendung von

Drucköl mit Hilfe eines Strahlrohres auf einen Kraftzylinder erfolgt, der seinerseits die Verstellung der Klappen, Schieber usw. betätigt. Abb. 183 zeigt den Aufbau dieses Strahlrohrreglers.

Beim Strahlrohr ist der Regler von der Steueröffnung durch einen freien Zwischenraum vollkommen getrennt. Das Drucköl fließt dem Strahlrohr *1* von oben durch die hohle Achse zu und strömt als Strahl mit hoher Geschwindigkeit aus. In einiger Entfernung von der Mündung *2* des Strahles liegen zwei Steueröffnungen eines Verteilerstückes *3*. Die Steueröffnungen sind mit je einer Seite des Kraftzylinders *4* verbunden. Beim Auftreffen auf einen Widerstand setzt sich die Geschwindigkeitsenergie des Ölstrahles wieder vollkommen in den ursprünglichen Druck um. Liegt also das Strahlrohr genau vor einer der Steueröffnungen, so steht der volle Öldruck zur Bewegung des Kraftgetriebes in einer Richtung zur Verfügung. Durch Verschiebung um den geringen Ausschlag, welcher genügt, um das Strahlrohr vor die andere Steueröffnung zu bringen, wird der volle Antrieb des Kraftgetriebes in umgekehrter Richtung verursacht. In der Mittelstellung des Strahlrohres ist das Kraftgetriebe in Ruhe und zwischen diesen Grenzfällen steigt die Geschwindigkeit desselben annähernd proportional mit dem Ausschlag von Null auf den Höchstwert. Die Ausschläge entstehen unter dem Einfluß der regelnden Druckkräfte, die auf das Strahlrohr wirken.

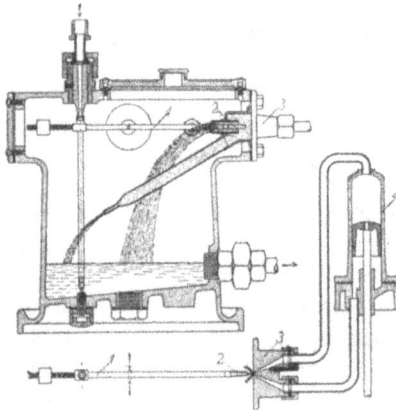

Abb. 183. Steuerwerk des Askania-Strahlrohrreglers.

Erklärung: *1* Strahlrohr, *2* Mündung, *3* Verteilerstück, *4* Kraftzylinder.

Das Öl, welches aus den Kraftzylindern durch die Steueröffnung zurückfließt, wird durch den verengten Abfluß der Rücklaufleitung derart aufgestaut, daß ein Mitreißen von Luft in die Steueröffnung verhindert wird.

Beim Strahlrohrregler sind die bewegten Massen verschwindend klein; eine Reibung an der Steuerstelle ist mangels
einer Berührung überhaupt nicht vorhanden, ebensowenig
ein Rückdruck. Die durch das geringe Gewicht noch verursachten Reibungskräfte sinken praktisch auf Null, weil die
Lagerstellen dauernd in Öl laufen. Der Regler hat somit eine
hohe Empfindlichkeit.

Um alle Dämpfungseinrichtungen überflüssig zu machen,
ist außerdem noch dafür zu sorgen, daß auf den Regler eine
Kraft zurückwirkt, sobald er aus der Mittelstellung abweicht
und das Kraftgetriebe in Gang setzt.
Diese Forderung wird durch die Rückführkraft der Reglermembranen mit
besonders aufgehängter Aluminiumverstärkung bei Abweichungen aus
der Mittelstellung erfüllt.

Der Bewegungsgeschwindigkeit
des Kraftgetriebes ist bei dieser Anordnung durch die geförderte Ölmenge
eine Grenze gesetzt. Man würde die
schädlichen Massen des Reglersystems
vergrößern, wollte man zur Bewegung
größerer Kraftkolben einen dickeren
Ölstrahl verwenden. Statt dessen wirkt
in solchen Fällen das Strahlrohr zunächst auf den in Abb. 184 schematisch

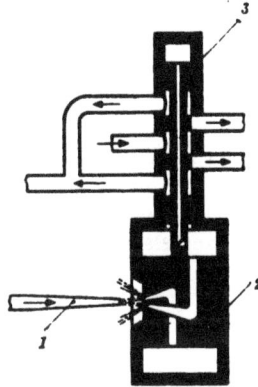

Abb. 184. Folgeschieber.
Erklärung: *1* Strahlrohr,
2 Kolben, *3* Doppelschieber.

dargestellten Folgeschieber, der seinerseits die Steuerung des
Kraftgetriebes übernimmt. Bewegt sich das Strahlrohr *1* nach
links, so folgt der von rechts beaufschlagte Kolben *2* der Stellung
des Strahlrohres als wäre er fest mit ihm verbunden. Der Doppelschieber *3* bekannter Bauart ist imstande, Ölmengen zu
steuern, die zum Antrieb der größten Kraftzylinder ausreichen.

Die Regler, die auf das Strahlrohr wirken, müssen nun zu
beiden Seiten des Einheitssteuerwerkes angeschlossen werden.
Abb. 185—187 zeigen schematisch den Aufbau der drei für die
selbsttätige Feuerungsreglung in Betracht kommenden Steuerwerke, nämlich Abb. 185 das Steuerwerk des Belastungsreglers, Abb. 186 des Verhältnisreglers und Abb. 187 des Druckreglers. Bei dem Steuerwerk des Belastungsreglers Abb. 185

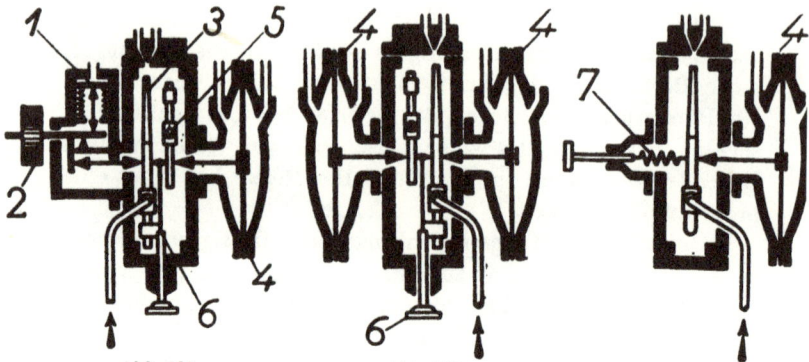

Abb. 185.
Belastungsregler-
Steuerwerk.

Abb. 186.
Verhältnisregler-
Steuerwerk.

Abb. 187.
Druckregler-
Steuerwerk.

Abb. 185—187. Schematische Darstellung der Steuerwerke.

Erklärung: *1* Stufenmembran vom Dampfdruck beeinflußt, *2* Gewicht, *3* Strahlrohr, *4* Membranregler, *5* Übertragungshebel, *6* Stellschieber, *7* Gegenfeder.

wirkt der Dampfdruck auf die Stufenmembran *1*. Der Solldruck des Kessels wird durch das Gewicht *2* ausgewogen, und der Unterschied der Druckkräfte wird auf das Strahlrohr übertragen, das von der anderen Seite durch den Rückführdruck des Reglers *4* belastet ist. Der Hebel *5* und der Schieber *6* dienen dazu, das Kräfteverhältnis des Dampfdruckreglers und der Rückführung zu verändern, indem durch Veränderung des Angriffspunktes beider Kräfte die wirksamen Hebellängen verstellt werden. Um den Solldruck des Kessels zu beeinflussen wird das Gewicht *2* auf seiner Achse verschoben.

Das Verhältnis-Reglersteuerwerk Abb. 186 hat zwei gleiche Membranregler, auf welche Drücke oder Druckunterschiede übertragen werden, wie sie bei der Beeinflussung durch Luftmenge, Rauchgasmenge oder durch den Unterdruck von Rückführ-Meßgebläsen zur Verfügung stehen. Das geregelte Mengenverhältnis wird durch den Schieber *6* eingestellt; an seinem Ende läßt sich zur Luftüberschußreglung ein kleiner Kraftkolben anschließen, der von einem Ranarex-Rauchgasprüfer (s. Teil I, Abschnitt 5) gesteuert wird[1].

Zur Reglung des Feuerraumdruckes wird das Druckregler-Steuerwerk der Abb. 187 angewendet. Dem Unterdruck (oder

---

[1] s. S. 149 u. f.

Überdruck), welcher die Membran *4* belastet, wirkt die einstellbare Feder 7 entgegen. Im Beharrungszustand, also bei Stillstand des Kraftbetriebes, ist das Strahlrohr immer in der Mittellage. Die Steuerung regelt daher immer auf den Unterdruck
(oder Überdruck), der erforderlich ist, um in dieser Stellung die
Federkraft im Gleichgewicht zu halten. Soll der geregelte
Feuerraumdruck je nach der Belastung verändert werden, so
kann man eine zweite Membran auf die Steuerung wirken lassen,
welche eine sich mit der Rauchgasmenge verändernde Gegen-
kraft ausübt. Zur Reglung von sehr geringen Unter- oder

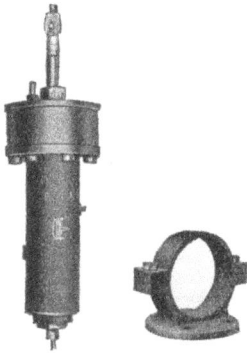

Abb. 188. Kraftzylinder und
Befestigungsschelle.

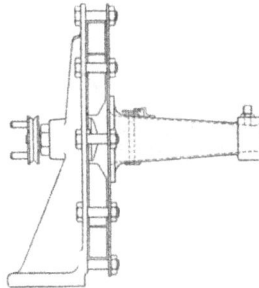

Abb. 189. Meßgebläse zur Übertragung des Unterdruckes in
Abhängigkeit von der An-
triebsdrehzahl.

Überdrücken verwendet man besondere Druckentnahmevor-
richtungen, in welchen der Druckunterschied gegen die Atmo-
phäre vervielfacht wird.

Über die Ausführung der besprochenen Steuervorrichtungen ist folgendes zu sagen:

Der Kolben und die Lauffläche des Kraftzylinders sind
der ganzen Länge nach geschliffen; dadurch werden Undichtigkeiten beseitigt, so daß die gesteuerte Ölmenge für die Verstellung des Antriebes ohne Verlust zur Verfügung steht. Der Ab-
schlußdeckel ist mit größerem Durchmesser ausgeführt (Ab-
bildung 188) und mit einem Flansch des Zylinders verschraubt.
Er dient zur Befestigung des Kraftzylinders mit Hilfe der abgebildeten Schelle.

Meßgebläse geringer Abmessungen, wie sie Abb. 189 darstellt, werden mit der Antriebswelle, z. B. von Rosten oder

Kohlenstaubbrennern unmittelbar oder durch Riemenübertragung gekuppelt. Sie erzeugen einen Unterdruck, der quadratisch mit der Drehzahl wächst, und der die gleiche Größenanordnung hat, wie die Unterdrücke zur Messung der Rauchgasmengen, mit denen er ins Gleichgewicht gesetzt wird.

Bei einem Steuerwerk mit angebautem Folgeschieber strömt nur ein kleiner Bruchteil des zufließenden Drucköles durch

<table>
<tr><td>Abb. 190. Normalbild eines
Askania-Reglers.</td><td>Abb. 191. Gußsockel mit den drei Steuer-
werken eines Kessels.</td></tr>
</table>

das Strahlrohr, die Hauptmenge hingegen zum Steuerschieber, welcher den Bewegungen des Strahlrohres folgt. Die beiden Anschlußstellen des Folgeschiebers werden mit den beiden Seiten des Kraftzylinders verbunden. Aus dem unteren großen Stutzen des Gehäuses wird das rückfließende Öl von Strahlrohr- und Kraftgetriebe entnommen.

Die Steuerwerke werden betriebsfertig auf einem schweren gußeisernen Sockel aufgebaut, in dem der Ölbehälter, die Ölpumpe und der Elektromotor untergebracht sind. Die Zahnrad-Ölpumpe fördert auf einen Druck von etwa 4 atü; die Strom-

aufnahme des direkt gekuppelten Motors ist etwa 0,2 kW. Das
Hauptsteuerwerk zur Belastungsreglung steht bei Anlagen
mit mehreren Kesseln meist allein auf einem besonderen Sockel
(s. Abb. 190). Rechts ist das druckfeste Gehäuse des Dampfdruckreglers erkennbar, in welchem die Stufenmembran untergebracht ist, ferner das einstellbare Gegengewicht. Links
sieht man das Membrangehäuse des Rückführreglers und in der
Mitte ragt nach vorne der Einstellschieber aus dem Steuerwerk-
gehäuse heraus. Auf Abb. 191 trägt der Sockel die drei
Steuerwerke eines Kessels, und zwar rechts den Regler der
Kohlezufuhr, dessen Membranen an das Hauptsteuerwerk und
an das Meßgebläse des Rostes oder Brenners angeschlossen sind,
in der Mitte den Regler für die Luftzufuhr nach dem Mengenverhältnis von Kohle und Luft und links den nur mit einer
Membran ausgestatteten Feuerraum-Druckregler.

Die Anwendung der Feuerungsregler Bauart AEG-Askania.

1. Die Reglung der Luftzufuhr nach der Belastung.

Die Reglung der Luftzufuhr nach der Belastung kommt für alle Arten von Rostfeuerungen in Betracht, bei denen sich die Geschwindigkeit der Kohlenzufuhr nicht beeinflussen läßt (z. B. bei der Handfeuerung und Treppenrostfeuerung). Man beschränkt sich in diesem Falle auf diese erste Stufe des selbsttätigen Betriebes, wenn die Brennstoffzufuhr zwar geregelt werden könnte, es aber nicht zweckmäßig wäre, dem Heizer diese Arbeit abzunehmen. Dieser Fall kommt für Anlagen in Betracht, bei denen ein Brennstoff benutzt wird, der sich nicht für den betreffenden Rost eignet sowie für Fälle, in denen wechselnd sehr verschiedenartige Brennstoffe verfeuert werden. Aber auch in den bezeichneten Fällen läßt sich die nachbeschriebene Reglung als Vorstufe für einen späteren weitergehenden Ausbau des selbsttätigen Betriebes anwenden.

Durch die Luftzufuhr wird die Brenngeschwindigkeit des auf dem Rost liegenden Kohlenvorrates beeinflußt. Die zugeführte Luftmenge bestimmt die Wärmeentwicklung, die sich, bei selbsttätiger Reglung, nach dem Dampfdruck in der Sammelleitung unter Rückführung durch die gesteuerte Rauchgasmenge augenblicklich der Belastung anpaßt.

Bei einzelnen Kesseln besteht die Regelanlage aus:

1 Belastungsregler-Steuerwerk mit Kraftzylinder zur Betätigung der Rauchgasklappe im Fuchs in Abhängigkeit vom Dampfdruck in der Sammelleitung und von der Rauchgasmenge (Abb. 185),

1 Druckregler-Steuerwerk mit Kraftzylinder zur Betätigung einer Drosselklappe für die Luftzufuhr zum Rost in Abhängigkeit vom Feuerraumdruck (Abb. 187).

Abb. 192 zeigt schematisch die Regelanlage: Der Dampfdruck der Sammelleitung *1* wirkt auf den Druckregler *2*, dem Belastungsgewicht *3* entgegen, welches bei steigender Belastung, also bei sinkendem Dampfdruck, das Strahlrohr vor die linke Steueröffnung bringt. Der Kraftzylinder der Rauchgasklappe *4* verstärkt die Rauchgasströmung, wodurch auf den Rückführregler *5* ein größerer Druckunterschied wirkt; der Steuervorgang wird zur Ruhe gebracht, sobald die Rauchgasmenge den richtigen Wert angenommen hat. Bei der größeren Rauchgasmenge, die durch den Kessel strömt, beginnt der Druck im Feuerraum *6* zu sinken, der Regler *7* bewegt das Strahlrohr vor die linke Steueröffnung und öffnet durch den Kraftzylinder die Luftzutrittsklappe *8*, bis der ursprüngliche Druck im Feuerraum wieder hergestellt ist.

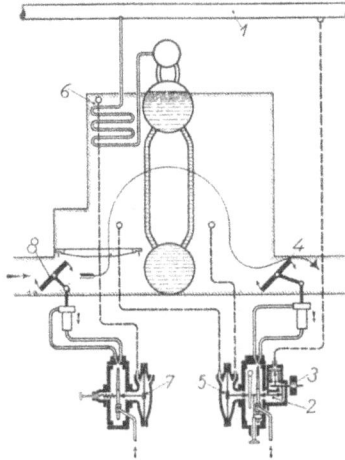

Abb. 192. Reglung einzelner Kessel.
Erklärung: *1* Dampfsammelleitung, *2* Belastungsregler, *3* Gewicht, *4* Rauchgasklappe, *5* Rückführregler, *6* Feuerraum, *7* Druckregler, *8* Luftzutrittsklappe.

Bei der Reglung mehrerer Kessel (Abb. 193) kommt als weiteres Organ zumeist das sog. Hauptsteuerwerk hinzu, um die zwangläufige Belastungsverteilung auf mehrere Kessel zuverlässig durchzuführen und damit eine der wichtigsten Wirkungen der selbsttätigen Feuerungsreglung zu sichern. Dieses Hauptsteuerwerk überträgt in Abhängigkeit vom Dampfdruck der Sammelleitung eine gemeinsame Meßgröße auf die Regler der einzelnen Kessel. Die Anlage besteht in diesem Falle aus:

1 Hauptsteuerwerk zur Herstellung eines Meßdruckes in Abhängigkeit vom Dampfdruck in der Sammelleitung,

mit Rückführung durch den Meßdruck selbst (Gerätenummer A, B und D, Abb. 193 und Fernleitung C).
Ferner für jeden einzelnen Kessel:

1 Verhältnisregler-Steuerwerk mit Kraftzylinder zur Betätigung der Rauchgasklappe im Fuchs in Abhängigkeit
vom Meßdruck des Hauptsteuerwerkes und von der
Rauchgasmenge (Gerätenummer E, 5 und 4, Abb. 193),

1 Druckregler-Steuerwerk mit Kraftzylinder zur Betätigung einer Drosselklappe für die Luftzufuhr zum Rost
in Abhängigkeit vom Feuerraumdruck (Gerätenummer 7
und 8, Abb. 193).

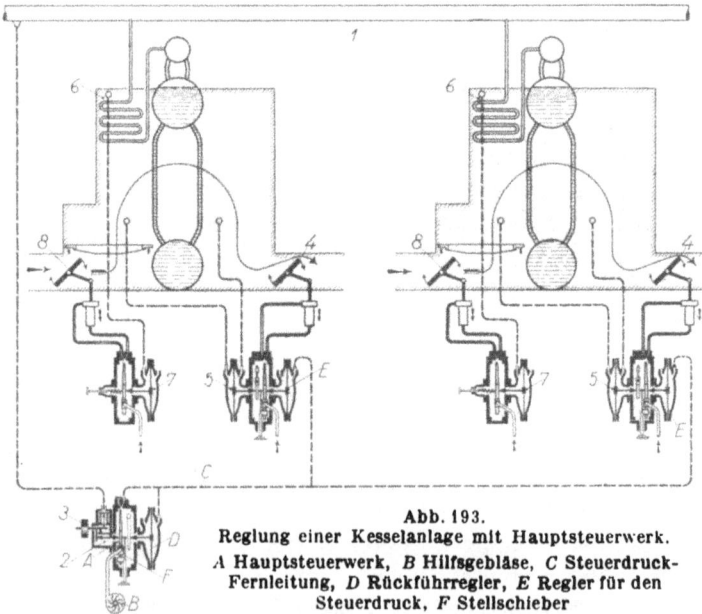

Abb. 193.
Reglung einer Kesselanlage mit Hauptsteuerwerk.
A Hauptsteuerwerk, B Hilfsgebläse, C Steuerdruck-
Fernleitung, D Rückführregler, E Regler für den
Steuerdruck, F Stellschieber

Dem Strahlrohr des Hauptsteuerwerkes A strömt Druckluft zu, die in einem kleinen Hilfsgebläse B erzeugt werden kann.
Steht das Strahlrohr mitten vor der Öffnung, dann wird annähernd der volle Gebläsedruck auf die angeschlossene Leitung C
übertragen, entfernt es sich vom Mittelpunkt der Öffnung, so
vermindert sich der Druck, so daß sich durch Reglung der
Stellung des Strahlrohres jeder beliebige Druck erzeugen läßt.

Der Steuerdruck der Leitung C wirkt über den Regler D auf
das Steuerwerk zurück; das Strahlrohr kommt zur Ruhe, wenn
der Meßdruck der Kraft des Dampfdruckreglers 2 das Gleichgewicht hält. Durch diese Rückführung wird jeder Kraft des
Druckreglers ein ganz bestimmter Steuerdruck zugeordnet, der
auch auf alle Regler E der einzelnen Kessel wirkt. Die Rauchgasklappen 4 werden durch ein Verhältnisregler-Steuerwerk
betätigt, das mit Hilfe der Regler 5 und E die Rauchgasmenge
mit dem Steuerdruck in Übereinstimmung bringt. Durch
diese hydraulische Übertragung beeinflußt also der Belastungsregler 2 des Hauptsteuerwerkes mittelbar die Rauchgasklappen
aller Kessel.

Der Steuerdruck der Leitung C ist von Druckschwankungen des Hilfsgebläses B unabhängig, weil sich das Strahlrohr des Hauptsteuerwerkes immer so einstellt, daß der Rückführregler D mit dem Belastungsregler 2 im Gleichgewicht ist.

Die Einstellung des Schiebers F und des Gewichtes 3 beeinflußt gleichzeitig den Solldruck sämtlicher Kessel; dadurch
können die Kesseldrücke entweder vollkommen konstant gehalten werden, oder die Einstellung kann so erfolgen, daß die
Speicherfähigkeit der Kesselwasserräume durch Druckschwankungen planmäßig ausgenutzt wird. Der Belastungsanteil
und der Feuerraumdruck werden durch die Stellschieber an
den Steuerwerken der einzelnen Kessel eingestellt.

2. Die Reglung der Brennstoffzufuhr bei Feuerungen mit einstellbarer Fördergeschwindigkeit.

a) Die Reglung bei Rostfeuerungen.

Läßt sich bei einer Rostfeuerung die Geschwindigkeit der
Brennstoffzufuhr willkürlich einstellen, so können Luftmenge
und Kohlenmenge selbsttätig geregelt werden.

Zur Reglung der Luftmenge muß in erster Linie die Rauchgasströmung im Kessel durch einen Schieber oder eine Klappe
im Fuchs beeinflußt werden. Um den richtigen Feuerraumdruck
einzuhalten, wird bei Unterwindfeuerungen durch einen Feuer-
raumdruckregler die Klappe gesteuert, welche den Luftzutritt
zum Rost beeinflußt. Derartig gesteuerte Klappen sind auch
bei Kesseln ohne Unterwind anzubringen, um einen Überdruck

im Kesselraum zu vermeiden, falls eine Reglung auf geringe
Last erforderlich ist.

Die Geschwindigkeit der Brennstoffzufuhr muß sich durch
den Regler möglichst feinstufig einstellen lassen. Dazu sind
die wenigen Getriebegänge, mit denen bei Handreglung die
Kohlenzufuhr eingestellt wird, nicht ausreichend. Reibrad-
getriebe mit stetiger Verstellung der Geschwindigkeit durch
das Übersetzungsverhältnis eignen sich nicht für den Kessel-
hausbetrieb. Statt dessen wird ein Steuermaschinensatz aufgestellt, von dem aus alle Rostmotoren gemeinsam mit Gleichstrom gespeist werden. Die Drehzahl sämtlicher Rostmotoren
wird von der Speisespannung der Steuerdynamo bestimmt,
welche durch ein Hauptsteuerwerk geregelt wird. Die parallele
und stetige Reglung sämtlicher Rostmotoren besorgt also ein
einziger Regler. Andere Organe, welche die zugeführte Brennstoffmenge beeinflussen, läßt man ungeregelt; so arbeitet man
z. B. bei der Reglung von Wanderrosten mit unveränderlicher
Schütthöhe bei allen Belastungen.

Die Regelanlage (Abb. 194) besteht somit aus:

1 Hauptsteuerwerk mit Kraftzylinder zum Antrieb des
  Regelwiderstandes der Steuerdynamo in Abhängigkeit
  vom Dampfdruck der Sammelleitung und von einer
  Rückführung (Gerätenummer 2, 4, Abb. 194).

Jeder Kessel erhält:

1 Verhältnisregler-Steuerwerk mit Kraftzylinder zur Betätigung der Rauchgasklappe im Fuchs in Abhängigkeit
  von der Rostgeschwindigkeit und der Rauchgasmenge
  (Gerätenummer 10, 18, Abb. 194),

1 Druckregler-Steuerwerk mit Kraftzylinder zur Betätigung einer Drosselklappe für die Luftzufuhr zum Rost
  in Abhängigkeit vom Feuerraumdruck (Gerätenummer
  16, 18, Abb. 194).

Die Abb. 194 zeigt schematisch den Aufbau einer selbsttätigen Regelvorrichtung für Kessel mit Wanderrosten, bei
bei denen die Rostantriebsmotore durch ein Leonardaggregat
reguliert werden. Die Regulierung kann entsprechend auch
durch Zu- und Gegenschaltung eines hierzu geeigneten Maschinensatzes auf ein vorhandenes Gleichstromnetz erfolgen.

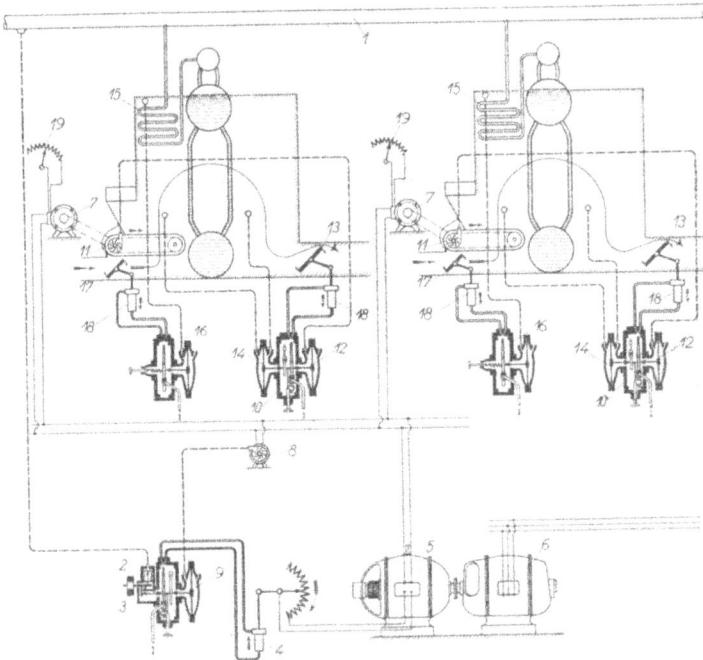

Abb. 194. Reglung von Rostfeuerungen.

Erklärung: *1* Dampfsammelleitung, *2* Belastungsregler, *3* Gewicht, *4* Kraftzylinder, *5* Steuerdynamo, *6* Drehstrommotor, *7* Rostantriebsmotore, *8* Rück-
führungsgebläse, *9* Rückführregler, *10* Verhältnisregler-Steuerwerk, *11* Meßgebläse, *12* von der Rostgeschwindigkeit beeinflußter Regler, *13* Rauchgasklappe, *14* Rückführregler, *15* Feuerraum, *16* vom Feuerraumdruck beeinflußter Regler, *17* Luftzutrittsklappe, *18* Kraftzylinder, *19* Nebenschlußwiderstände.

Der Dampfdruck der Sammelleitung *1* wirkt auf den Druckregler *2* dem Belastungsgewicht *3* entgegen, welches bei steigender Belastung, also bei sinkendem Dampfdruck, das Strahlrohr vor die rechte Steueröffnung bringt. Der Kraftzylinder *4*
schaltet Widerstandsstufen ab, wodurch sich die Speisespannung der Steuerdynamo *5* erhöht, die vom Drehstrommotor *6*
angetrieben wird. Vom geregelten Gleichstromnetz aus werden
alle Motoren *7* der Roste betrieben, außerdem ein Hilfsmotor
mit einem Rückführmeßgebläse *8*. Die Motordrehzahlen steigen
mit der Spannung im Gleichstromnetz, bis der erhöhte Unterdruck des Rückführmeßgebläses, welcher auf den Rückführregler *9* wirkt, dem Dampfdruckregler *2* das Gleichgewicht

hält. Das Strahlrohr kehrt dann in die Mittelstellung zurück, der Kraftzylinder *4* steht still und der Regelvorgang ist beendet. Die Belastungsänderungen, welche auf das Hauptsteuerwerk wirken, werden also mit Hilfe der Steuerdynamo und der Rückführung sofort im richtigen Maß elektrisch auf alle Kessel übertragen. Man braucht nur noch die Luftmengen der einzelnen Kessel mit der geregelten Rostgeschwindigkeit mit Hilfe eines Verhältnisreglers *10* in Übereinstimmung zu bringen. Dieser wird seinerseits vom Meßgebläse *11* und der Rauchgasmenge gesteuert. Steigende Rostgeschwindigkeit verstärkt den Unterdruck des Meßgebläses, er wirkt auf den Regler *12*, bringt das Strahlrohr vor die linke Steueröffnung und vergrößert mit Hilfe des Kraftzylinders *18* die Rauchgasmenge durch Öffnen der Klappe *13*. Die Rauchgasmenge wirkt auf den Rückführregler *14* und bringt den Vorgang zur Ruhe, wenn die Rauchgasmenge sich der Rostgeschwindigkeit angepaßt hat. Bei der vergrößerten Rauchgasmenge beginnt der Druck im Feuerraum *15* zu sinken, der Regler *16* bewegt das Strahlrohr vor die linke Steueröffnung und öffnet durch den Kraftzylinder *18* die Luftzutrittsklappe *17*, bis der ursprüngliche Druck wieder hergestellt ist.

Die geregelte Luftzufuhr bestimmt die Brenngeschwindigkeit des Kohlenvorrates auf dem Rost. Da sie in jedem Augenblick der Belastung entspricht, sind Wärmeentwicklung und Dampfverbrauch dauernd im Gleichgewicht. Durch die gleichzeitige Zuordnung der richtigen Kohlenmenge ist die ständige Einhaltung eines wirtschaftlichen Luftüberschusses gesichert.

Die Überwachung der vorbeschriebenen Regelanlage ist sehr einfach wie folgt durchzuführen:

Für mehrere Kessel wird gemeinsam der Solldruck durch den Stellschieber und das Gewicht *3* des Hauptsteuerwerkes festgelegt. Der Kesseldruck läßt sich entweder vollkommen konstant halten, oder man kann ihn derart schwanken lassen, daß die Speicherfähigkeit der Kesselwasserräume planmäßig ausgenützt wird. Die Lastverteilung kann man ohne Verstellung irgendeines Reglers durch Nebenschlußwiderstände *19* am Motor jedes Kessels verändern. Diese einfache Maßnahme genügt, um gleichzeitig auch die Luftmenge anzupassen, da der Verhältnisregler *10* Luft- und Kohlenmenge immer in Ein-

klang bringt, gleichgültig, ob die Veränderung der Rostgeschwindigkeit auf die Reglung der Speisespannung im Gleichstromnetz oder auf eine Verstellung des Nebenschlußwiderstandes
zurückzuführen ist.

Die einzige Tätigkeit, welche dem Heizer überlassen bleibt,
ist die Verhinderung sichtbarer Feuerungsfehler bei ungünstigen
Rostverhältnissen, z. B. das Beseitigen von Löchern im Feuerbett.

Das Ergebnis des Feuerungsbetriebes kann durch einen
Ranarex-Rauchgasprüfer (s. Teil I, Abschnitt 5, S. 149) angezeigt werden, nach welchem bei veränderten Brennstoffverhältnissen der Stellschieber des Verhältnisreglers *10* beeinflußt wird. Auch dieser Vorgang läßt sich selbsttätig regeln
(s. Teil III, Abschnitt 4₃). Weitere Bedienungsmeßgeräte sind
nicht erforderlich.

b) Die Reglung bei Kohlenstaubfeuerungen.

Bei der Kohlenstaubfeuerung ändern sich die Verbrennungsverhältnisse augenblicklich mit jeder Verstellung der
Kohlenmenge oder der Luftmenge. Durch das Fehlen jeder
Verzögerung bei der Änderung der Verbrennungsverhältnisse
entsteht die Schwierigkeit, daß unter allen Umständen Luftmangel und Rauchentwicklung selbst während der wenigen
Sekunden, die zur Durchführung der Regelvorgänge erforderlich sind, verhindert werden müssen.

Diese Bedingung läßt sich bei der Parallelschaltung der
Steuerung für Kohle und Luft nur durch verwickelte Sicher-
heitsmaßnahmen erfüllen. Setzt der Regler bei einer Belastungsänderung die Kraftzylinder von Kohle und Rauchgas mit gleicher Geschwindigkeit in Bewegung, so ändert sich die Kohlenmenge mit der Verstellung des Kraftzylinders angenähert proportional, die Rauchgasmenge dagegen mit der Stellung des
Kraftzylinders je nach dem veränderlichen Unterdruck im
Fuchs bei verschiedenen Belastungen in verschiedenem Maß.
Gleichen Verstellgeschwindigkeiten der Steuerungen von Luft
und Kohle entsprechen also bei verschiedenen Belastungen ungleiche Mengenänderungen. Es muß deshalb mit großem
Luftüberschuß während der Regelvorgänge gefahren werden,
damit bei keiner Belastung Luftmangel entsteht, d. h. man muß

bei steigender Last die Luft viel schneller zunehmen lassen als
die Kohle und bei sinkender Last die Kohle viel schneller ab-
nehmen lassen als die Luft. Da aber hierdurch bei häufigen
Belastungsänderungen die Reglung dauernd mit hohem un-
wirtschaftlichen Luftüberschuß arbeiten würde, wäre eine umständliche Anpassung der Verstellgeschwindigkeit an die Belastung erforderlich, um diese Fehler zu mildern.

Unzulässige Abweichungen des Luftüberschusses sind aber
auf einfachste Weise zu vermeiden, wenn der Belastungsregler
nur die Kohlenmenge beeinflußt, die durch die Zuteiler (Brenner) gefördert wird, während die Luftzufuhr ihrerseits in Abhängigkeit von der Brennerdrehzahl gesteuert wird. Die Vorgänge der Steuerung von Kohle und Luft sind dann hintereinander in Reihe geschaltet. Arbeitet die nachgeschaltete
Luftsteuerung im Verhältnis zur Steuerung der Kohle durch
den Belastungsregler schnell, so folgt die Luft den trägen Änderungen der Kohlenmenge, ohne daß schädliche Abweichungen
im Luftüberschuß entstehen.

Im allgemeinen werden die Antriebsmotore der Brenner
sämtlicher Kessel gemeinsam von einem Steuergenerator
gespeist. Ein Hauptsteuerwerk beeinflußt den Regelwider-
stand des Steuergenerators, ändert dadurch die Spannung des
erzeugten Gleichstroms und die Drehzahl der angeschlossenen
Brennermotoren. Die Regelanlage (Abb. 195) besteht somit aus:

1 Hauptsteuerwerk mit Kraftzylinder zur Belastungsreglung des Regelwiderstandes des Steuergenerators
   in Abhängigkeit vom Dampfdruck der Sammelleitung
   und von einer Rückführung (Gerätenummer 2, 4, 9,
   Abb. 195),

jeder Kessel erhält:

1 Verhältnis-Reglersteuerwerk mit Kraftzylinder zur Betätigung der Rauchgasklappe im Fuchs, in Abhängigkeit
   von der Brennergeschwindigkeit und der Rauchgasmenge (Gerätenummer 12, 13, 15, Abb. 195),
1 Druckregler-Steuerwerk mit Kraftzylinder zur Betätigung einer Drosselklappe für die Luftzufuhr zum Ver-
   brennungsraum in Abhängigkeit vom Feuerraumdruck
   (Gerätenummer 17, Abb. 195).

Abb. 195 zeigt schematisch den Aufbau einer selbsttätigen
Regelvorrichtung für eine Kohlenstaubfeuerung, bei der die
Antriebsmotoren für die Zuteiler (Brenner) durch ein Leonardaggregat reguliert werden. Die Regulierung kann entsprechend
auch hier durch Zu- und Gegenschaltung eines hierzu geeigneten Maschinensatzes auf ein vorhandenes Gleichstromnetz
erfolgen.

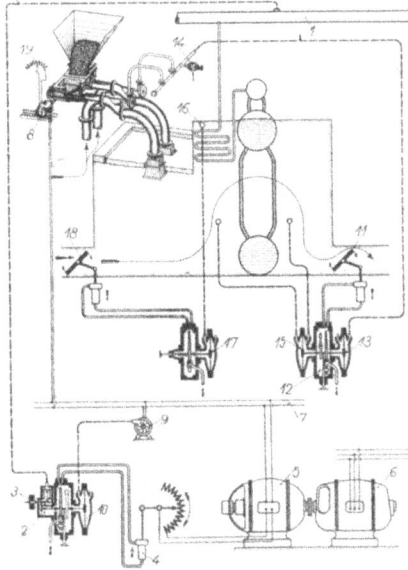

Abb. 195. Reglung von Kohlenstaubfeuerungen.

Erklärung: *1* Dampfsammelleitung, *2* Druckregler, *3* Gewicht, *4* Kraftzylinder,
5 Steuerdynamo. *6* Drehstrommotor, *7* Gleichstromnetz, *8* Brennerantriebsmotoren, *9* Rückführmeßgebläse, *10* Rückführregler, *11* Rauchgasklappe,
12 Verhältnisregler - Steuerwerk, *13* Regler, *14* einstellbare Ausflußdüse,
15 Rückführregler, *16* Feuerraum, *17* vom Feuerraumdruck beeinflußter
Regler, *18* Luftzutrittsklappe, *19* Nebenschlußwiderstand.

Der Dampfdruck der Sammelleitung *1* wirkt auf den Druckregler *2* dem Belastungsgewicht *3* entgegen, welches bei steigender Belastung also bei sinkendem Dampfdruck, das Strahlrohr
vor die rechte Steueröffnung bringt. Der Kraftzylinder *4*
schaltet die Widerstandsstufen nacheinander ab; hierdurch
erhöht sich die Speisespannung des Steuergenerators *5*, der vom
Drehstrommotor *6* angetrieben wird. Vom geregelten Gleich-

278

stromnetz *7* aus werden alle Brennerantriebsmotoren *8* betrieben, außerdem ein Hilfsmotor mit einem Rückführmeßgebläse *9*. Die Motordrehzahlen steigen mit der Spannung im Netz *7*, bis der erhöhte Unterdruck des Rückführmeßgebläses, der auf die Rückführregler *10* wirkt, dem Dampfdruckregler *2* das Gleichgewicht hält; das Strahlrohr kehrt in die Mittelstellung zurück, der Kraftzylinder *4* steht still und der Regelvorgang ist beendet. Die auf das Hauptsteuerwerk wirkenden Belastungsänderungen werden also mit Hilfe des Steuergenerators und der Rückführung im richtigen Maß elektrisch auf alle Kessel übertragen. Dieser Vorgang wird durch Anwendung kleiner Verstellgeschwindigkeiten des Kraftzylinders langsam durchgeführt, während man für die nachgeschaltete Steuerung der Rauchgasklappe *11* durch den Verhältnisregler *12* große Verstellgeschwindigkeiten anwendet. Zur Erfassung der Kohlenmenge wird bei Kohlenstaubfeuerungen mit mehreren Brennern jede Brennerwelle mit einem besonderen Gebläse verbunden, so daß die Fördermenge des Gebläses mit der Drehzahl proportional wächst. Die Gesamtfördermenge sämtlicher Gebläse entspricht demnach der gesamten geförderten Kohlenmenge, auch wenn einzelne Brenner stillstehen oder mit abweichender Drehzahl arbeiten. Auf den Regler *13* des Verhältnissteuerwerks *12* muß eine Kraft wirken, welche mit der gesamten Kohlenfördermenge quadratisch wächst. Zu diesem Zweck wird die Luftfördermenge der Meßgebläse, welche der Kohlenmenge proportional ist, über eine einstellbare Ausflußdüse *14* ins Freie geleitet. Dadurch entsteht in der Meßleitung ein Überdruck, der mit der ins Freie tretenden Meßluftmenge quadratisch wächst, so daß er unmittelbar zur Beeinflussung des Reglers 13 verwendet werden kann. Durch die langsame Zunahme der Kohlenmenge erhöht sich allmählich der Meßdruck der Gebläse. Schon die kleinste Erhöhung des Meßdruckes genügt aber, um das Strahlrohr des Verhältnisreglers *12* vor die linke Steueröffnung zu bringen und mit Hilfe des Kraftzylinders die Rauchgasmenge durch Öffnen der Klappe *11* zu vergrößern, so daß die Rauchgasmenge, die auf den Rückführregler *15* wirkt, mit der Kohlenmenge dauernd in Übereinstimmung bleibt. Bei der vergrößerten Rauchgasmenge beginnt der Druck im Feuerraum *16* zu sinken, der

Regler *17* bewegt das Strahlrohr vor die linke Steueröffnung und öffnet durch den Kraftzylinder die Luftzutrittsklappe *18*, bis der ursprüngliche Druck wieder hergestellt ist. Durch das schnellarbeitende Steuerwerk *12* folgt also die Luftmenge den trägen Änderungen der Kohlenmenge, ohne daß schädliche Abweichungen vom Luftüberschuß entstehen können.

Die Überwachung der Anlage ist wie folgt durchführbar:

Für mehrere Kessel wird gemeinsam der Solldruck durch den Stellschieber und das Gewicht *3* des Hauptsteuerwerkes festgelegt. Der Kesseldruck läßt sich entweder vollkommen konstant halten, oder man kann ihn derart schwanken lassen, daß die Speicherfähigkeit der Kesselwasserräume planmäßig ausgenutzt wird. Die Lastverteilung kann man ohne Verstellung irgendeines Reglers entweder durch Nebenschlußwiderstände an den Brennerantriebsmotoren verändern, oder man kann einzelne Brenner vollkommen abstellen. Durch die besprochene Anordnung der Meßgebläse genügt diese einfache Maßnahme, um gleichzeitig auch die Luftmenge anzupassen, da der Verhältnisregler *12* Luftmenge und Kohlenmenge immer in Übereinstimmung bringt, gleichgültig ob die Veränderung der gesamten Fördermenge auf eine Reglung der Speisespannung im Netz *7*, auf eine Verstellung des Nebenschlußwiderstandes eines Brennermotors oder auf das Abstellen einzelner Brenner zurückzuführen ist.

Die Arbeitsweise der Regelanlage wird durch einen Ranarex-Rauchgasprüfer (s. Teil I, Abschnitt 5, S. 149) überwacht, welcher den Luftüberschuß anzeigt, mit dem die Feuerungen arbeiten. Bei veränderter Kohlenbeschaffenheit ist bei der gleichen Brennerdrehzahl eine andere Luftmenge erforderlich, damit die Feuerung mit dem gleichen Luftüberschuß arbeitet. Nach der Anzeige des Ranarex-Rauchgasprüfers läßt sich durch den Stellschieber des Verhältnisreglers *12* die Steuerung den veränderten Verhältnissen anpassen. Auch dieser Vorgang läßt sich selbsttätig regeln (s. Teil III, Abschnitt 4_3).

3. Die Luftüberschuß-Reglung.

Um jede Änderung der gesteuerten Brennstoffmenge ohne Verzögerung auf die Feuerungsregler wirken zu lassen, wird die Antriebsdrehzahl der Fördervorrichtungen als Maß für die zugeführte Brennstoffmenge benutzt. Die Brennstoffzufuhr ist erfahrungsgemäß der Antriebsdrehzahl mit hinreichender Genauigkeit proportional, solange keine Änderung in der Brennstoffbeschaffenheit, in der Schütthöhe von Rostfeuerungen und in der Bunkerfüllung von Kohlenstaubfeuerungen entsteht. In längeren Zeitabschnitten ändern sich aber diese Bedingungen und besonders wechselt die Beschaffenheit des verfeuerten Brennstoffes. Bei der gleichen Drehzahl kann also der Antrieb abweichende Brennstoffmengen fördern, und bei einem Wechsel in der Brennstoffbeschaffenheit ist eine andere Luftmenge erforderlich, um mit günstigstem Luftüberschuß zu arbeiten. Die Fehler, die durch die Steuerung der Luftzufuhr nach der Antriebsdrehzahl entstehen, lassen sich durch einen Regler beseitigen, der unter dem Einfluß des Luftüberschusses in den Regelvorgang eingreift.

Das Verhältnis der erzeugten Dampfmenge zur zugeführten Luft- oder Rauchgasmenge ist ein Anhaltspunkt für den Luftüberschuß. Die Steuerung kann also unmittelbar durch den Rauchgasprüfer Ranarex selbst beeinflußt werden. Es ist möglich, das Meßgerät zum Reglermeßgerät umzubauen, weil die Verstellkräfte des mechanisch arbeitenden Ranarex genügen, um unmittelbar ein Strahlrohr zu steuern.

Wie in Teil I, Abschnitt 5 erläutert, besitzt der Ranarex eine kurze Anzeigeverzögerung, die nur durch das Heranholen des Rauchgases entsteht, während die Anzeige bei veränderter Rauchgaszusammensetzung im Meßgerät augenblicklich erfolgt.

Er entnimmt ferner eine Durchschnittsprobe der Rauchgase bei Kesseln mit ungleichmäßigen Strömungsverhältnissen im Gegensatz zur punktartigen Entnahme bei Rauchgasprüfern mit geringer angesaugter Rauchgasmenge.

Die schädliche Wirkung der geringen Zeitverzögerung, die zwischen der Änderung der Rauchgaszusammensetzung an der Brennstelle und der Meßanzeige noch auftritt, wird vom Regelvorgang dadurch ferngehalten, daß die Steuervorrichtung nur periodisch eingeschaltet wird. Die zwischenliegenden Stillstandszeiten sind zur Herstellung der richtigen Meßanzeige erforderlich.

Bei Kesseln, die mit veränderlicher Belastung arbeiten, greift der Ranarex-Rauchgasprüfer in die vorgeschaltete

Steuerung nachstellend ein, welche augenblicklich nach der Antriebsdrehzahl annähernd den richtigen Luftüberschuß herstellt. Die Steuerung ist ferner so eingerichtet, daß sie bei Abweichungen, die der Rauchgasprüfer anzeigt, schon durch die erste Schaltung im richtigen Maß verstellt wird. Durch diese Maßnahmen ist es gelungen, trotz der Zeitverzögerung des Rauchgasprüfers, auch bei plötzlichen Belastungsänderungen und wechselnden Brennstoffverhältnissen dauernd mit günstigem Luftüberschuß zu arbeiten.

In Abb. 196 bedeutet 1 einen Verhältnisregler, der durch einen Kraftzylinder die Rauchgasklappe 2 steuert. Auf den Regler 3 wirkt der Unterdruck des Meßgebläses 4, der sich mit der Antriebsdrehzahl der Brenner 5 ändert. Eine steigende Brennerdrehzahl verstärkt den Unterdruck und bewegt das Strahlrohr nach links, die Rauchgasklappe 2 öffnet sich, bis die erhöhte Rauchgasmenge, die auf den Rückführregler 6 wirkt, den Regelvorgang zur Ruhe bringt. Dabei ändert sich der Luftüberschuß nicht, solange die Kohlenbeschaffenheit unveränderlich und die Kohlenstaubmenge der Antriebsdrehzahl genau proportional ist; die Anzeige des Ranarex bleibt unveränderlich, z. B. 14 vH CO_2. Es möge jedoch dahingehend eine Änderung eintreten, daß die

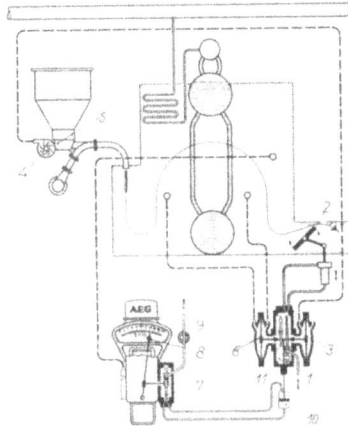

Abb. 196. Luftüberschußreglung.
Nachstellung im Mengenverhältnis von Kohle und Luft durch Ranarex-Rauchgasprüfer bei Kohlenstaubfeuerung.

Erklärung: 1 Verhältnisregler, 2 Rauchgasklappe, 3 von der Brennerdrehzahl beeinflußter Regler, 4 Meßgebläse, 5 Brenner, 6 Rückführregler, 7 Strahlrohr, 8 Zeiger des Ranarex-Apparates, 9 Zeitsteuerhahn, 10 Hilfskraftzylinder, 11 Stellschieber.

Steuerung nunmehr auf eine um 5 vH zu große Luftmenge regelt. Der CO_2-Gehalt sinkt dann von 14 vH um $0,05 \times 14 = 0,7$ vH auf 13,3 vH CO_2. Das Strahlrohr 7, das mit dem Zeiger 8 gekuppelt ist, verschiebt sich nach links. In der nächsten Schaltzeit, in welcher der sich drehende Zeitsteuerhahn 9 den Ölzufluß freigibt,

bewegt sich der Kolben des kleinen Kraftzylinders *10* und verstellt den Angriffspunkt *11* der Reglerkräfte. Durch die Veränderung der Hebellängen wird die Wirkung der Druckkraft
von rechts geschwächt, während die Wirkung der Druckkraft
von links gestärkt wird, das Strahlrohr bewegt sich nach rechts,
und die Rauchgasklappe schließt sich, bis sich die Kräfte der
Regler *3* und *6* bei der neuen Stellung des Angriffspunktes das
Gleichgewicht halten. Die eintretende Änderung im geregelten
Mengenverhältnis ist dem Verstellweg des Angriffspunktes
proportional. Die Verstellgeschwindigkeit des Kraftzylinders *10*
wird so gewählt, daß sich während der Schaltzeit der Angriffspunkt *11* gerade um eine Strecke verschiebt, die notwendig ist,
um die Rauchgasmenge um den Fehlbetrag von 5 vH herab-
zusetzen; die Steuerung ist dann nach der Schaltung sofort
in der richtigen Gleichgewichtslage. Ist aber der Luftüberschuß-
fehler doppelt so groß (10 vH), dann verdoppelt sich auch die
Abweichung der Anzeige auf 14 — 1,4 = 12,6 vH, das Strahlrohr *7* erfährt den doppelten Ausschlag und verstellt den Angriffspunkt um den zweifachen Betrag, so daß die Steuerung
den Fehlbetrag von 10 vH richtig ausgleicht. Grundsätzlich
genügt also immer eine Schaltung, um den richtigen Luftüberschuß wieder herzustellen.

Die selbsttätige Feuerungsreglung Bauart „ARCA".

1. Ausführung und Wirkungsweise des Arca-Relais mit Kraftgetriebe.

Die Arca-Feuerungsreglung setzt die für eine unmittelbare Betätigung der Regelorgane der Kessel zu schwachen Regelimpulse mit Hilfe eines Relais in ausreichende hydraulische Verstellkräfte um. Das Relais beruht auf einer hydraulischen Drosselsteuerung.

Abb. 197 zeigt eine schematische Darstellung des Arca-Reglers, wie er z. B. zur Konstanthaltung des Druckes von Dampf, Wasser und Gasen benutzt wird.

Die Wirkungsweise ist die folgende:

Ein an einem Ende in Schneiden gelagerter Hebel *H* wird einerseits durch ein Fühlorgan (z. B. einen Membranbalg *MB*), andererseits durch eine Feder *SF* belastet. Der Membranbalg *MB* steht unter dem Druck des in der Leitung *L* zu regelnden Dampfes; die Feder *SF* ist so eingestellt, daß sie dem auf den Membranbalg *MB* ausgeübten Druck (der konstant gehalten werden soll) das Gleichgewicht hält. Die geringste Veränderung des auf den Balg *MB* wirkenden Dampfdruckes veranlaßt eine Veränderung der Lage des Hebels *H*. Steigt der Dampfdruck, so wird der Hebel *H* und mit ihm die an seinem freien Ende angebrachte Prallplatte gehoben und die Düse *MS* geöffnet. Sinkt der Dampfdruck, so wird die Düse *MS* entsprechend geschlossen. Je mehr sich die Düse *MS* bei sinkendem Dampfdruck schließt, um so weniger Betriebsflüssigkeit kann aus ihr ausfließen. Um so stärker wirkt der Druck der über die Verengung *D* zufließenden Betriebsflüssigkeit auf den Kolben *AK* des Kraftgetriebes *DZ*, drückt ihn nach unten und öffnet

das Regelorgan *R V* so lange, bis der Solldruck in der Leitung *L*
erreicht ist.

Öffnet sich dagegen die Düse *MS* unter dem Einfluß des
steigenden Dampfdruckes, so fließt mehr Betriebsflüssigkeit
aus der Düse *MS* aus, der Flüssigkeitsdruck auf den Arbeits-
kolben *A K* läßt nach und das Regelorgan *R V* schließt sich

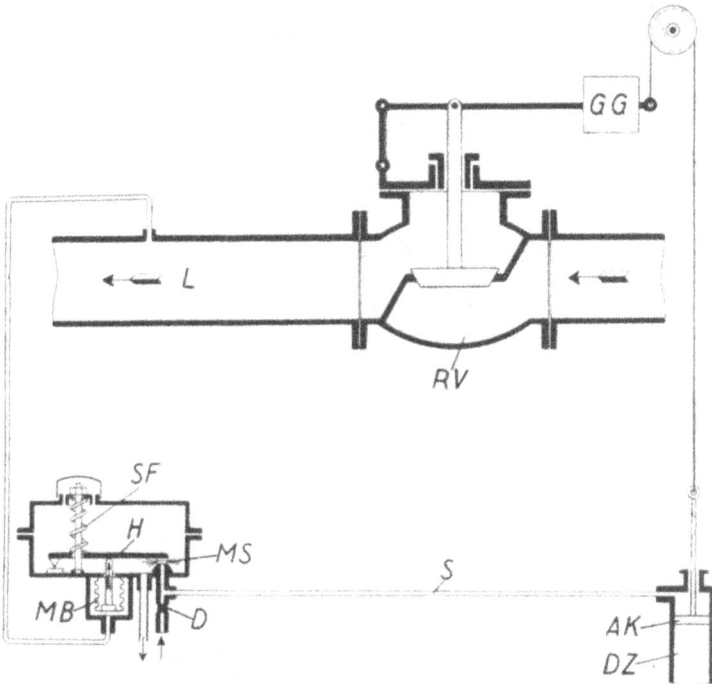

Abb. 197. Schematische Darstellung des Arca-Reglers.

unter dem Einfluß des Gegengewichtes *GG* so lange, bis wiederum in der Leitung *L* der Solldruck erreicht ist. In diesem Augenblick steht der Hebel *H* wieder in der diesem Zustand entsprechenden Ruhestellung. Das Regelorgan verharrt alsdann
in seiner Lage, bis ein neuer Impuls Anlaß zu einer neuen Regel-
bewegung gibt.

Die Wege des Relaishebels *H*, welche nötig sind, um die zur
Einleitung eines Regelvorganges erforderliche Druckänderung
über dem Kolben *A K* zu erzeugen, sind verschwindend klein

und betragen kaum $^1/_{10}$ mm, so daß die Massenbeschleunigungskräfte im Relais praktisch = 0 sind. Die Reibung ist durch die Lagerung in Spitzen ebenfalls praktisch gleich Null; das Relais ist infolgedessen außerordentlich feinfühlig. Abb. 198 zeigt die Ausführung des Relais für Niederdruck- und Vakuumregler, welche auch für die Feuerungsreglung — bei der bei niedrigen Belastungen nur Drücke von Bruchteilen eines Millimeter Wassersäule als Impulse zur Verfügung stehen — verwendet werden. Bei diesem Relais genügen Drücke von Bruchteilen eines

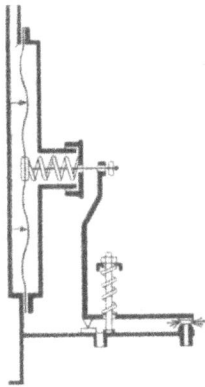

Abb. 198. Arca-
Niederdruck- und
Vakuumrelais.
Fühlorgan: große
Membran.

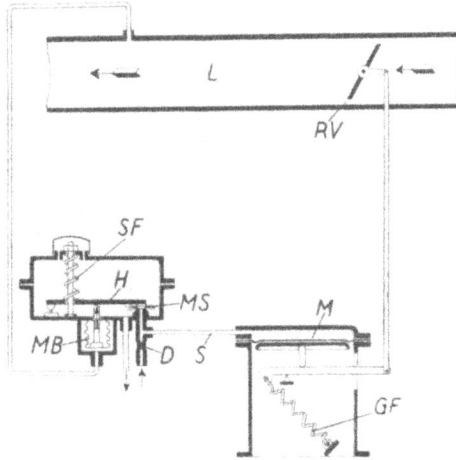

Abb. 199. Andere Ausbildung des Arca-Reglers
(gegenüber Abb. 197).

Zehntelmillimeter zur Einleitung des Regelvorganges. Die Veränderungen des Düsendruckes sind proportional den Impulsen, aber äußerst niedrig. Dementsprechend ist auch die Rückwirkung auf den Düsenhebel verschwindend; dieselbe wirkt überdies dämpfend auf eine etwaige Überregulierung ein.

Die Drosselung D in der Leitung der Betriebsflüssigkeit wird durch einen bei jedem Regelvorgang bewegten Reinigungsstift vor Verstopfung selbsttätig und sicher bewahrt (Abb. 197).

Als Kraftgetriebe kann — wie Abb. 199 zeigt — statt des Arbeitszylinders mit Kolben bei kleinen Verstellwegen auch eine Membran M treten und an Stelle des Gegengewichtes eine Feder F.

Abb. 200 stellt die Einschaltung eines Steuerschiebers zwischen Relais und Arbeitsmotor dar. Das durch die Impulse veranlaßte Schließen und Öffnen der Düse *MS* wirkt hier auf

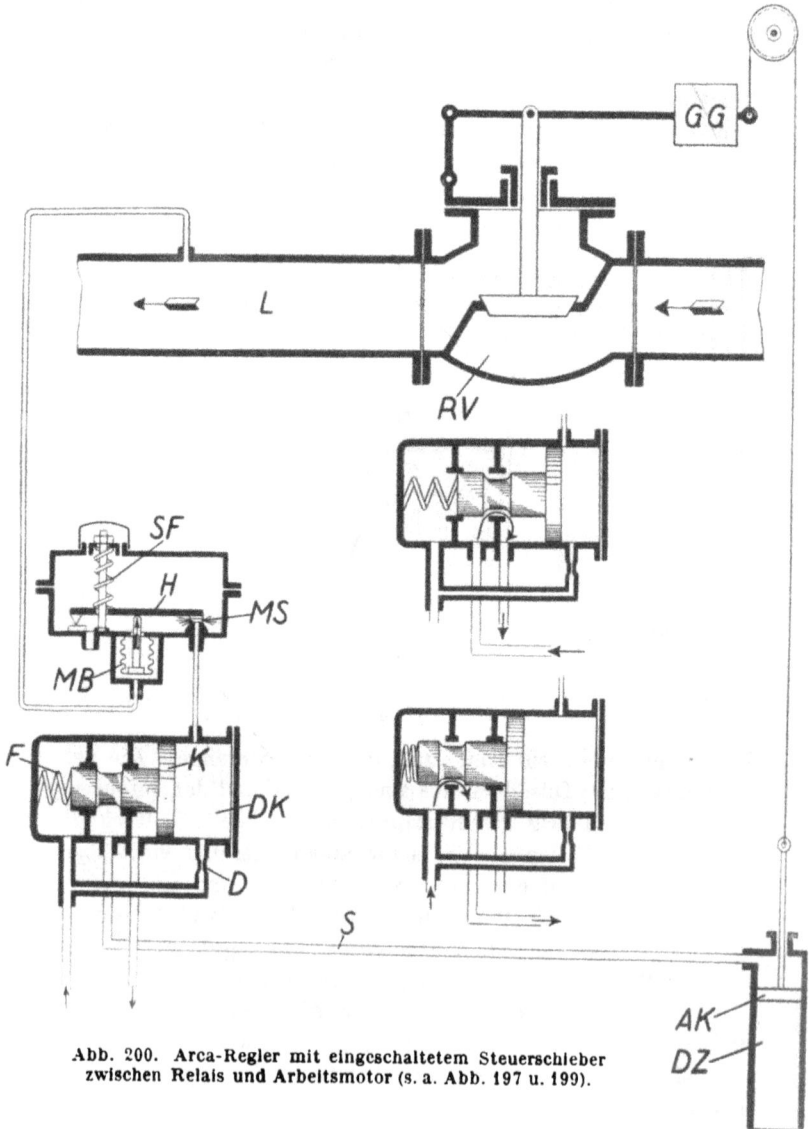

Abb. 200. Arca-Regler mit eingeschaltetem Steuerschieber zwischen Relais und Arbeitsmotor (s. a. Abb. 197 u. 199).

den Steuerschieber K, indem es ein Ansteigen oder Sinken des
Druckes in der Kammer DK verursacht. Steigt der Druck in
der Kammer DK, so verschiebt sich der Steuerschieber K nach
links, sinkt der Druck, so drückt die Feder F den Steuerschieber
entgegengesetzt nach rechts. Durch diese Verschiebungen
werden die Zu- oder Abflußleitungen der Betriebsflüssigkeit mit

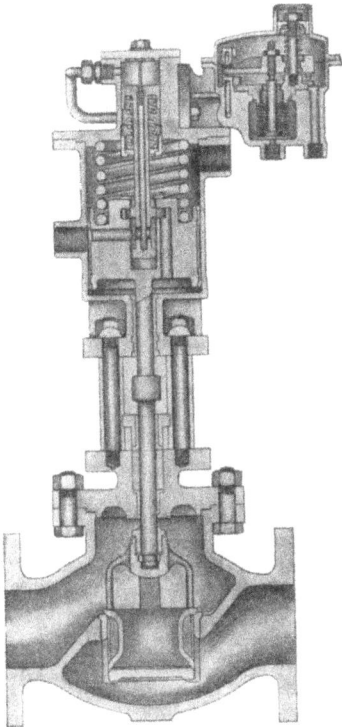

Abb. 201. Arca-Schnellregler
im Schnitt.

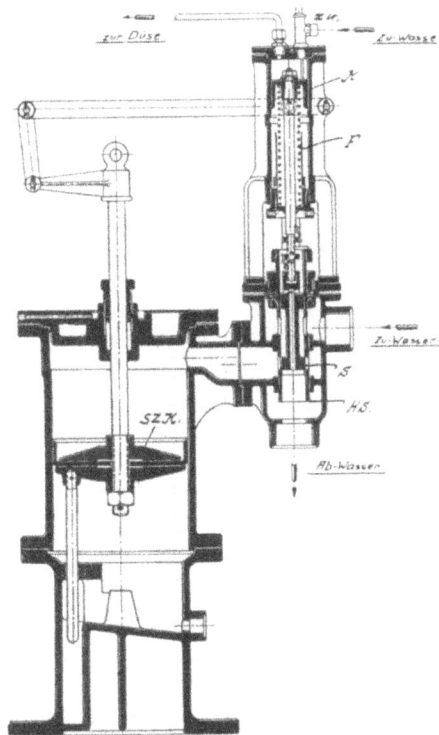

Abb. 202. Arca-Regler mit mechanischer
Rückführung des Steuerschiebers aber
getrennt aufgestelltem Arbeitsgetriebe.
(s. a. Abb. 201!)

dem Kraftgetriebe DZ verbunden und dessen Kolben AK hierdurch so bewegt, wie es das Regelorgan RV erfordert. Feder
und Flüssigkeitsdruck in der Kammer DK halten den Steuerschieber in der Mittellage, solange das zu regelnde Medium —
z. B. der Dampfdruck in der Rohrleitung L — sich in seinem

Sollzustande befindet. Diese Ausführung wird dann gewählt, wenn größere Verstellkräfte und größere Geschwindigkeiten des Kraftgetriebes notwendig sind. Der Vollständigkeit halber ist in Abb. 201 noch ein Arca-Druckregler dargestellt, bei welchem das Kraftgetriebe (Stellzylinder) mit dem Regelorgan (Ventil) und dem Relais zusammengebaut und außerdem eine mechanische Rückführung des Steuerschiebers vorgesehen ist. Dieser Regler findet Anwendung wenn sehr große Regelgeschwindigkeit und daher kurze Wege des Kraftgetriebes verlangt werden.

Abb. 202 zeigt noch eine weitere Bauart des Arca-Reglers auch mit mechanischer Rückführung des Steuerschiebers, aber mit getrennt aufgestelltem Arbeitsgetriebe.

Als Betriebsflüssigkeit dient Öl oder Wasser je nach Wunsch oder nach den jeweils obwaltenden Betriebsverhältnissen.

Die Anwendung von Öl hat den Vorteil, daß Frostgefahr ausgeschlossen ist, sie macht aber eine besondere Pumpenanlage erforderlich.

Der Betrieb mit Wasser ist dort zweckmäßig, wo Frostgefahr ausgeschlossen ist, weil das Wasser einer vorhandenen Wasserleitung entnommen werden kann und somit keine Pumpenanlage aufgestellt zu werden braucht. Enthält das vorhandene Leitungswasser chemische oder durch Filtrierung nicht entfernbare Beimischungen oder ist ein Verbrauch an Wasser unerwünscht, so muß, falls Öl nicht angewendet werden soll, eine Wasserumlaufpumpe mit einem Behälter für reines Wasser aufgestellt werden.

Der Betriebsdruck der Arbeitsflüssigkeit kann im allgemeinen für die normale Reglerbauart zwischen 1 und 6 atm betragen. Druckschwankungen bis zu einem beträchtlichen Grad sind ohne Einfluß auf die Genauigkeit der Reglung; jedoch hängt der Grad, bis zu welchem Druckschwankungen zulässig sind, von der Art des Reglers bzw. des zu regelnden Betriebes ab.

Der Verbrauch an Betriebsflüssigkeit ist abhängig von den Verhältnissen des zu regelnden Betriebes. Ist der Betrieb stark schwankend, so wird sich das Kraftgetriebe häufig bewegen und infolgedessen der Flüssigkeitsverbrauch größer sein als bei einem ruhigen Betriebe. Auch von der mit Rücksicht auf die erforderliche Stellkraft notwendigen Bemessung des Kraftgetriebes hängt der Bedarf an Arbeitsflüssigkeit ab. Bei Reglern, bei denen der Kolben AK des Kraftgetriebes oder die an seiner Stelle verwendbare Membran M (s. Abb. 197 und 199)

Abb. 203. Arca-Dampfdruck-Regelzentrale einer Dampf-Speicher-Anlage in einer Molkerei.

das Regelorgan unmittelbar betätigt, ist der Verbrauch an Betriebsflüssigkeit nur gering, und zwar $\frac{1}{4}$—1 l/min.

Die Arca-Relais werden im allgemeinen auf einer Tafel montiert oder bei Aufstellung mehrerer Regler zwecks leichterer Überwachung auf einer gemeinsamen Tafel angeordnet (siehe Abb. 203).

Die Kraftgetriebe (Stellzylinder) werden einfach oder doppelt wirkend ausgeführt je nach den vorliegenden Betriebsverhältnissen. Die einfach wirkende Ausführung hat den Vor-

zug, daß das Regelorgan bei Störungen, z. B. bei Ausfall der
Betriebsflüssigkeit, selbsttätig in eine Stellung (geschlossene
oder geöffnete) gebracht werden kann, die eine Gefahr infolge
der Störung ausschließt. Ein Zusammenbau der Relais, Steuerschieber und Kraftgetriebe findet außer bei dem oben erwähnten

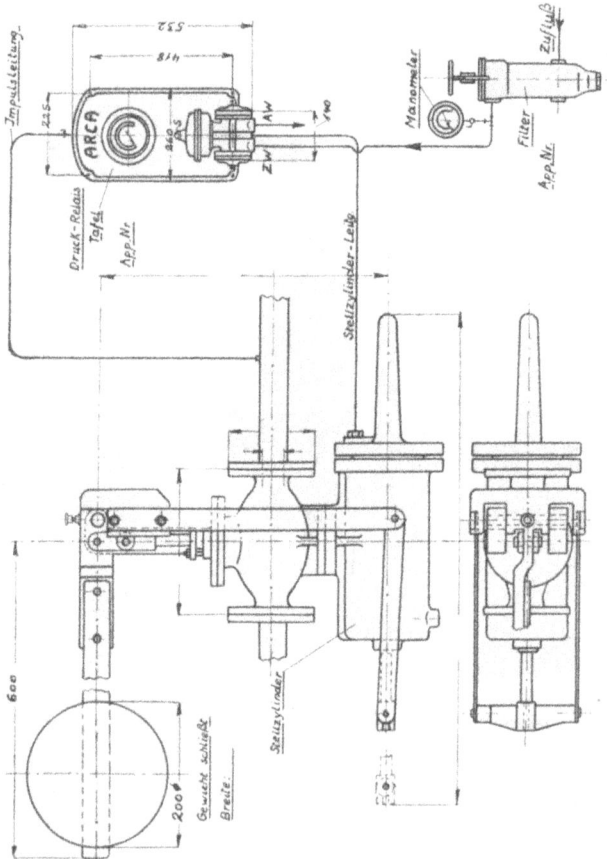

Abb. 204. Arca-Regler, Bauart mit getrennter Ausführung der einzelnen Organe
zur leichteren Unterbringung bei schwierigen räumlichen Verhältnissen.

Regler mit Rückführung (Abb. 201) auch bei der Bauart nach
Abb. 204 Anwendung. Die Trennung der Teile gestattet jedoch
bei schwierigen räumlichen Verhältnissen eine leichtere Unterbringung. Bei Feuerungsreglungen werden, wie später noch
gezeigt wird, die zusammengehörigen Regler in einem gemeinsamen Schrank untergebracht.

2. Die Arca-Feuerungsreglung für Kesselanlagen mit einstellbarer Brennstoffaufgabe.

a) Die Reglung bei Kohlenstaubfeuerungen.

Der Arca-Feuerungsreglung liegt wie allen vollständigen Feuerungsreglungen der Gedanke zugrunde, daß durch dieselbe selbsttätig für jede dem Kessel entnommene Dampfmenge nur die bei wirtschaftlicher Verbrennung notwendige Brennstoffmenge und nur diejenige Verbrennungsluftmenge zugeführt werden soll, welche jeweils für die wirtschaftliche Verbrennung unter Berücksichtigung des nach praktischen Erfahrungen erforderlichen Luftüberschusses notwendig ist.

Die Reglung ist dementsprechend so durchgebildet, daß sie einerseits auf die Aufgabevorrichtung für den Brennstoff und andererseits auf die Absperrorgane in der Luftzuführung bzw. Rauchgasabführung jedes Kessels so einwirkt, daß die zugeführte Brennstoffmenge der Belastung in jedem Augenblick entspricht und die zugeführte Luftmenge andererseits der jeweils aufgegebenen Brennstoffmenge. Die Wärmeabgabe durch Dampfentnahme und die Wärmezufuhr durch die Verbrennung sind alsdann bei jeder Belastung im Gleichgewicht und der Kesseldruck bleibt konstant. Es ist aber auch möglich, durch entsprechende Einstellung der Regelanlage die Wärmespeicherfähigkeit der Kessel bei Belastungsänderungen auszunutzen. Der Kesseldruck bleibt dann nicht mehr konstant. In welchem Maße man die Speicherfähigkeit heranziehen kann und will, hängt von der Ausführung der Kesselanlage und der erforderlichen Betriebsweise ab.

Zu einer vollständigen Arca - Feuerungsreglung, wie sie in Abb. 205 schematisch für zwei Kessel dargestellt ist, gehören folgende Apparate:

I. ein Generalrelais für alle zu regelnden Kessel gemeinsam,
II. ein Brennstoffregler
III. ein Zugregler   für jeden
IV. ein Regler zur Konstanthaltung des   Kessel,
     Druckes in der Heizkammer
V. ein Pumpenaggregat zum Betrieb der Regler,
VI. ein kleiner Flüssigkeitshochbehälter für das Generalrelais.

19*

Das Generalrelais *I* leitet jeden Regelvorgang bei wechselnder Dampfentnahme ein, indem es den sich mit der Dampfentnahme ändernden Druckabfall in der Hauptdampfrohrleitung

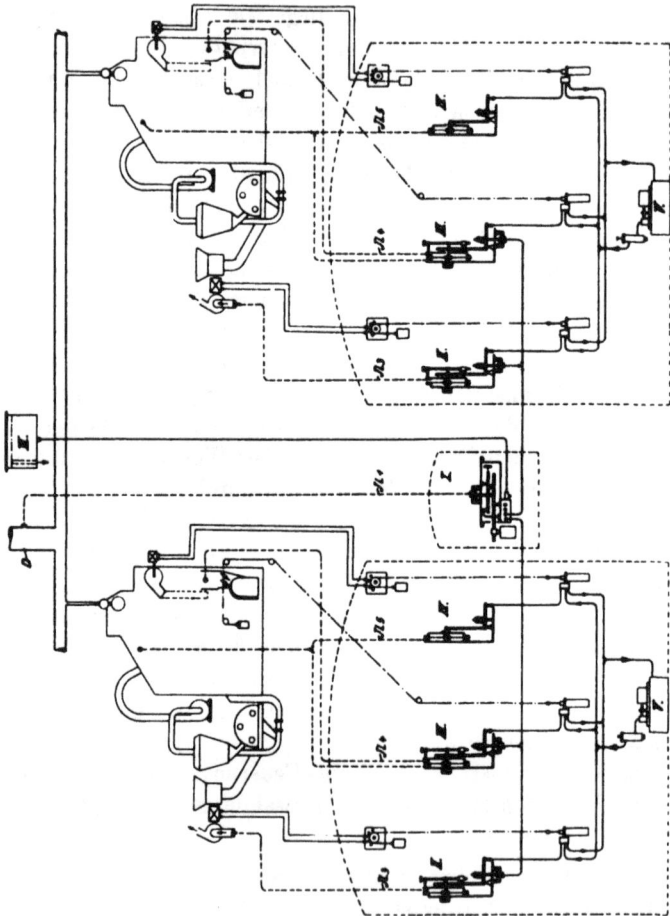

Abb. 205. Arca-Feuerungsregelanlage für 2 kohlenstaubgefeuerte Kessel.

in Öldruckimpulse umsetzt. Diese Öldruckimpulse werden über einen Verteiler den Brennstoffreglern *II* und den Zugreglern *III* jedes Kessels zugeleitet. Sie veranlassen die der jeweiligen Dampfentnahme entsprechende Einstellung dieser Regler, und zwar werden im allgemeinen bei der Arca-Feuerführungsreg-

lung wie auch bei einigen bewährten amerikanischen Regel-
systemen Brennstoffregler und Zugregler parallel an den Verteiler geschaltet. Sie erhalten also gleichzeitig den Öldruckimpuls, um unter allen Umständen bei steigender Belastung
Luftmangel und demzufolge ein Qualmen der Kessel zu vermeiden. Da es die Konstruktion des Arca-Reglers außerdem
gestattet, die Schnelligkeit des Kraftgetriebes, also die Regelgeschwindigkeit in beiden Richtungen verschieden einzustellen,
so hat man ein weiteres sicheres Mittel an der Hand, die Gefahr des Luftmangels auszuschalten, indem man bei zunehmen-
der Belastung den Zugregler dem Brennstoffregler voreilen,
bei abnehmender Belastung nacheilen läßt.

Es steht aber auch nichts im Wege, den Brennstoff- und
Luftregler hintereinander zu schalten, wenn die vorliegenden
Betriebsverhältnisse dieses vorteilhafter erscheinen lassen.
Alsdann wird beispielsweise nur der Brennstoffregler vom Ge-
neralrelais unmittelbar beeinflußt, während der Luftregler erst
seinen Impuls von der Einstellung des Brennstoffreglers erhält.

Beeinflußt wird das Generalrelais von dem mit der Belastung sich ändernden Druckabfall in der Hauptdampfrohrleitung D über die Impulsleitung IL_1, welche zwischen Kessel
und Dampfverbraucher an die Hauptdampfrohrleitung D
angeschlossen ist. Impulsempfänger ist ein Membranbalg wie
bei jedem normalen Arca-Dampfdruckregler. Durch die mit
der Dampfentnahme wechselnden, auf diesen Membranbalg
wirkenden Impulsdrücke wird die Düse des Generalrelais mehr
oder weniger geöffnet und hierdurch der Öldruck im Verteiler
entsprechend geändert. Als Rückführung wird der sich mit der
Größe der Düsenöffnung ändernde Düsendruck benutzt. Auf
diese Weise stellt sich bei jeder Dampfdruckänderung sofort
ein ganz bestimmter Öldruck im Verteiler ein. Der Ölzulauf
zum Generalrelais erfolgt aus einem kleinen Hochbehälter VI,
also unter konstantem Druck. Dieses ist zweckmäßig, weil
hierdurch von dem Generalrelais Beunruhigungen ferngehalten
werden, welche bei unmittelbarer Entnahme des Steueröles für
das Generalrelais aus der Betriebsölpumpe V (durch die un-
vermeidlichen, kleinen Druckschwankungen) auftreten können.
Die Arca-Reglung arbeitet durch diese Maßnahme sehr ruhig.
Die Speisung des kleinen Ölbehälters VI erfolgt von einer der

Betriebspumpen *V*, die das Öl für die Kraftgetriebe der einzelnen Regler für jeden Kessel liefern.

Die Einstellung des Generalrelais erfolgt durch Verstellen der beiden Stellschrauben am Düsenhebel und am Belastungshebel auf den höchstmöglichen Druckabfall bei normalem Kesseldruck.

Der mit dem Generalrelais zusammengebaute Verteiler dient zur Verteilung der Gesamtbelastung auf die einzelnen Kessel je nach dem Zustand derselben durch Verstellen einer kleinen Schraube, die für jeden Regelanschluß vorgesehen ist.

Die Brennstoffregler *II* erhalten den vom Generalrelais in einen Öldruckimpuls verwandelten Druckimpuls und verstellen dem Impuls entsprechend die Anlasser für die Brennstoffaufgabemotoren oder die Geschwindigkeitsgetriebe der Kohlenaufgabevorrichtungen.

Der Impulsempfänger ist wiederum ein Membranbalg. Die Brennstoffregler sind mit einer Rückführung versehen. Jede Brennstoffaufgabevorrichtung wird zu diesem Zwecke mit einem Gebläse versehen, dessen Druck sich mit der wechselnden Umdrehungszahl der Brennstoffaufgabevorrichtung und damit mit dem aufgegebenen Brennstoff selbst ändert, und zwar im quadratischen Verhältnis. Der veränderliche Gebläseunterdruck wirkt auf den Brennstoffregler durch die Impulsleitung $I L_3$. Impulsempfänger ist eine einfache Membran. Jede durch die Öldruckimpulse (welche sich im quadratischen Verhältnis der entnommenen Dampfmenge ändern) eingeleitete Brennstoffreglung ist beendet, wenn der Rückimpuls von dem Gebläse dem Öldruckimpuls das Gleichgewicht hält. Die aufgegebene Brennstoffmenge entspricht dann der jeweils entnommenen Dampfmenge.

Die Einstellung des Verhältnisses zwischen dem vom Generalrelais empfangenen Öldruckimpuls und dem Rückführimpuls vom Gebläse — also zwischen der Dampfmenge und der Kohlenmenge — geschieht durch die am Regler hierfür vorgesehene Stellschraube.

Die Zugregler *II* sind in gleicher Weise wie die Brennstoffregler *II* durchgebildet. Sie erhalten ihren Impulsdruck ebenfalls vom Generalrelais. Der Impulsempfänger ist wiederum ein Membranbalg.

Die Zugregler steuern entweder die Rauchfangklappen, wie in der Abb. 205 dargestellt, oder bei Anlagen mit Saugzug-gebläse den Motor des letzteren. Auch die Zugregler erhalten

Abb. 206. Arca-Regler-Schrank für einen kohlenstaubgefeuerten Kessel.

eine Rückführung, und zwar von der verbrauchten Ver-brennungsluftmenge durch die Impulsleitungen IL_4 und II_5 aus den Kesseln bzw. aus den Rauchfängen. Der Empfänger für die Rückführimpulse von der Verbrennungsluftmenge ist eine große, mit Rücksicht auf die niedrigen Drücke sehr empfindliche Membran. Sind der Öldruckimpuls und der Rückführimpuls von der Verbrennungsluftmenge im Gleichgewicht, so ist die Luftreglung beendet und die zugeführte Luftmenge entspricht der aufgegebenen Brennstoffmenge. Die Einstellung des richtigen Verhältnisses am Luftregler erfolgt wiederum durch eine Stellschraube.

Durch die mit der Belastung sich ändernden Einstellungen der Zugregler ändert sich augenblicklich auch der Druck in den Heizkammern der Kessel. Diesen Druck in den Heizkammern konstant zu halten, ist Aufgabe der Heizkammerdruckregler. Die Heizkammerdruckregler *IV* sind Arca-Gasdruck- oder -Vakuumregler in der Ausführung für niedrige Drücke (Abb. 198). Sie erhalten ihren Impuls aus der Heizkammer und betätigen entweder die Anlasser des Frischluftgebläses (s. Abb. 205) oder Klappen in dem Zuführungskanal für die Frischluft.

Um eine genaue Reglung zu erreichen, ist eine weitgehende Regelbarkeit der durch die Feuerungsreglung betätigten Antriebsmotoren oder Getriebe der Brennstoffaufgabevorrichtungen unerläßlich. Die Regulieranlasser müssen daher eine weitgehende, feinstufige Unterteilung besitzen.

Wird der Zug durch Veränderung der Umdrehungszahl der Gebläsemotoren geregelt und der Heizkammerdruck ebenfalls durch Veränderung seines motorischen Antriebes, so müssen auch die Anlasser dieser Motoren mit einer feinstufigen Unterteilung ausgerüstet sein.

Wechselt die Zusammensetzung des Brennstoffes stark und häufig, so bedingt dieses bei jedesmaligem Brennstoffwechsel eine Änderung der Einstellung der Zugregler, damit bei jedem Brennstoff eine wirtschaftliche Verbrennung erreicht wird. In solchen Fällen kommt zu den in Abb. 205 dargestellten Reglern noch ein Luftüberschußregler hinzu, welcher von einem Prüfapparat für die Zusammensetzung der Rauchgase beeinflußt wird. Er ändert jeweils selbsttätig die Einstellung der Zugregler. Dieser Zusatzregler wird als Grenzregler ausgeführt, d. h. er tritt nur dann in Tätigkeit, wenn gewisse Grenzen in der Zusammensetzung der Rauchgase, z. B. im CO_2-Gehalt oder im Luftüberschuß, über- oder unterschritten werden. Er arbeitet absatzweise. Die Ausbildung als intermittierender Grenzregler ist zweckmäßig, um nicht bei jeder kleinen Änderung der Rauchgaszusammensetzung die ganze Regelanlage zu beunruhigen.

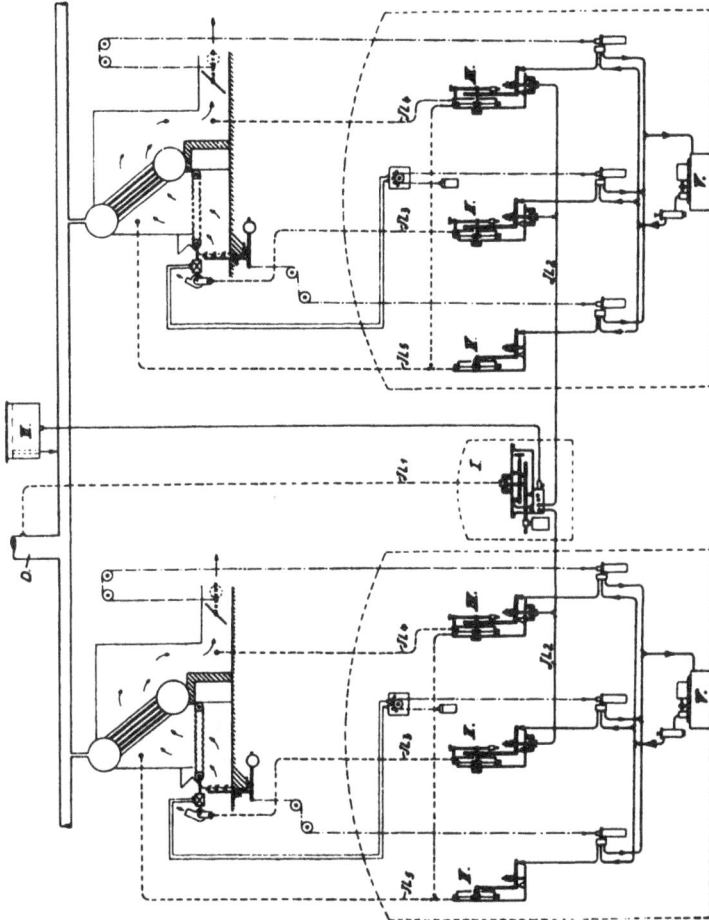

Abb. 207. Arca-Feuerungsregelanlage für 2 Wanderrost-Kessel.

Der Betrieb der Reglung erfolgt durch die Ölpumpenaggregate *V*. Dieselben versorgen die Kraftgetriebe der einzelnen Regler mit der erforderlichen Betriebsflüssigkeit und speisen gleichzeitig den für das Generalrelais vorgesehenen, kleinen Hochbehälter *VI*.

Die einzelnen, für einen oder mehrere Kessel vorgesehenen Ölpumpen werden im allgemeinen miteinander verbunden, um als gegenseitige Reserve zu dienen.

Sämtliche für einen Kessel benötigten Regler werden mit den zugehörigen, sonstigen Apparaten und mit dem Ölpumpenaggregat in einem gemeinsamen Schrank untergebracht, so daß zwischen Kessel und Schrank nur die Impulsleitungen zu verlegen sind. Abb. 206 zeigt einen solchen Schrank für einen kohlenstaubgefeuerten Kessel.

b) Die Reglung bei Rostfeuerungen.

Abb. 207 bringt das Schema einer Arca-Feuerungsreglung für eine Kesselanlage mit Wanderrosten. Ein grundsätzlicher Unterschied in der Zahl der erforderlichen Apparate und in ihrer Ausführung gegenüber der beschriebenen Anlage für Kohlenstaubfeuerungen besteht nicht. Der Brennstoffregler wirkt hier auf den Anlasser des Antriebsmotors oder auf das Getriebe für den Rostvorschub. Die Schichthöhe für die Kohle bleibt ungeregelt.

Die Luftregler arbeiten auf die Schornsteinklappen oder auf die Anlasser der Saugzuggebläse, die Heizkammerdruckregler auf die Frischluftklappen vor den Feuerungen oder auf das Unterwindgebläse. Abb. 208 zeigt einen einzelnen geöffneten Schrank (vgl. Abb. 206).

3. Die Arca-Feuerungsreglung für Kesselanlagen ohne verstellbare Brennstoffaufgabe.

Bei Kesselanlagen mit Feuerungen ohne verstellbare Brennstoffaufgabe kommt der Brennstoffregler in Fortfall. Benötigt werden nur das Generalrelais, die Zugregler und die Heizkammerdruckregler und gegebenenfalls ein Luftüberschußregler. Die Brennstoffaufgabe bleibt bei diesen Feuerungen dem Heizer überlassen. Zuweilen begnügt man sich auch mit der Luftüberschußreglung allein.

Die vorstehend beschriebenen Arca-Feuerungsreglungen erschöpfen die Anwendung des Arca-Reglers im Kesselbetriebe nicht. Der Arca-Regler wird beispielsweise auch zur gemeinsamen Zugreglung von Kesselbatterien benutzt. Da die gleichmäßige Verteilung der Belastung mit einem einfachen Regler bei der Verschiedenheit der Luft- und Rauchgasführung der einzelnen Kessel nur unvollkommen erreicht wird, so kann man hinsichtlich der Verbesserung der Wirtschaftlichkeit durch

Abb. 208. Arca-Regler-Schrank in geöffnetem Zustande.

einen derartigen, gemeinsamen Zugregler keine hohen Anforderungen stellen. Eine solche Regelanlage soll vielmehr in erster Linie dazu dienen, das Heizerpersonal zu entlasten.

300

Ferner wird der Arca-Regler zur Reglung von öl- und gasgefeuerten Kesselanlagen benutzt. Die Mannigfaltigkeit der Bauart dieser Feuerungen und die Verschiedenartigkeit des

Abb. 209. Arca-Feuerungsreglung für eine Mehrgasfeuerung mit Mengen-messern.

Betriebes, insbesondere bei Feuerungsanlagen mit verschieden-artigen Gasen verlangt stets eine besonders angepaßte Schal-tung der Regler. Abb. 209 zeigt z. B. eine Arca-Feuerungs-reglung für eine Mehrgasfeuerung mit den zugehörigen Mengen-meßapparaten.

Abschnitt 6.

Die Reglung bei Hochdruckanlagen.

Wie schon einleitend dargelegt, bedingen die speichernden Wasserräume der heutigen Normaldruckkessel eine Trägheit des Kesselbetriebes, die allein die Handreglung der Feuerung möglich gemacht hat. Da nun bei Hochdruckkesseln diese Speicherung fehlt, so ist hier die selbsttätige Reglung absolut notwendig geworden.

Bei der Aufstellung von Hochdruckkesseln, die zunächst noch mit Niederdruckkesseln zusammenarbeiten, wird man

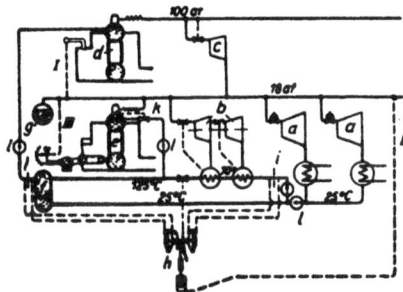

a Kondensationsturbinen	g Regelspeicher
b Vorwärmturbine	h Speicherregler
c Vorschaltturbine	i Stauflansche
d H.D-Kessel m. Kohlenstaubfeuerung	k Speiseregler
	l Speisepumpen
e N.D-Kessel m. Rostfeuerung	I II III Regeleinflüsse von
f Verdrängungsspeicher	der N.D-Sammelleitung

Abb. 210. Regelanlage für Hochdruckkessel in Zusammenarbeit mit einer Niederdruck-Dampfkesselanlage. (Großkraftwerk Mannheim.)

den wirtschaftlicher arbeitenden Hochdruckkesseln die Grundlast, den Niederdruckkesseln die Spitzenlast zuweisen. Zweckmäßig werden dann alle Kessel und Wärmespeicher gemeinsam durch ein Hauptsteuerwerk z. B. Bauart AEG-Askania geregelt, welches an das Niederdruck-Dampfnetz angeschlossen wird. Eine solche Schaltung zeigt Abb. 210. Dieselbe wird bei der Hochdruckanlage des Großkraftwerkes Mannheim angewendet.

Der Dampf der Hochdruckkessel d, für die im ersten Ausbau noch ältere Bauarten in Aussicht genommen sind, wird von der Vorschaltmaschine c aufgenommen, welche mittels Überströmreglung auf konstanten Hochdruck eingestellt wird. Alle Betriebsschwankungen äußern sich in langsamen Druckänderungen im Niederdruck-Dampfnetz, welches durch die speichernden Wasserräume der Niederdruckkessel versorgt wird. Die Kessel und Wärmespeicher werden von den Reglern I—III gesteuert.

Bei höchster Belastung, also niedrigstem Druck, sind die Feuerungsregler der beiden Kessel geöffnet, bei sinkender Last beschränkt der Feuerungsregler III die Wärmezufuhr der Niederdruckkessel und erst, wenn diese eine Mindestlast erreichen, vermindert bei einer weiteren Drucksteigerung der Regler I die Dampfleistung der Hochdruckkessel. Nur wenn bei diesen Vorgängen der vorgeschriebene Druckbereich nach oben oder unten überschritten wird, greift der Verdrängungsspeicher f mit dem Regeleinfluß II ein. Der Regler h des Verdrängungsspeichers ist an zwei Stauflanschen i angeschlossen und so eingestellt, daß gleiche Speisewassermengen durch diese Flanschen strömen; die Speisewassermenge, die durch die Maschine b vorgewärmt wird, entspricht dann dem Bedarf der Kessel, und die Ladung des Speichers bleibt unverändert. Werden dagegen die vorgeschriebenen Druckgrenzen überschritten, so weicht der Stellschieber des Reglers h von der Mittellage ab, so daß größere oder kleinere Wassermengen vorgewärmt werden, also der Verdrängungspeicher f geladen oder entladen wird.

Liegen die Niederdruckkessel zu gewissen Jahreszeiten ganz still, oder sind sie überhaupt nicht vorhanden, so muß man den fehlenden Wasserraum durch einen Regelspeicher g ersetzen, der an das Niederdruck-Dampfnetz angeschlossen ist. Die Anlaufzeit des Regelspeichers muß infolge der Trägheit der Feuerung oder der Wasserräume viermal größer sein als die Anlaufzeit der Hochdruckkessel, wenn die Regelvorgänge völlig aperiodisch verlaufen sollen.

Besonders zu beachten sind Verzögerungen des Regelvorganges, die beim Regeln von Einzelmühlen an Kohlenstaubfeuerungen entstehen. Der Zeitunterschied zwischen dem Verstellen der Kohlenzufuhr zur Mühle und der Änderung der Verbrennung bedingt eine Vergrößerung des Regelspeichers g. Um nun die Luftzufuhr der verspäteten Kohlenzufuhr anzupassen, kann man sie mittels einer Ölbremse verzögern oder die Luftzufuhr durch ein Uhrwerk oder durch ein Kraftgetriebe mit langer Schlußzeit der Kohlenzufuhr anpassen.

Statt eines Regelspeichers im Niederdruckgebiet kommt für reine Hochdruckanlagen eine Schnellreglung nach Abb. 211

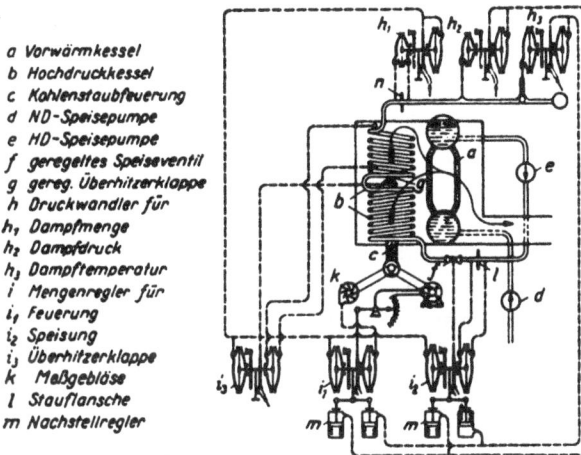

a Vorwärmkessel
b Hochdruckkessel
c Kohlenstaubfeuerung
d ND-Speisepumpe
e HD-Speisepumpe
f geregeltes Speiseventil
g gereg. Überhitzerklappe
h Druckwandler für
h_1 Dampfmenge
h_2 Dampfdruck
h_3 Dampftemperatur
i Mengenregler für
i_1 Feuerung
i_2 Speisung
i_3 Überhitzerklappe
k Meßgebläse
l Stauflansche
m Nachstellregler

Abb. 211. Schnellreglung für reine Hochdruckanlagen.

in Betracht. Die Kohlenstaubfeuerung c, das Ventil für die Hochdruckspeisung f und die Überhitzerklappe g werden durch Mengenregler den Schwankungen der Belastung angepaßt, ehe sich der Zustand (Druck- und Temperatur des Dampfes) ändert. Nur die geringen Fehler dieser Mengenreglung werden durch eine Nachsteuerung ausgeglichen, bei der Druck und Temperatur gemeinsam im richtigen Sinn auf die einzelnen Regelteile einwirken.

Der Druckwandler h_1 erzeugt einen zur Dampfmenge verhältnisgleichen Luftdruck, der auf die Mengenregler i_1 bis i_3 übertragen wird. Diese Regler stellen die Kohlenmenge, die Speisewassermenge und die Rauchgasströmung im Überhitzer verhältnisgleich ein. Der Druck und die Temperatur werden durch die Druckwandler h_1 bis h_3 in entsprechende Steueröldrücke umgewandelt, welche das geregelte Mengenverhältnis mittels der Nachstellregler m verstellen. Eine verstärkte Wärmezufuhr erhöht den Druck und die Temperatur; die Reglung infolge dieser Größen muß also im gleichen Sinne wirken. Eine verstärkte Speisung erhöht den Druck (bei Röhrenkesseln ohne Speicherraum) und vermindert die Temperatur, die Nachstellregler müssen deshalb im entgegengesetzten Sinn wirken. Den Vorwärmkessel a aus dem der Hochdruckkessel b das Speisewasser erhält, kann man ähnlich wie einen Niederdruckkessel als Speicher verwenden, indem man Änderungen der Vorwärmtemperatur und des Wasserstandes zuläßt.

Statt die Mengenregelung von der Dampflieferung der einzelnen Kessel abhängig zu machen, kann man vom Ursprung der Laständerungen — der elektrischen Leistung — aus ein Hauptsteuerwerk betreiben, das nicht nur die Kessel, sondern auch die Einlaßventile der Kraftmaschinen augenblicklich durch Mengenregler einstellt, während die Nachsteuerung auf Grund der Änderungen im Dampfzustand auf die Kessel und auf Grund der Änderungen der Stromwechselzahl auf die Kraftmaschinen wirkt. Aus diesen Möglichkeiten heraus können sich Kraftmaschine, Kessel und Wärmespeicher zu einer regeltechnischen Einheit entwickeln[1]).

---

[1]) Näheres s. Stein, Selbsttätige Feuerungsreglung. VdI-Zeitschrift 1927, Heft 34.

Abschnitt 7.

Die Selbstreglung im Maschinenbetrieb.

1. Die Selbstreglung im Turbinenbetrieb.

Der Regler hat die Aufgabe, den Dampf in einer Anzapf-
leitung dadurch konstant zu halten, daß mehrere Turbinen-
Überströmventile entsprechend dem Druck in der Abzapf-
leitung gesteuert werden.

Die Wirkungsweise ist an Hand der Abb. 212 folgende:

Der Dampfdruck in der Entnahmeleitung wirkt durch die
Impulsleitung *1* auf den Membranbalgen *2*. Jede kleinste
Druckveränderung bewirkt eine geringe Längenänderung des
Balgens und damit eine Veränderung der Lage des federbelaste-
ten Hebels *3*. Dieser ist in Schneiden gelagert und beeinflußt
durch seine jeweilige Stellung den Austritt der Druckflüssig-
keit aus dem Mundstück *4*, welches er hemmt oder freigibt. Das
zum Betriebe des Reglers erforderliche Drucköl tritt an der
mit *ZW* bezeichneten Stelle in die Membrankammer *5* des
Steuerschiebers und von dort zur Düse *4*, wo es frei abfließt.

Fällt der Druck in der Entnahmeleitung, so überwiegt die
Feder *6* den Dampfdruck unter Balgen *2* und der Hebel *3*
wird der Düse *4* genähert, d. h. der Austrittsquerschnitt wird
verringert. Dadurch entsteht in der Membrankammer *5* eine
Druckstauung und die Membran *7* wird gegen den Druck der
Feder *8* nach unten gedrückt. Der Steuerschieber *9* bewegt sich
ebenfalls nach unten und setzt den Anschluß *O* mit dem Ölzufluß und gleichzeitig den Anschluß *U* mit dem Ölabfluß in
Verbindung. Das Drucköl strömt dann durch die Leitung *10*
über den Kolben *11*, während das Öl unter dem Kolben durch
die Leitung *12* austritt. Der Kolben *11* bewegt sich infolgedessen nach unten und das Überströmventil *13* wird geschlossen.

Fällt der Druck noch weiter, so werden nacheinander alle drei Ventile geschlossen.

Steigt der Druck in der Entnahmeleitung, so geht der ähnliche Vorgang in umgekehrter Richtung vor sich. Der Druck

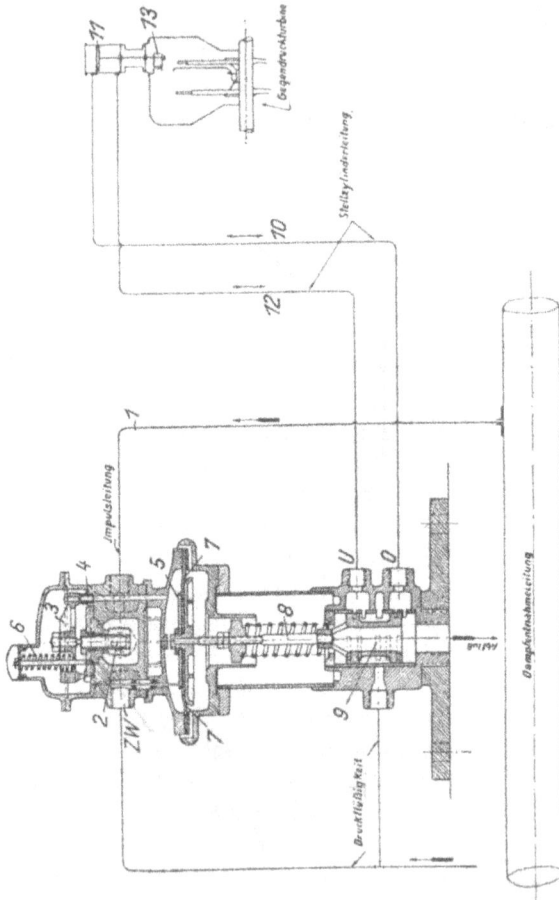

Abb. 212. Wirkungsweise der selbsttätigen Arca-Turbinenreglung.

unter dem Balgen 2 überwiegt die Feder 6, der Hebel 3 wird von Düse 4 entfernt und ein größerer Austrittsspalt freigegeben. Der Druck in der Membrankammer 5 fällt, weil aus der Düse 4 mehr Öl ausströmt, als durch die Drosselung nachströmen kann. Die Feder 8 vermag nunmehr die Membran 7 nach oben

durchzudrücken und zieht den Steuerschieber *9* ebenfalls nach
oben. Dadurch wird der Anschluß *U* mit dem Ölzufluß und
der Anschluß *O* mit dem Ölabfluß verbunden. Das Drucköl
fließt durch die Leitung *12* unter den Kolben *11*, während das Öl
über dem Kolben durch die Leitung *10* abfließt. Der Kolben *11*
bewegt sich nach oben und das Ventil *13* beginnt sich zu öffnen.

Fällt der Druck in der Entnahmeleitung noch weiter, so
öffnen nacheinander alle Ventile, von denen nur eines in Ab-
bildung 212 dargestellt ist. Der gewünschte Druck in der Entnahmeleitung läßt sich durch Spannen oder Entspannen der
Feder *6* durch eine Stellschraube einstellen.

2. Die Selbstreglung in technischen Betrieben.

Als Beispiel für eine selbsttätige Reglung für einen Ma-
schinenbetrieb sei hier diejenige einer Verdampferstation einer
Zuckerfabrik mit Arca-Reglern herausgegriffen.

Diese selbsttätige Regelanlage hat die Aufgabe, bei spar-
samstem Wärmeaufwand und bei dem ständig wechselnden
Bedarf an Brüdendampf seitens anderer zur Zuckerherstellung
nötigen Fabrikationsvorgänge die Verdampferleistung möglichst konstant zu halten und ein Produkt von gleichmäßiger
Dichte zu erzielen. Da der in der Verdampferstation benötigte
Abdampf nicht immer ausreichend anfällt, ist zunächst ein
selbsttätiger Frischdampfzusatzregler *A* vorhanden, welcher
Kesseldampf zusetzt, sobald der Druck in der Heizdampf-
leitung (Abdampfleitung der Betriebsmaschine) unter die notwendige Höhe fällt.

Der folgende Regler *B* regelt den Heizdampfzugang zum
Verdampferkörper, damit der Druck bzw. die Temperatur in
demselben ständig die gleiche und für die Verdampfung notwendige bleibt.

Dem gleichen Zweck dienen die Regler C_1, C_2 und C_3 für
die zweite und dritte Verdampferstufe sowie für den Nachverdampfer *N*. Sie liegen in den Brüdenübergangsleitungen,
an welche die Heizleitungen für den jeweils nachfolgenden Verdampfer angeschlossen sind und aus denen ferner Brüdendampf
für andere Fabrikationszwecke entnommen wird. Ihren Impuls
erhalten die betreffenden Regler jeweils aus dem Verdampf-
raum der betreffenden Verdampferkörper.

Schließlich ist noch ein Dichteregler D vorgesehen, welcher den Nachverdampfer zu- oder abschaltet, je nachdem die Erhaltung einer gleichmäßigen Dichte des Zuckersaftes dieses erfordert. Um die Überwachung zu erleichtern, sind die Regler

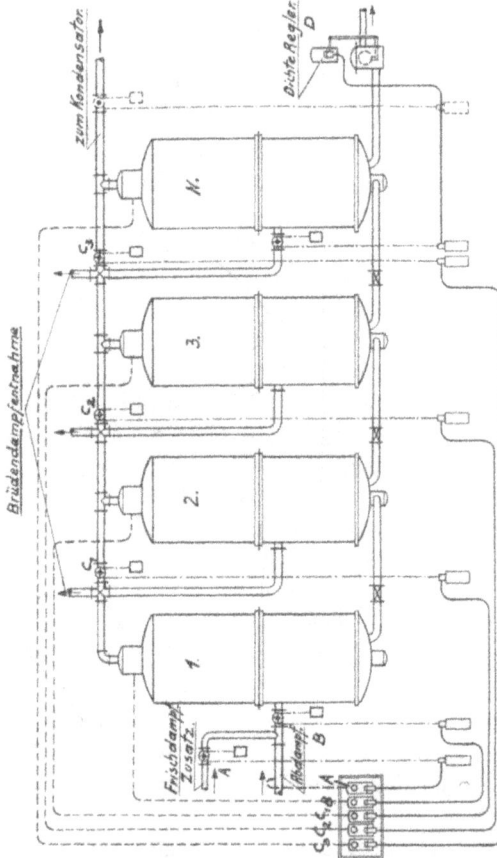

Abb. 213. Arca-Regleranlage für die Verdampferstation einer Zuckerfabrik.

wie in Abb. 213 dargestellt, mit Ausnahme des Dichtereglers zentralisiert. Je nach der Anordnung der Verdampferanlage werden die Regelanlagen wie vorstehend beschrieben ausgeführt oder es kommen einzelne Regler in Fortfall, z. B. wenn der Nachverdampfer entfällt.

Sachregister.

312

Die Kondensat-Wirtschaft
bei Dampfkraft-Landanlagen als Grenzgebiet der Wärmetechnik.

Von Dr.-Ing. **Hans Balcke.**

230 Seiten, 135 Abbildungen, 1 Tafel. 8⁰. 1927.
Broschiert M. 10.—; in Leinen geb. M. 11.50.

Inhalt: I. Die Mischkondensation. II. Die Oberflächenkondensation. III. Die dauernde Reinhaltung der Kühlfläche von Oberflächenkondensatoren. IV. Die Erzeugung des Zusatzspeisewassers für Hoch- und Höchstdruckkessel aus der Abwärme von Oberflächenkondensationsanlagen. V. Wege zur Karnotisierung des Dampfkraftprozesses. VI. Der günstigste Speisewasserkreislauf. — Anhang: Verschiedene Möglichkeiten der Abwärmeverwertung bei Kondensationsanlagen.

Brennstoff- und Wärmewirtschaft: In dem Buche ist die Kondensatwirtschaft bei Dampfkraftanlagen als ein in sich abgeschlossenes, physikalisches und chemisch-technologisches Grenzgebiet der technischen Wärmelehre dargestellt. In straff gehaltener Gliederung des inneren Aufbaues gibt es den Betriebs- und Wärme-Ingenieuren sowie den Kraftanlagenbesitzern Anleitung, ihre Dampfkraftanlage vom Standpunkt der Wärmewirtschaftlichkeit zu bewerten und sie wärmetechnisch vollendet im Abwärmeteil auszugestalten. Das Buch geht auf die inneren Zusammenhänge der einzelnen Teile einer Dampfkraftanlage untereinander ein, weist die entstehenden Wärme- und Energieverluste nach und zeigt, wie diese erspart oder ausgenutzt werden können. Darüber hinaus setzt die Schrift den Leser instand, eine Neuanlage nach modernen Gesichtspunkten zu entwerfen und den Kraftbedarf zu ermitteln.

Die Wärmewirtschaft: Das Buch ist allen Wärmewirtschaftlern, Maschinen-, Betriebs- und Heizungsingenieuren, welche ihre Anlage nach neuzeitlichen Gesichtspunkten betreiben und Neuanlagen zweckmäßig ausführen wollen, warm zu empfehlen.

Die Abwärmetechnik

Von Dr.-Ing. **Hans Balcke.**

Band   I: **Grundlagen.** 301 Seiten, 147 Abbildungen, 49 Zahlentafeln, 1 is-Diagramm. 8⁰. 1928. Brosch. M. 13.50; in Leinen gebunden M. 15.—.

Band II: **Der Zusammenbau von Abwärmeverwertungsanlagen für gekuppelten Heiz- und Kraftbetrieb.** 206 Seiten, 125 Abbildungen. 8⁰. 1928. Broschiert M. 10.—; in Leinen gebunden M. 11.50.

Band III: **Sondergebiete der Abwärmeverwertung.** 248 Seiten, 169 Abbildungen. 8⁰. 1929. Brosch. M. 12.—; in Leinen gebunden M. 13.50.

Inhalt des ersten Bandes:

Inhalt des zweiten Bandes:

Inhalt des dritten Bandes:

Der erste Band beschäftigt sich zunächst mit den in industriellen Betrieben anfallenden verwertbaren Abwärmequellen. Es wird gezeigt, wie diese der Mengengröße nach ermittelt werden und wieweit und unter welchen Bedingungen sie noch wirtschaftlich in einer nachgeschalteten Abwärmeverwertungsanlage ausgenutzt werden können. Daran anschließend werden die Grundbestandteile von Abwärmeverwertungsanlagen besprochen, welche sich stets in dieser oder jener Zusammenstellung wiederholen, und zwar die Wärmeaustauscher (oder Verwerter), die Wärmespeicher, das Wärmefortleitungsnetz und zuletzt die für den gekuppelten Betrieb der Abwärme liefernden mit der Abwärme verwertenden Anlage wichtigen Armaturen.

Der zweite Band zeigt, wie diese Grundbestandteile bei aller Mannigfaltigkeit der Einzelanlagen untereinander zusammenhängen und sich gegenseitig zu möglichst vollkommener Wirtschaftlichkeit und Betriebssicherheit ergänzen. Dieser zweite Band behandelt im besonderen das für die Abwärmetechnik sehr wichtige Gebiet des gekuppelten Kraft- und Heizbetriebes und führt die Mannigfaltigkeit aller möglichen Schaltungen auf 12 Grundschaltungen zurück, welche sich grundsätzlich immer wiederholen.

Der dritte Band beschäftigt sich mit wichtigen Sondergebieten. Vor allem wird die Abwärmeverwertung zur Bereitung von hochwertigem Kesselspeisezusatzwasser für Dampfkraftanlagen besprochen. Der Abwärmeverwertung zum Eindicken von Flüssigkeiten und Laugen wird der zweite Abschnitt gewidmet. Die beiden nächsten Abschnitte beschäftigen sich mit der Abwärmeverwertung zur Trocknung von Gütern und zur Entnebelung von Werksräumen. Auch werden schließlich die Möglichkeiten der Verwendung von Abwärmequellen zur Kälteerzeugung, die Abwärmeverwertung im Schiff- und Lokomobilbau sowie die Verwertung elektrischer Überschußenergie in Sonderabschnitten besprochen. Das Schlußkapitel des dritten Bandes bringt einen kurzen Überblick über die neuzeitliche Meßtechnik, soweit diese für die Abwärmetechnik in Betracht kommt. Dieser Abschnitt stellt einen kurzen Auszug aus dem ersten Teil des Werkes „Die Organisation der Wärmeüberwachung in technischen Betrieben" dar.

Das dreibändige Werk über die Abwärmetechnik ist nicht nur für den Wärme-Ingenieur und Werksleiter ein unentbehrlicher Berater, sondern gibt gleichzeitig auch einen möglichst vollständigen Überblick über den neuesten Stand des so wichtigen und mannigfaltigen Gebietes der Abwärmeverwertung.

R. OLDENBOURG / MÜNCHEN UND BERLIN